低渗煤层井下水力化增渗
理论与技术

Theory and Technology of Permeability Enhancement
Through Hydraulics in Low-Permeable Coal Seams

秦玉金 王耀锋 富 向 姜文忠 苏伟伟 等 著

科学出版社
北 京

内 容 简 介

煤层增渗是促进瓦斯(煤层气)高效抽采的重要措施,本书针对松软低渗透性煤层瓦斯抽采的难题,采用理论计算、数值模拟相结合的方法,阐明了非均匀应力场穿层钻孔三维旋转水射流扩孔及"点"式定向压裂的增透力学机制;运用流体力学、岩体力学、弹性力学、机械工程等多学科交叉理论,揭示了淹没条件下旋转水射流喷嘴的流场特性,优化了喷嘴结构参数;提出了三维旋转水射流扩孔技术、"点"式定向压裂技术、水射流与水力压裂联作增透技术,并开展了相关的工程实践工作。

本书可供从事低渗煤层瓦斯(煤层气)资源开发、煤矿瓦斯灾害治理等专业技术人员、高校研究生和本科生以及研究院所科研人员等阅读参考。

图书在版编目(CIP)数据

低渗煤层井下水力化增渗理论与技术=Theory and Technology of Permeability Enhancement Through Hydraulics in Low-Permeable Coal Seams / 秦玉金等著. —北京:科学出版社,2022.3

ISBN 978-7-03-071666-8

Ⅰ. ①低… Ⅱ. ①秦… Ⅲ. ①煤层-地下气化煤气-油气开采-水力开采 Ⅳ. ①P618.11

中国版本图书馆CIP数据核字(2022)第033974号

责任编辑:李 雪 崔元春 / 责任校对:王萌萌
责任印制:苏铁锁 / 封面设计:无极书装

科 学 出 版 社 出版
北京东黄城根北街16号
邮政编码:100717
http://www.sciencep.com

北京凌奇印刷有限责任公司 印刷
科学出版社发行 各地新华书店经销

*

2022年3月第 一 版 开本:720×1000 1/16
2022年3月第一次印刷 印张:15 1/2
字数:310 000
POD定价:128.00元
(如有印装质量问题,我社负责调换)

前　言

我国煤炭资源赋存条件非常复杂，造成了煤层瓦斯赋存的复杂性，使我国成为煤矿瓦斯灾害极为严重的国家之一。瓦斯灾害事故是触目惊心的，给煤矿安全生产带来了极大的威胁，造成了大量的人员伤亡和巨大的经济损失，给社会带来了负面影响。

在与煤矿瓦斯灾害的长期斗争中，瓦斯抽采作为煤矿瓦斯治理的主要手段得到了广泛的应用，在防止煤矿瓦斯事故、保障安全生产和促进瓦斯资源利用等方面起到了重要作用。目前我国井工煤矿以井下瓦斯抽采为主，其中本煤层瓦斯预抽作为高浓度瓦斯利用、建设安全矿井的关键环节，其抽采效果的好坏主要取决于煤层的渗透性。我国绝大部分煤层属于低渗煤层，在地应力作用下内部的孔隙和裂隙处于高度闭合状态，现有的密集钻孔、交叉钻孔、水压致裂抽采等方法的效果均不太理想，使煤层增渗成为瓦斯灾害防治与高效利用的瓶颈，加上其施工周期长、工艺要求高，也影响了矿井采掘间的正常接续。低渗煤层瓦斯抽采量小、抽采率低，而且随着煤层开采深度的增加，地应力增大，煤层渗透率进一步减小，煤层瓦斯抽采更加困难，因而对于低渗煤层增渗技术的研究成为行业的关键技术问题，寻找提高低渗煤层瓦斯预抽效果的有效技术就显得非常重要。

在此背景下，作者及其研究团队在"十二五"国家科技重大专项课题"低透气性煤层煤层气增产技术与装备"（2011ZX05041-003）和"十二五"国家科技支撑计划子课题"导向槽定向水力压穿防突技术及装备研究"（2012BAK04B01-02）的资助下，开展了高压水射流与水力压裂联作煤层增渗新技术及应用研究，综合运用"点"式定向水力压裂及高压旋转水射流割缝这两项技术来提高煤层透气性，进而促进煤矿瓦斯安全高效抽采，取得了显著效果。

作为解决煤层增渗这一瓶颈的重要手段，水力化增渗技术将面临更大的机遇与挑战。"点"式定向水力压裂技术、水射流破煤（岩）技术的理论研究涉及气-流-固多相耦合问题，还受到围岩应力、煤岩力学性质、孔隙压力等多种因素的影响。含瓦斯煤体的水压致裂过程是多孔介质条件下的多相耦合作用过程，其理论研究是瓦斯地质学、岩石力学、流体动力学、渗流力学、结构力学、断裂力学等学科的交叉融合和综合运用，增加了含瓦斯煤体水压致裂过程理论分析和实验研究的复杂性和长期性，煤层增渗新工艺、新技术也亟待在新理论的指导下发展、完善与提高。本书试图从某些角度出发，提出一些新的煤层增渗方法与思路，并对其作用机理、影响因素、实施效果进行一些有益的探讨，对增渗现场工艺也做出了一些大胆的尝试,并开展了一些配套装备的研制工作,旨在形成理论指导—工艺设计—装备研制的闭环系统。为了进一步推广这些研究成果,在煤矿安全技术国家重点实验室的大力支持下,作者系统总结梳理了相关内容并出版本书,旨在为我国煤矿瓦斯抽采与灾害防治提供一点思路,也为后续的研究做一些基础工作,供煤炭领域同行参考。

全书共8章,前言由秦玉金撰写。第1章由秦玉金、王耀锋撰写。第2章由苏伟伟、薛伟超撰写。第3章由李艳增、王春光撰写。第4章由王耀锋、许幸福撰写。第5章由富向撰写。第6章由王耀锋撰写。第7章由姜文忠、黄鹤撰写。第8章由李奇、郑忠宇、高中宁撰写。全书由秦玉金统稿。

在本书的撰写过程中,得到了中煤科工集团沈阳研究院有限公司梁运涛研究员的大力支持,在此表示衷心的感谢;辽宁工程技术大学力学与工程学院孙维吉博士、秦冰博士及温州理工学院李奇副教授为本书的编写做了大量工作,在此也深表感谢。

由于作者水平有限,书中不足之处,敬请斧正。

作　者

2021年11月于沈阳

目　录

前言

第1章　煤层增渗技术国内外研究现状 ·· 1
  1.1　煤岩体结构特征及瓦斯流动理论研究现状 ·· 3
    1.1.1　煤岩体结构与孔隙、裂隙发育 ··· 3
    1.1.2　煤层瓦斯流动理论 ··· 4
    1.1.3　煤层瓦斯渗透率及其与应力-应变的关系 ··· 6
  1.2　低透气性煤层强化抽采技术研究现状 ·· 6
  1.3　水力化煤层增渗技术的研究现状 ·· 9
    1.3.1　水力化储层增渗技术在石油、天然气等行业的研究现状 ··············· 10
    1.3.2　煤层增渗与油层增渗的关系 ··· 15
    1.3.3　水力化煤层增渗技术在国内的研究进展 ··· 16

第2章　含瓦斯煤体的结构与渗流性能 ·· 20
  2.1　煤体结构 ··· 20
    2.1.1　非破坏煤的结构 ··· 21
    2.1.2　破坏煤的结构 ··· 21
  2.2　煤的裂隙 ··· 21
  2.3　煤的孔隙 ··· 22
  2.4　煤层瓦斯的运移 ··· 23
    2.4.1　瓦斯的吸附-解吸过程 ··· 24
    2.4.2　扩散过程 ··· 26
    2.4.3　达西流 ··· 26
    2.4.4　煤的吸附瓦斯变形特性 ··· 26
  2.5　煤体的渗透性 ··· 27
    2.5.1　煤层渗透性的表征 ··· 27
    2.5.2　煤层渗透率随应力-应变的演化特征 ·· 28

第3章　旋转射流理论及其破煤岩机理 ·· 31
  3.1　淹没自由旋转射流的基本理论 ··· 31
    3.1.1　旋转射流的产生和旋流数 ··· 32
    3.1.2　旋转射流的速度场和压力场 ··· 32
    3.1.3　旋转射流的理论近似 ··· 35

3.2 钻孔内淹没自由旋转射流速度理论解 ... 35
3.2.1 旋转射流在钻孔内的流动条件假设 ... 35
3.2.2 微分控制方程 ... 36
3.2.3 动量通量和角动量矩通量方程 ... 37
3.2.4 钻孔中射流速度求解自相似运动的积分形式表述 ... 38
3.2.5 射流边界的确定 ... 42
3.3 受限淹没条件下旋转射流的速度结构特点 ... 42
3.3.1 三维时均速度分布规律 ... 42
3.3.2 时均速度的自相似性质 ... 48
3.3.3 旋转射流动力学运动特点 ... 52
3.4 高压旋转水射流破岩过程 ... 55
3.4.1 旋转水射流破岩特点 ... 55
3.4.2 旋转水射流孔底流场分布 ... 56
3.5 高压旋转水射流破岩机理 ... 58
3.6 旋转水射流破岩效果的影响因素 ... 61
3.7 三维高压旋转水射流扩孔煤层增渗力学机制 ... 63
3.7.1 水射流扩孔后钻孔的空间几何形态 ... 63
3.7.2 煤层段扩孔后塑性区分布的理论计算 ... 63
3.7.3 穿层钻孔煤层段扩孔后塑性区的 FLAC3D 数值分析 ... 67
3.8 高压旋转水射流割缝煤层增渗机理 ... 70

第 4 章 三维旋转水射流流场的数值模拟 ... 72
4.1 高压旋转水射流喷嘴的设计 ... 72
4.1.1 喷嘴结构设计 ... 72
4.1.2 旋流强度设计 ... 73
4.1.3 叶轮结构设计 ... 75
4.2 模拟软件 PERA ANSYS 简介 ... 77
4.3 模型的建立 ... 79
4.3.1 叶轮导向角优化模拟方案 ... 79
4.3.2 喷头结构优化模拟方案 ... 79
4.4 控制方程及边界条件 ... 81
4.4.1 淹没射流方程 ... 81
4.4.2 非淹没射流方程 ... 82
4.4.3 计算条件设置 ... 83
4.4.4 三维旋转水射流流速分布特征 ... 84
4.5 数值模拟结果分析 ... 92

4.6 旋转水射流喷嘴性能的实验室测试·····95
4.6.1 实验室水射流试验系统·····95
4.6.2 制备试验样品·····97
4.6.3 试验方案·····98
4.6.4 试验结果分析·····98

第5章 "点"式定向水力压裂增渗机理与工艺·····101
5.1 "点"式定向水力压裂技术的基本原理·····101
5.1.1 不同破坏煤体的起裂条件·····101
5.1.2 不同埋深煤层裂纹扩展方向·····106
5.1.3 煤层原生裂隙对裂纹扩展的影响·····107
5.1.4 煤岩界面的裂纹扩展特征·····108
5.1.5 控制孔的"松动圈"效应·····109
5.1.6 非对称孔隙压力的导向作用·····111
5.1.7 "点"式定向水力压裂的过程·····112
5.2 "点"式定向水力压裂数值模拟·····114
5.2.1 流–固耦合模型并行有限元分析系统简介·····115
5.2.2 顺层钻孔"点"式定向水力压裂的RFPA3D-Flow模拟·····117
5.2.3 穿层钻孔"点"式定向水力压裂的三维并行模拟研究·····121
5.3 "点"式定向水力压裂现场工艺·····125
5.3.1 "点"式定向水力压裂的工程意义·····125
5.3.2 顺层钻孔"点"式定向水力压裂工艺·····126
5.3.3 穿层钻孔"点"式定向水力压裂工艺·····128
5.3.4 "点"式定向水力压裂的选层·····133
5.3.5 注入水压的预测与设计·····133
5.3.6 其他参数设计·····134
5.3.7 封孔方法·····135
5.3.8 "点"式定向水力压裂典型曲线·····136
5.4 "点"式定向水力压裂装备·····137
5.4.1 封孔器·····137
5.4.2 移动式高压泵站·····141

第6章 水射流与水力压裂联作增渗机理·····142
6.1 小直径穿层钻孔水力压裂的理论分析·····142
6.1.1 小直径钻孔水力压裂裂隙的起裂与扩展·····143
6.1.2 小直径钻孔水力压裂裂隙扩展的影响因素·····146
6.2 水射流扩孔后定向压裂裂隙的起裂机理·····150
6.2.1 水射流扩孔对水力压裂裂隙扩展的影响·····151

  6.2.2 水射流扩孔后控制孔的定向导控作用机理 ·················· 152
 6.3 三维旋转水射流与水力压裂联作增渗数值分析 ················· 155
  6.3.1 模拟软件简介 ·················· 155
  6.3.2 物理模型 ·················· 157
  6.3.3 数值分析方案 ·················· 157
  6.3.4 数值模拟结果分析 ·················· 158

第7章 三维旋转水射流扩孔(割缝)装备研制及地面联机试验 ·················· 187
 7.1 煤矿现场用喷嘴的设计原理 ·················· 187
 7.2 组合高压旋转水射流喷头及喷嘴 ·················· 189
 7.3 螺旋辅助排渣高压钻杆 ·················· 191
 7.4 回转式高压旋转接头 ·················· 193
 7.5 高压水泵及配套装置 ·················· 195
 7.6 井下高压水射流作业远程监测与控制系统 ·················· 199
 7.7 井下高压旋转水射流扩孔(割缝)系统 ·················· 200
  7.7.1 井下高压旋转水射流扩孔(割缝)系统的组成 ·················· 200
  7.7.2 系统研制期间取得的专利 ·················· 200
  7.7.3 井下移动高压水力泵站系统样机地面联机调试 ·················· 200

第8章 三维旋转水射流与水力压裂联作增渗技术在瓦斯抽采中的应用 ·················· 203
 8.1 三维旋转水射流与水力压裂联作增渗工艺 ·················· 203
 8.2 三维旋转水射流扩孔与水力压裂联作增渗工艺流程 ·················· 204
 8.3 增渗效果考察方法 ·················· 206
 8.4 不同增渗技术在煤矿瓦斯抽采中的应用 ·················· 207
  8.4.1 三维旋转水射流扩孔技术的现场应用 ·················· 207
  8.4.2 控制孔导控定向水力压裂技术的现场应用 ·················· 211
  8.4.3 水射流扩孔与周边孔压裂联作增渗技术的现场应用 ·················· 215
  8.4.4 控制孔导控下水射流扩中心孔后定向水力压裂技术的现场应用 ·················· 217

参考文献 ·················· 227

第1章 煤层增渗技术国内外研究现状

我国煤炭资源丰富，富煤、缺油、少气是我国能源赋存结构的基本特征。图 1-1 为 2010~2019 年我国一次能源生产总量构成中原煤、原油及天然气所占比重。图 1-2 为 2010~2019 年我国煤炭生产量[1]。由图 1-1 可知，2010~2019 年，我国原煤生产量占一次能源生产总量的 68.6%~77.8%。根据《能源中长期发展规划纲要(2004~2020 年)》的要求，中国将坚持以煤炭为主体、电力为中心、油气和新能源全面发展的战略。由图 1-2 可以看出，2010~2019 年我国煤炭生产量呈基本稳定的态势，2013 年全国煤炭生产量已高达 39.74 亿 t，据预测 2030 年我国的煤炭需求量仍将高达 38 亿 t。因此，在未来较长时期内，煤炭仍将是我国的主要能源[2]。

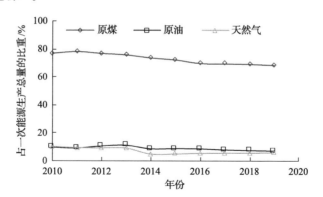

图 1-1 2010~2019 年我国一次能源生产总量构成中原煤、原油及天然气所占比重

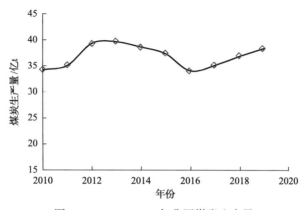

图 1-2 2010~2019 年我国煤炭生产量

我国的煤矿约有91%属于井工煤矿，其开采条件在世界主要产煤国家中最为复杂。据统计[3,4]，2012年全国共有煤与瓦斯突出矿井1191处，高瓦斯矿井2093处，高、突矿井约占全国矿井总数的26.7%，而国有大型煤矿中高、突矿井的比例竟高达44%以上。随着煤炭开采强度的不断加大和矿井开采深度的逐步加深，煤层瓦斯压力和瓦斯含量日益增大、地质构造条件日趋复杂，高、突矿井的数量也在不断增加。

煤矿瓦斯是煤矿井下瓦斯爆炸、煤与瓦斯突出等事故的主要原因之一。煤矿瓦斯事故具有破坏强度大、影响范围广等特点，严重威胁着矿井的安全生产。根据黄继广等[5]对2009～2018年全国煤矿各类死亡事故的不完全统计，在所发生的各类死亡事故中，共发生瓦斯事故722起(占事故总起数的10.2%)，瓦斯事故死亡人数为3433人(占事故总死亡人数的28.1%)。

另外，作为一种高效、优质的清洁能源，瓦斯近年来受到各国越来越多的关注。由于开发利用瓦斯资源具有保证煤矿安全生产、改善能源结构和保护环境等多重作用，我国日益重视瓦斯资源的合理开发与利用。目前，世界上共有74个国家蕴藏着煤层气资源，中国是仅次于加拿大和俄罗斯的全球第三大煤层气资源国。根据国土资源部(现为自然资源部)2005年的评价成果，全国煤层埋深2000m以浅的瓦斯总资源量为36.81万亿m^3，其中可采资源量为10.87万亿m^3，瓦斯资源主要分布在我国华北和西北地区[6]。

煤层瓦斯抽采是继机械通风后在煤矿瓦斯灾害防治技术上的又一次巨大进步，是减少矿井风排瓦斯量、防治瓦斯灾害的治本措施。理论研究和现场实践表明，瓦斯抽采能降低煤层瓦斯含量和压力，使煤岩应力降低，从而减少煤炭开采时的煤矿瓦斯涌出量或消除煤与瓦斯突出隐患。中外学者在瓦斯治理方面开展了大量研究与实践，形成了以瓦斯抽采为主要治理手段的瓦斯治理理论与技术体系。国家也先后出台了一系列加强煤矿瓦斯防治工作的重要举措，有力地推动了煤矿瓦斯抽采水平的不断提升。特别是"十二五"以来，我国煤矿区煤层气开发利用取得了令人瞩目的成就，煤层气产量由2011年的115亿m^3提高至2018年的184亿m^3，其中科技进步对煤层气开发产业发展贡献巨大[7]。然而，对照《煤层气(煤矿瓦斯)开发利用"十三五"规划》[8]的发展目标，到2020年，煤层气(煤矿瓦斯)抽采量达到240亿m^3，其中地面煤层气产量100亿m^3，煤矿瓦斯抽采140亿m^3。

煤矿瓦斯开发利用量不足的原因主要有勘探投入不足、瓦斯资源赋存条件复杂、关键技术有待突破、扶持政策不完善和未落实及协调开发机制尚不健全等。煤层的渗透性是影响瓦斯开发最主要的自然因素，据统计[9]，我国煤层渗透率的变化范围为0.002～16.17mD①，平均为1.273mD，其中渗透率小于1.0mD的煤层

---

① $1D=0.986923\times10^{-12}m^2$。

占 72%，这说明我国煤层渗透率普遍较低。另外，我国煤矿开采地质条件非常复杂，埋深在 1000m 以下的煤层占我国煤炭资源总量的 53%，随着开采深度的不断增加，我国大部分煤矿的主采煤层是低透气性、高瓦斯开采煤层。提高透气性是解决我国低渗煤层瓦斯抽采难题的关键。因此，致力于深部低渗煤层增渗关键技术与装备的研发势在必行。

1.1 煤岩体结构特征及瓦斯流动理论研究现状

1.1.1 煤岩体结构与孔隙、裂隙发育

煤岩体的结构和孔隙、裂隙发育特征是研究瓦斯或水在煤岩层中的赋存状态和流动特性的基础。煤的抗变形能力远低于其他岩石，在漫长的地质年代过程中受多期构造作用的影响与破坏，形成不同的煤体结构。徐耀奇等[10]、袁崇孚[11]、曹代勇等[12]、Zhang 等[13]、琚宜文等[14]、王恩营[15]等分别从不同方面对煤岩体的破坏程度、类型以及特性进行了研究。目前最常用的煤体结构划分方式是《煤与瓦斯突出矿井鉴定规范》中所采用的五分法[16]，即将煤体结构分为 5 类：Ⅰ类非破坏煤、Ⅱ类破坏煤、Ⅲ类强烈破坏煤、Ⅳ类粉碎煤和 Ⅴ类全粉煤。

霍多特[17]、Gan 等[18]、刘常洪[19]、苏现波[20]、傅雪海等[21]、Jüntgen[22]等国内外学者，分别对煤的孔隙结构进行了分类，从各种分类结果来看，微孔和小孔的划分结果与霍多特的划分结果基本一致，而中孔及大孔的划分结果与霍多特的划分结果差距较大，有时甚至相差两个数量级。郝琪[23]、张慧[24]、朱兴珊[25]等采用电子扫描技术，分析了煤的孔隙分类与成因。

煤岩体裂隙的发育程度和连通性直接决定煤层渗透性。我国煤炭行业标准《煤裂隙描述方法》(MT/T 968—2005)[26]指出煤裂隙是煤受各种应力作用产生的破裂形迹。按照裂隙的成因可将其分为内生和外生裂隙。国外的 Warren 和 Root[27]、Ammsove 和 Eremin[28]、Stach 等[29]、Gash 等[30]、Close[31]、Levine[32]、Laubach 等[33]，以及国内的傅雪海等[34]、张新民等[35]、李强等[36]对煤储层裂隙的发育进行了研究。内生裂隙的发育特征往往受到煤阶、煤岩组分[37,38]、灰分等因素影响。Ammsove 和 Eremin[28]认为静压裂隙密度随煤级增加基本呈正态分布；Levine[32]发现静压裂隙密度随煤级增高而增加，在反射率为 1.3%左右时最大，此后随煤级增高静压裂隙密度不变。赵爱红等[39]分析了煤岩成分、煤的变质程度对煤孔隙结构的影响。在灰分方面，一般认为静压裂隙常始于煤层灰分显著变化处或者煤岩的微裂缝处[40]。Menger 海绵模型可以用来模拟煤岩体孔隙特性[41]。王恩元和何学秋[42]提出用煤层的孔隙分形规律计算煤层的孔隙率和煤的比表面积。

1.1.2 煤层瓦斯流动理论

瓦斯在煤层中的运移和流动理论是煤矿瓦斯抽采和地面煤层气开发的理论基础。煤层瓦斯的流动涉及瓦斯的吸附、解吸、渗流、煤岩体变形等多个物理过程，瓦斯的产出可以概括为一个连续的解吸→扩散→渗流过程，基于对煤层瓦斯不同流动状态的描述，形成了瓦斯扩散理论、线性瓦斯流动理论、非线性瓦斯流动理论、瓦斯渗流-扩散理论和多场多相耦合流动理论等。

1) 瓦斯扩散理论

瓦斯在煤体中主要以吸附态和游离态两种状态赋存，菲克(Fick)定律把流体扩散速度与其浓度梯度联系起来，认为瓦斯由吸附态向游离态转化的过程符合线性扩散定律。Germanovich[43]从扩散角度研究了煤层中吸附瓦斯的解吸过程。Airey[44]建立了破碎煤样瓦斯解吸量随时间变化呈指数关系衰减的经验公式。King 和 Ertekin[45]建立了煤层气井产量的指数衰减公式。在国内，王佑安和朴春杰[46]提出了确定煤层瓦斯含量的瓦斯解吸速度法。杨其銮和王佑安[47,48]指出煤屑内瓦斯运动基本符合线性扩散定律。聂百胜等[49]根据气体在多孔介质中的扩散模式，结合煤的结构特点，研究了瓦斯在煤孔隙中的扩散机理与模式。郭勇义和吴世跃[50,51]研究了煤粒瓦斯扩散规律及扩散系数测定方法。

2) 线性瓦斯流动理论

线性瓦斯流动理论的研究最早要追溯到 20 世纪 40 年代末，苏联学者应用达西定律-线性渗透规律描述煤层内的瓦斯流动，开创性地研究了考虑瓦斯吸附性质的瓦斯渗流问题。1965 年，周世宁和孙辑正[52]把多孔介质煤层视为大尺度均匀分布的虚拟连续介质，首次提出了基于达西定律的线性瓦斯流动理论，目前广泛用于测定煤层透气性系数的"钻孔瓦斯流量法"就是基于该理论发明的。郭勇义[53]结合相似理论，将瓦斯的等温吸附量用朗缪尔(Langmuir)方程描述，提出了修正的瓦斯流动方程。余楚新和鲜学福[54]在假设煤体瓦斯吸附与解吸过程可逆的条件下，建立了煤层瓦斯流动理论以及渗流控制方程。孙培德[55,56]完善了均质煤层的瓦斯流动数学模型，并发展了非均质煤层的瓦斯流动数学模型。黄运飞和孙广忠[57]应用达西渗流定律提出了"煤-瓦斯介质力学"。

3) 非线性瓦斯流动理论

人们在巷道、钻孔的实际瓦斯涌出规律中发现，瓦斯在煤体内的渗流并不总是线性的。孙培德[58]基于幂定律的推广形式，建立了可压缩性气体在煤层内流动的数学模型。罗新荣[59,60]基于克林肯贝格(Klinkenberg)效应的修正达西定律，指出了达西定律的适用范围，并提出了非线性瓦斯渗流规律以及相应的数学模型。国外的 Tek[61]、Das[62]和国内的吴凡等[63]、任晓娟等[64]、周克明等[65]在研究低渗透油气渗流过程中,认为低渗透气体运移存在启动压力梯度,在用达西定律描述气体渗流时应当对其进行修正。郭红玉[66]通过测定煤储层启动压力梯度,建立了启动压力梯度与渗透率之间的关联模型,并将煤储层瓦斯流动流态划分为线性渗流、低速非线性渗流和扩散 3 种类型。

4) 瓦斯渗流-扩散理论

随着对瓦斯流动理论研究的不断深入,国内外大多数研究人员认为瓦斯在煤层内的流动是渗流和扩散两种运动形式的结合,即煤层瓦斯渗流-扩散理论。1987年,Saghfi 和 William[67]从渗流力学和扩散力学的角度出发,提出了瓦斯渗流-扩散的动力模型,并成功地进行了数值模拟。孙培德[58]认为煤层内瓦斯流动的实质是非均质的各向异性孔隙-裂隙双重介质中可压缩流体渗流-扩散的非稳定的混合流动。段三明和聂百胜[68]借助传热学、传质学,对瓦斯的解吸过程进行了理论推导,建立了瓦斯渗流-扩散方程。吴世跃和郭勇义[69,70]依据第三类边界传质的原理,建立渗流-扩散的微分方程组。周世宁和林柏泉[71]所著的《煤层瓦斯赋存与流动理论》系统地阐述了煤层瓦斯渗流-扩散理论。Anbarci 和 Ertekin[72]与 Kolesar 等[73]从煤层气开发的角度出发,对单相煤层气渗流的试井分析进行了研究。孔祥言[74]也对煤储层瓦斯的渗流和扩散过程进行了描述,并建立了相应的数理方程。唐巨鹏等[75]研究了有效应力对煤层气解吸渗流的影响。尹光志等[76]研究了瓦斯压力与煤体渗流特性的关系。覃建华等[77]采用理论分析方法建立了滑脱效应影响的低渗透储层煤层气运移数学模型。

5) 多场多相耦合流动理论

煤层瓦斯渗流处于复杂的地质环境当中,会受到地应力场、地温场、地电场等地球物理场的影响[78],瓦斯在储层中的运移过程是上述物理场以及变形场、渗流场间的动态流-固耦合过程。国外的 Ettinger[79]系统研究了瓦斯煤体系统的膨胀应力与瓦斯突出的关系。Gwwuga[80]、Khodot[81]、Harpalani[82]等在实验条件下研究了在地球物理场中含气煤样的力学性质以及煤岩体与瓦斯渗流之间的固-气力学效应。Borisenko[83]从煤体孔隙面积与固体骨架的实体面积的原理角度,研究了孔隙气压作用下煤体的有效应力。国内的林柏泉和周世宁[84]、许江和鲜学福[85]等 20 世纪 80 年代以来,系统地研究了含气煤体的变形规律、煤样透气率等力学性质。梁冰等[86]根据瓦斯的吸附规律和煤与瓦斯固-气耦合作用的机理,建立了考虑温度场、应力场和渗流场的固-气耦合数学模型。孙可明等[87]基于气溶于水条件,建立了煤层气开采过程中的煤岩骨架变形场和渗流场以及物性参数间耦合作用的多相流体流-固耦合渗流模型,之后又建立了考虑解吸、扩散过程的煤岩体变形场与气、水两相流渗流场的多相流-固耦合模型[88]。林良俊和马凤山[89]建立了气、水两相流和煤岩变形的微分方程。王锦山等[90]探讨了气、水两相流在煤层中的运移规律。

1.1.3 煤层瓦斯渗透率及其与应力-应变的关系

煤层瓦斯渗透率是反映煤层内瓦斯流动难易程度的物性参数，地质构造、应力状态、煤岩体结构、煤质特征、煤级和天然裂隙等因素都不同程度地影响着煤层瓦斯渗透率。Yee 等[91]研究了割理裂隙系统与渗透率的关系。1987 年，林柏泉和周世宁[92]在仅有侧压的情况下，就小煤样获得了围压与孔隙压力对渗透性产生影响的结论。1993 年，孙培德[93]推导出了煤层透气性系数与物性参数、瓦斯渗流物性参数和孔隙压力相关的解析关系式。1994 年，赵阳升[94]提出了三轴应力作用下原煤样瓦斯渗透率与地应力、孔隙瓦斯压力之间的经验关系式。1996 年，胡耀青等[95]通过对阳泉 3#煤层和沁水县永红煤矿 3#煤层煤样的渗透特性的实验研究，得出煤体瓦斯渗透系数规律的一般形式。1999 年，赵阳升等[96]研究了三维应力下煤层瓦斯渗流规律受吸附作用的影响。当围岩中存在孔隙流体压力时，其也会参与围岩的破裂与结构改造，共同引起渗透性变化，如煤矿工作面煤层瓦斯的解吸与扩散[97]、卸压瓦斯抽采等。

国外的 Hubbert[98]、Morrow[99]、Somerton[100]及国内的张我华和薛新华[101]、杨林德等[102]、傅雪海和秦勇[103]、刘洪林等[104]、杨永杰等[105]对岩石和煤等孔隙介质的渗透特性及全应力-应变过程中的渗透性演变规律进行了较多研究。煤层的渗透率对围岩应力十分敏感，二者之间的耦合关系常被称为应力渗透率。国外的Walsh[106]、Harpalin 和 Miphreson[107]、Warpinsky 等[108]及国内的罗新荣[109]的实验研究均表明：煤的渗透率随围岩应力或有效应力的增加而呈指数形式降低。王恩志等[110]、黄远志和王恩志[111]对围压增加对渗透性的影响也进行了一定的研究。

水射流冲割煤体和水力压裂的主要目的是改善煤储层的渗透性，提高其导流能力。在流体压力作用下，煤层必然要产生相应的应变，因此，研究煤层应力-应变与渗透率的耦合关系十分重要，目前传统的流-固耦合研究已开始向流-固损伤的耦合研究[112]发展。

1.2 低透气性煤层强化抽采技术研究现状

我国煤矿系统地抽采瓦斯是从 1952 年在抚顺龙凤矿建立抽放瓦斯站开始的，大致经历了高透气性煤层抽采、邻近层卸压抽采、低透气性煤层强化抽采和综合抽采四个发展阶段。发展了从地面到井下的一系列技术与装备，特别是在煤矿井下，研究、试验并应用了包括开采层瓦斯抽采、邻近层瓦斯抽采和采空区瓦斯抽采在内的一整套瓦斯抽采理论与技术，基本形成了综合考虑抽采空间和抽采时间的立体抽采模式。国家把"抽采达标"纳入指导煤矿安全生产十六字方针(预测预报，有掘必探，先探后掘，先治后采)之中，2012年实行了《煤矿瓦斯等级鉴定暂行办法》和《煤矿瓦斯抽采达标暂行规定》，这说明了瓦斯抽采在煤矿安全生产中的重要性。

我国煤矿瓦斯抽采率依然较低，平均只有23%左右，吨煤瓦斯抽采量不足$3m^3$，仅为平均煤层瓦斯含量的20%左右[113]，这主要是我国多数煤层具有非均质性、高瓦斯、低压力、低渗透率和低含气饱和度等特征[114-116]造成的，使得用常规方法难以高效抽采瓦斯，能利用的、有效的强化瓦斯抽采技术又非常有限。因此，如何有效增加煤层的渗透率也成为煤矿瓦斯抽采的技术瓶颈。

煤层瓦斯抽采效果主要与煤层透气性、煤层瓦斯含量、抽采负压、钻孔密集程度、钻孔直径、抽采时间等因素有关。几十年来，针对低透气性煤层，人们研究出了许多提高其透气性的方法，主要分为力学方法和物理化学方法两大类。力学方法煤层增渗技术是从改变煤层外在压力入手，造成煤体卸压并产生不均匀的变形和破坏，张开原生裂隙、产生新裂隙并使裂隙相互贯通，为瓦斯的解吸和流动提供通道，主要有开采保护层、密集钻孔、交叉钻孔[117]、卸压带抽采[118]、大直径钻孔[119]、高(中)压注水[120]、水力疏松[121]、水力压裂、水力冲割、高能气体压裂和深孔松动爆破[122,123]等。物理化学方法[124-126]有超声波、井下脉冲放电、人工地震、水力振动、惰性气体置换、酸性处理、表面活性剂等。

1) 开采保护层

开采煤层群时，利用先采煤层的"卸压增渗"来提高后采煤层的透气性是最有效、最简便和最经济的措施，可以使被保护煤层透气性系数大幅度提高，甚至能提高上千倍，是目前公认的最有效的煤与瓦斯突出防治技术[127]。阳泉、南桐、松藻和淮南等矿区应用这一技术取得了很好的效果。但该技术对于层间距有一定要求，既要达到保护效果，还不能破坏被保护煤层的开采条件。对于无保护层可采的煤层或单一、低透气性煤层来说，用强化预抽煤层瓦斯的方法会遇到钻孔工程量大、预抽时间长等难题[128]，需要采取其他卸压、增渗技术。

2) 密集钻孔

密集钻孔抽采瓦斯方法主要通过缩小钻孔间距、加大钻孔直径、增加吨煤钻孔数量、降低抽采负压来提高瓦斯抽采效果。安山林[129]将这项技术应用在龙山矿并取得了一定的效果。易丽军[130]对密集钻孔周围煤体的强度、透气性与加载应力关系、预抽效果进行了较深入的研究。但采用密集钻孔抽采时，加大钻孔直径在短时间内有效，时间长时效果不佳。钻孔有效抽采半径随抽采时间的延长而逐渐增大，当时间增大到某一定值时，将达到极限抽采半径。若两个钻孔间距超过极限抽采半径的 2 倍，无论如何延长抽采时间，孔间煤体内的瓦斯总有一部分抽不出来。而钻孔过于密集时，在打孔过程中容易发生串孔、卡钻等现象[131,132]。

3）深孔松动爆破

采用深孔松动爆破方法，并辅以控制孔，实现爆炸孔、控制孔及周围煤体的定向预裂，能够实现卸压、增渗煤层的效果[133,134]。常规深孔松动爆破具有粉碎圈范围大但断裂带半径小的缺陷，因此有学者提出了深孔聚能爆破方法[135]，即把常规的柱状装药改进为有聚能穴的装药方法，聚能穴增加了特定方向的破坏作用，能进一步增加径向裂隙个数从而提高煤层的渗透性。张英华等[136]提出了水压爆破方法，即在药柱和钻孔壁之间充水的方法，也能明显提高煤层透气性。

4）水力冲割

以高压水作为动力，在煤体中冲割出大的孔、洞、槽及缝等，改变煤体内的应力分布，使原生裂隙扩大、延伸，达到煤层卸压、增渗目的，主要有水力冲孔、水力扩孔、水力割缝等。水力冲孔是指用水力冲刷孔壁，扩大钻孔直径和冲出孔内煤粉，达到增渗的目的[137,138]。该技术一般只能应用于坚固性系数（f）小于 0.5 的软煤层，适用性差、工艺复杂，目前已很少采用。水力割缝是在煤层中切割一定长度的裂缝，裂缝周边的煤体垮落后煤体内的应力重新分布，引起煤体内裂隙的数目、规模增加，提高采收率[139]。我国在 20 世纪 70 年代曾试验过水力割缝方法，但由于种种原因未能推广。80 年代鹤壁矿务局四矿、开滦赵各庄煤矿曾进行了水力割缝强化抽采技术研究。近几年来，随着科技的发展和本煤层瓦斯抽采的迫切需求，许多学者对水力割缝进行了大量研究，冯增朝等[139]对水力割缝中瓦斯动力现象开展实验和理论研究。赵岚等[140]进行了水力割缝提高煤层透气性实验。林柏泉等[141]提出利用高压磨料射流提高割缝能力的方法。李晓红等[142]的研究表明，利用高压脉冲水射流具有震动、冲击以及剥蚀效应的特性，辅助钻孔和割缝可以提高松软煤层透气性。

5）水力压裂

水力压裂技术最初应用于油气田开发中，用来提高贫油井的产量或天然气的开发量，目前已广泛应用于现代石油工业、地热资源开发等领域。该技术是指对目的层通过泵注前置液形成裂缝，再泵注混有支撑剂的携砂液继续延伸裂缝，并携带支撑剂深入裂缝内，使压裂液破胶降解为低黏度流体流向井底，留下一条高导流能力通道，以利于油气从地层远处流向井底。实施水力压裂可以达到解堵、增流、增注和提高扫油效率的效果[143]。

1947 年，在美国 Kansas 西南部的 Hugoton 气田的一口垂直井中，首次实施了水力压裂增产作业[144]。经过近 70 多年的发展，特别是自 20 世纪 80 年代末以来，作为油气井增产增注的一种主要措施，围绕裂缝的起裂、扩展与延伸以及裂缝的形态开展了大量的研究与实践，在压裂设计、压裂液、压裂设备以及裂缝检测等方面进行了专门研究和应用[145,146]，使水力压裂技术在缝高控制技术、高渗层防砂压裂、重复压裂、深穿透压裂以及大砂量多级压裂等方面取得了许多新的突破[147-150]。

1970年开始，煤炭科学研究总院抚顺分院[132]在白沙里王庙和抚顺龙凤等矿进行了地面水力压裂开采煤层气试验。由于水力压裂在治理煤层瓦斯的同时还起到改变应力集中、增大煤体透气性、改变煤体物理力学性质等作用，受到普遍关注。水力压裂对于我国是最经济和最常用的强化抽采措施，是煤储层改造不可或缺的重要手段，尤其对于低渗、特低渗储层的煤层气开发井，为获得工业煤层气产量，几乎每口井都要采用压裂改造才能投产。

前期井下水力压裂的研究及应用主要集中于瓦斯促采方面，只研究了水力压裂某一方面或局部作用，对井下水力压裂后地应力场的改变及分布特征的探讨并不多见，关于压裂后应力分布规律的差异性和不均性亦少有报道，在一定程度上制约了压裂工艺的改善和提高，对技术的安全应用也带来了潜在威胁。人们对于水力压裂过程中裂缝扩展、延伸机理和裂缝的预测模型等研究较多，但是该方面的成果大多是针对常规油田砂岩、石灰岩，针对煤储层的较少且主要围绕地面煤层气开发，井下水力压裂在地质控制方面的研究较为少见，因此，需要对井下水力压裂地质控制因素开展系统分析、建立与不同结构煤体相适应的井下水力压裂技术。

综上所述，我国绝大多数煤层透气性差，使煤层瓦斯预抽量在抽采总量中所占比例非常小，不能满足"先抽后采""本质安全矿井"等方针政策的需要，因此致力于低透气性煤层增渗、不断提高低透气性煤层瓦斯预抽量，是目前国内煤层气开发和煤矿瓦斯治理急需解决的关键问题和瓶颈。

1.3 水力化煤层增渗技术的研究现状

煤层瓦斯以游离态和吸附态两种方式赋存于煤体中，其中吸附态瓦斯占90%以上。煤层开采时，瓦斯的运移路径为：微孔隙、裂隙表面吸附态瓦斯解吸和扩散，转变为游离态瓦斯，赋存于较大的孔隙、裂隙之中，进而游离态瓦斯渗流进入采掘自由空间。提高煤层渗透性进而疏通渗流通道，使游离态瓦斯更易于排出，是煤层瓦斯开采的关键步骤。

关于裂缝渗流规律的研究，国际上主要用裂缝张开度来表述，如平方定律、立方定律等，而且仅限于单纯水渗流范畴。研究发现，三维应力场对裂隙渗流有显著影响，不仅法向应力对裂缝渗流有显著影响，而且平行于裂缝的两个侧向压应力会使裂缝渗透系数显著衰减，也就是说，三维地层压力是导致煤储层渗透性降低的主要因素。

煤岩体结构改造是煤层增渗的核心问题，水力化储层增渗技术是煤层增渗的有效途径。美国是开展水力压裂和水射流研究较早的国家，中国、苏联、德国、日本、波兰等也开展了相关研究[151,152]。

1.3.1 水力化储层增渗技术在石油、天然气等行业的研究现状

煤层和油层等储层都属于非贯通裂隙岩体[152,153]，内部存在着大量不同尺度水平上的裂隙及孔洞，属于极其不连续、各向异性、非弹性的损伤材料，具有非常复杂的力学特性。要提高储层渗透率，就必须改造煤体结构，这是解决许多化石燃料开采困难的共性核心科学问题。20世纪80年代以来，裂隙岩体变形等方面的研究已成为岩土工程界最前沿的研究方向之一。从非贯通裂隙岩体的结构出发，研究其破坏模式是深入研究储层结构改造的重要途径。

储层增渗技术是从20世纪30年代开始，伴随着石油、煤炭等矿藏的开采而逐步发展起来的。水力化储层增渗技术是以高压水作为动力，使储层内原生裂隙扩大、延伸或者人为形成新的孔洞、槽缝及裂隙等，促使岩体发生位移，达到储层卸压、增渗的目的，如高压水射流割缝(或扩孔、钻孔)、水力压裂等，该项技术在硬度较大的非贯通裂隙岩体中应用效果较好。自1947年美国开展第一次水力压裂以来，水力化储层增渗技术从理论到应用都取得了惊人的发展，成为石油、天然气、页岩气及煤矿瓦斯增产的有效技术途径。

1. 高压水射流技术

高压水射流技术起源于20世纪30年代的采矿业，经过探索试验、高压设备研制、技术突飞猛进、技术多样化和智能化、精准化5个阶段[154-156]的发展，已成为一种应用范围广泛、技术门类齐全、能量转化率高而且环保的实用技术。

20世纪30年代开始采用水射流冲采煤层。50年代初，苏联采用压力为105～210MPa的纯水射流在花岗岩地层进行了钻井试验。60年代，美国海湾石油国际有限公司采用压力为56～102MPa的磨料射流进行了硬岩钻进试验，其钻速是常规方法的2～3倍。1971年，美国制造出世界上第一台超高压纯水射流切割机。1973年，美国的Manurer等[157]开始了压力在70～105MPa范围内的射流辅助聚晶金刚石(PDC)钻头破岩的钻井试验，钻速比常规钻井提高了3倍左右。70年代末，从单纯提高水射流压力转向如何充分发挥水射流的潜力，形成了脉冲射流、高温射流、磨料射流和摆振射流等多种技术。80年代，美国开展了高压水射流径向水平井技术的研究[158,159]。1983年，联邦德国的Vecker等使用自旋转式喷嘴在煤层中进行了钻孔试验。1984年，美国的Joneson和Conn[160]成功地把自振气蚀射流用于石油钻井。1987年，美国已开始锥形水射流钻孔的研究。至90年代中期，

先后出现了前混合磨料水射流、后混合磨料水射流、空化水射流及自激振荡水射流技术。90年代后期，逐步向切割的智能化和精准化方向发展。2003年，李根生等[161]研制了自振空化射流钻头，试验表明，与普通中长喷嘴钻头相比，其钻井速度提高10.5%~49.3%。

在水射流设备研制和应用技术研究的同时，还对射流冲击下物体的破坏开展了大量理论研究工作，形成了多种学说，如准静态弹性破碎理论、应力波破碎理论、气蚀破坏作用、水射流的冲击作用、水射流的动压力作用、水射流脉冲负荷引起的疲劳破坏作用、水楔作用等，但目前大部分学说尚停留在假说阶段[162,163]。

随着水射流理论与技术的不断发展，高压旋转水射流技术逐渐受到人们的青睐。步玉环等[164]、王瑞和等[165]通过破岩钻孔试验表明，旋转射流的结构特性明显不同于普通圆射流，它不存在等速核，破岩门限压力仅为普通圆射流的50%左右，破碎面积是喷嘴面积的上百倍。高效、节能及在钻孔成型上具有的优点，使高压旋转水射流技术具有了广阔的应用前景。

国外的Rose[166]是早期研究轴对称旋转射流者之一。Raju和Ramulu[167]将自相似分析与积分方程结合描述时均速度并与实验数据进行对比，对不可压缩旋转射流和非旋转射流的时均速度特点进行了研究。Chigier和Chervinsky[168]对紊流圆喷嘴淹没旋转射流进行了理论与实验研究。利用边界层近似及速度自相似分布假设，建立了旋转射流的积分方程。通过轴向动量通量与角动量通量的比值定义了表征旋流强度大小的无因次参数旋流数。由低到高不同的旋流强度下的实验证实了旋转射流时均速度具有自相似性，且随着旋流数的增大，射流宽度和卷吸流体的流量也增大。Farokhi等[169]对不同旋流方式产生的射流进行实验研究，得到两种不同的初始速度分布——类固旋转和自由旋转，指出涡核尺寸和初始切向速度分布是决定射流发展的两个控制参数。Morton[170]、Mehta等[171]、Sarpkaya[172]、Carvalho和Heitor[173]、Leibovich[174]、Ribeiro和Whitelaw[175]、Shtern等[176]对旋转射流的流动状态与旋流数的关系进行了研究，发现旋流数不能完整表达和反映旋流发展的所有内在信息，射流的流动状态还可能与其他参数有关。

作为脆性材料，岩石的抗剪强度一般比抗压强度低一个数量级。旋转射流的三维速度所施加的切向力是其破岩效率高的主要原因。Dickinson等[177-179]首先将旋转射流用于破岩钻井，以获得规则的大直径井眼。自20世纪80年代以来，Dickinson等开展了超短半径水平井钻井方法的研究工作，其曾采用非旋多水眼喷头，后期多采用单水眼锥形旋转射流钻头，即通过在喷嘴内部置放导流元件，使出口射流产生旋转，增加扩展角度，从而达到破岩钻大孔的目的。

自20世纪80年代末以来，中国石油大学的研究人员对旋转水射流进行了大量理论和实验研究。王瑞和[180]、沈忠厚[181]对内嵌导流元件的锥形喷嘴所产生的淹没旋转射流进行了研究，得出旋转射流速度分布具有明显的三维特点。在研究旋转射流速度结构特点的基础上,系统研究了旋转射流的调制机理、水力参数等因素影响破岩钻孔的规律以及破岩机理等,并将旋转射流成功地应用于径向水平井现场实践。王瑞和等[165]对旋转射流的结构特征及井底流场分布进行了研究,得到旋转射流具有三维速度,且速度最高的部分集中在离开轴心一定半径的环形区域上,射流呈扩散状,其冲击面积随喷距的增大而大幅度增加;旋转射流破岩钻孔的机理不同于普通圆射流,它以剪切破碎为主,伴以冲蚀、拉伸破坏和磨削等多种形式,具有很高的破岩效率,在破岩钻长连续孔眼方面具有极大的优势。1997 年,在辽河油田锦 45-04-19 井首次钻出了长 15.86m、直径 120～140mm 的水平井眼,产量提高 7 倍以上[182]。2000 年,史绍熙等[183]应用质量守恒定律和动量守恒定律,建立了描述空心旋转液体射流初始阶段运动的非线性常微分方程组。2001 年,邢茂等[184]研究了叶轮导引射流喷嘴内部流场的流动特性。2013 年,牛似成等[185]为提高 PDC 钻头钻进水平段时的井底射流辅助破岩能力,开展了叶轮式旋转射流喷嘴的射流特性研究。

2. 水力压裂技术

水力压裂过程可定义为在水力载荷的作用下储层裂缝起裂和扩展的过程[186]。该技术起源于一种地应力测量方法,发展至今已有近 70 年的历史。目前,在全球范围内施工作业量已将近 250 万次,大约 60%的新井要经过压裂改造。水力压裂技术正在逐步发展成为一项成熟的石油开采工艺技术。20 世纪 50 年代,水力压裂开始应用于苏联油田的开发中。60 年代,水力压裂以浅层水平造缝为主,发展了高压水力压裂技术,在我国主要用于油田解堵和增产。1964 年,民主德国莱茵普鲁士 6 号中央矿井进行了脉冲式高压煤壁注水。1968～1972 年,苏联马凯耶夫煤矿安全研究院研究试验了水力疏松、水力挤出和低压润湿煤体等防突措施。70 年代,开始了高排量高压水力压裂。80 年代,发展了液氮泡沫加砂压裂技术、复合压裂技术、水平井压裂技术。1985 年,Giger[187]首次提出了水平井压裂的概念。90 年代,出现了水平井分段压裂技术[188,189],随着国内外致密低渗油气藏的开发,该技术工艺得到迅速发展。1998 年,美国的 Surjeetamadja 首先提出了水力喷射压裂[190]方法并在国外得到了广泛应用。2002 年,戴文能源公司(Devon Energy)在 Barnett 页岩试验的 7 口水平井获得了巨大成功,对水平井钻井和减水阻压裂效果的各种改进极大地缩短了钻井和完井时间[191]。2005 年初,在 Barnett 页岩油田第一次在水平井中使用水力喷射环空压裂技术[192]。2005 年后,开始试验水平井同步压裂技术。同年,中国石油集团科学技术研究院江汉机械研究所完成了水力深穿透定向射孔技术的研究并成功应用。2006 年,在川西马井和新都地区施工 16 井次定向井压裂,施工成功率 100%[193]。2007 年,在四川白浅 110 井首次成功实现连续管水力喷砂逐层压裂。

在常规水力压裂技术的基础上，又逐步发展了多种新型压裂技术和方法，如变排量压裂、复合压裂、重复压裂等[194,195]。Huang 等[196]对水压控制爆破后的水力压裂进行了研究。近几年来，以增加水力压裂裂缝数目为主要特征的体积改造技术[197]进入了高速发展阶段，该技术是指通过压裂的方式对储层实施改造。在形成一条或者多条主裂缝的同时，实现对天然裂缝、岩石层理的沟通，并在主裂缝的侧向强制形成次生裂缝且使其继续扩展形成二级次生裂缝，以此类推，使主裂缝与多级次生裂缝交织形成裂缝网络系统，实现对储层在长、宽、高三维方向的全面改造。主要有分层压裂技术、水平井分段改造技术、分段多簇射孔技术和多井同步压裂技术[198]等。

伴随着水力压裂技术的飞速发展，通过理论计算、数值模拟和现场实测等，在水力压裂裂缝的起裂、扩展与延伸机理方面开展了大量的理论研究工作，并建立了多种数学模型试图描述压裂过程。发展简单的理论模型开始于 20 世纪 50 年代[199]。最初，水力压裂的计算模型几乎全是二维的，比较典型的有 PK[200]、PKN 和 KGD[201]模型等。20 世纪 80 年代以后，在假设储层是均匀、弹性介质的基础上，建立了拟三维的 P3D 模型[202]，继而提出了平面 3D 模型(PL3D 模型)[203,204]。近几年，科研人员围绕建立三维数值模型[205-207]来模拟水力压裂过程做了大量的工作。

李兆敏等[208]认为影响裂缝起裂压力的因素主要有井筒与最大水平主地应力的夹角、井筒周围的岩石性质和应力分布等。Deily 和 Owens[209]、Hossain 和 Rahman[210]也对井筒周边的应力分布进行了研究。刘建军等[211]引入 Curson 损伤理论对裂缝起裂压力进行计算，得出以损伤力学为基础的裂缝起裂模型。李根生等[212]、姜浒等[213]对射孔参数对起裂压力的影响进行了研究。李玮等[214]应用分形几何理论建立了裸眼井及射孔井的水力压裂裂缝起裂与扩展模型。Huang 等[215]、Takatoshi[216]、Zhao 等[217]也对水力压裂的起裂压力、起裂位置和裂缝的方位进行了研究。

水力压裂裂缝的延伸不仅与水平应力的大小、压裂时的最高工作压力有关，还受天然裂缝与水平最大主应力方向夹角的影响，且涉及岩石的力学性质和应力状态、天然裂缝的类型等因素[218]。目前国内外学者几乎一致认为，水平地应力差是影响裂缝垂向延伸的主要因素。陈勉等[219]利用大尺寸真三轴实验系统模拟了裂缝性储层的天然裂缝，得出在天然裂缝系统中，裂缝扩展模式分为主缝-多分支缝和径向网状扩展两种形式。周健等[220]通过模拟实验得出：随着裂缝性储层水平主应力差值、最大主应力与天然裂缝间夹角的增加，水力压裂裂缝容易直接穿过天然裂缝而沿着最大主应力方向扩展。Zhang 和 Chen[221]、Teufel 和

Clark[222]、Fowler 和 Scott[223]、Adachi 等[224]及 Moon[225]也对水力压裂裂缝的扩展与延伸进行了研究。

水力压裂所形成裂缝的几何形态及数量是影响压裂效果的主要因素。程远方等[226]从岩石力学角度分析了水平井压裂的基本原理，认为裂缝几何形态主要取决于3个主应力的大小顺序以及与水平井眼方位的夹角。李连崇等[227]应用并行有限元程序，对水力压裂过程进行了真三维数值模拟。阳友奎等[228]通过试验研究得出水力压裂裂缝形态具有不依赖缝内压力分布和压裂环境而呈细长椭圆的自相似扩展特征。罗天雨等[229]建立了计算裂缝端部应力强度因子的不连续位移法，来考虑裂缝轨迹的变化、多条转向裂缝之间闭合应力的相互影响程度。周健等[230]采用大尺寸真三轴试验系统，对多裂缝储层内水力压裂裂缝与多裂缝干扰后影响水力压裂裂缝走向的各种因素进行了研究。张广清等[231,232]建立了三维弹塑性有限元模型，研究了定向射孔水力压裂裂缝形态的影响因素，提出了采用定向射孔技术进行转向压裂以形成双 S 形水力压裂裂缝的新方法。Ghassemi[233]和 Philippe 等[234]也对裂缝的几何形态进行了研究。经典的水力致裂理论的基本假设是岩石是脆性、线弹性、均质和各向同性及非渗透性[235]的，目前已逐步发展到考虑岩石的弹塑性、固-液耦合及可渗透性[236-238]。

3. 裂缝监测技术

为了评价水力化增渗作业效果和不断优化技术方案，需要对裂缝延伸方向、形态、数量、密度及展布范围等进行监测和预测。作为储层增渗的配套技术，自 20 世纪 60 年代起，裂缝监测技术伴随着增渗技术的广泛应用、数学计算模型的不断完善和计算机、传感器技术的日趋成熟，经历了定性分析阶段后，已向定量描述发展，正成为一种多学科相结合的综合技术体系。

微地震方法[239]是应用最为广泛的裂缝监测技术之一。根据水力化增渗技术实施过程中储层内发生应力、应变和位移等变化时能引起微小地震的原理，用地震波检波器探测释放出的地震能量，确定震源在时间和空间上的分布，实现对裂缝网络的成像和监测。随着微地震技术研究的深入，将微地震事件与地球物理、测井数据等信息应用到数值模拟中，还可以进行客观的产能预测，并进一步指导增渗设计优化[240-242]。20 世纪 40 年代，美国地质勘探局(USGS)已开始应用微地震技术探测冲击地压，但其大量应用于压裂监测是从 1992 年开始的，至 1997 年逐渐商业化。在国内，微地震监测技术发展相对滞后，在学习国外先进理论和技术并引进国外设备的前提下，在大庆、华北等油田地区进行了微地震数据的采集和处理解释。2013 年，中国石化石油物探技术研究院应用自主研发的 FracListener 微地震软件技术，成功实施了川西须五段页岩气储层水力压裂地面微地震监测。

1.3.2 煤层增渗与油层增渗的关系

由于煤岩体的物理力学性质与围岩差别较大,且煤岩体受到采动影响,煤矿井下水力化增渗与石油行业的理论与技术有很大差异。虽然目的相同,但是由于二者存在以下诸多方面的差异[125,243],其增渗方式和效果也不尽相同。

1. 产物的赋存特征

煤层既是生气层又是储集层,作为储集层,它与油层相比具有割理发育、泊松比高、弹性模量低且各向异性等特点。煤层瓦斯赋存以吸附态为主,而石油总量的90%左右在地层中呈游离态。

2. 运移规律

石油属于自由流体,能传导压力,运移基本服从达西定律。而绝大部分煤层瓦斯由于受表面张力的作用处于吸附态,它的运移主要是分子热扩散运动。

3. 产出方式

石油通过增加、维持储层能量或改变石油的物理力学性能来提高原油采收率。而煤储层低压力的特点,决定了煤层瓦斯的产出是煤层降压、瓦斯解吸、扩散和运移等因素综合作用的结果。

4. 实施作业的地点

煤层一般埋深在1000m以上,而油气储层一般埋深在1500m以下。石油增产作业的地点在地面,通过地面钻孔来实施,受作业环境、空间大小等因素的影响较小。实施煤层增渗作业的地点多数在井下,空间狭小、光线暗淡、设备需要防爆,还要考虑实施煤层增渗作业后对于煤层顶、底板的破坏是否会影响后期煤炭的安全开采,这些因素决定了煤层增渗作业实施难度大。

5. 效果及考察方式

以水力压裂来说,油层增渗的有效影响范围可达几十米甚至数百米。对于煤层增渗,首先,由于煤的松软性及各向异性,有效范围仅能达到几十米;其次,压裂过程中产生大量的煤碎屑,在抽采负压作用下极易阻塞裂隙通道;再次,煤岩吸附压裂液后会引起煤岩基质膨胀而堵塞裂隙;最后,对于突出煤层还要考虑增渗作业影响范围内不能留空白带。

从增渗效果来看,由于油层埋深较大,只能通过产油量或者地球物理手段进行考察。而煤层增渗的效果考察相对方便,除了以上手段外,还可以在井下施工钻孔进行煤层透气性测试。

基于以上差异，煤层增渗不能照搬石油行业的技术，但是石油行业的技术经改良后也在煤层增渗中起到了举足轻重的作用。正是因为借鉴了石油开采先进的理论与技术，我国瓦斯抽采才取得了令人瞩目的成就。

1.3.3 水力化煤层增渗技术在国内的研究进展

为提高低透气性煤层的瓦斯抽采率和预防煤与瓦斯突出，国内科研人员在借鉴苏联等国家的技术与经验的基础上，试验应用了多种煤层增渗技术，主要包括：开采保护层、卸压带抽采、深孔松动爆破、交叉钻孔、大直径钻孔和水力化增渗措施等。国内煤矿应用水力化煤层增渗技术开始于20世纪50年代末，至今大致经历了初期试验研究、尝试应用和高速发展3个阶段，正逐渐发展成为一种适用性强、效果显著的煤层增渗和防突技术。

1. 初期试验研究阶段

20世纪50年代末～80年代末，我国的科研人员开始了水力化煤层增渗技术的初期试验研究工作，主要是将其作为局部防突措施用于煤巷掘进、石门揭煤等地点。1958年，设计出了简易的"轻变型"水力钻。1965年，用水射流预先冲刷煤体，安全揭开具有突出危险的石门。煤炭科学研究总院抚顺分院于1969年在鹤壁六矿进行了用水射流在钻孔中切割煤缝试验，扩大了钻孔的卸压范围；1977年，在红卫煤矿进行了水射流割缝防止煤与瓦斯突出试验；1978～1981年，又先后在鹤壁四矿、鹤壁二矿及红卫煤矿进行了水射流割缝提高瓦斯抽放率的工业性试验；1981年研制了液控水射流钻割机。1970～1985年，为了研究地面钻孔抽采瓦斯，煤炭科学研究总院抚顺分院在白沙矿区里王庙矿、阳泉一矿、抚顺龙凤矿和焦作中马村矿进行了水力压裂、空穴法强化措施开采煤层气试验[244]。

2. 尝试应用阶段

20世纪90年代初～21世纪初，虽然前期试验取得了一定的效果，但未能得到大范围的推广应用，主要原因：一是由于当时煤炭行业发展正处于低谷，现场需求相对较少；二是由于未能深入研究煤层卸压、增渗机理，缺乏必要的理论支撑；三是当时可在煤矿井下应用的高压水泵流量小、压力低，设备能力不能满足要求；四是包括安全防护在内的配套设施不够完善。因此，只在抚顺、晋城等矿区的少数煤与瓦斯突出矿井及瓦斯治理非常困难的高瓦斯矿井进行了小范围应用。

3. 高速发展阶段

2003年以后，在煤炭市场逐渐复苏的背景下，在石油等行业取得多项新突破的激励下，随着《煤矿瓦斯抽采基本指标》（AQ 1026—2006)和《防治煤与瓦斯突出规定》[245]等煤矿安全相关国家政策和标准的实施，水力化煤层增渗技术进入了高速发展阶段，单项水力化煤层增渗技术不断完善，并且向着集成化、多元化、智能化的方向发展。以中国矿业大学、中煤科工集团沈阳研究院有限公司、中煤科工集团重庆研究院有限公司、中国石油大学(华东)和中国石油大学(北京)等为代表的十余个科研机构进行了广泛且深入的研究，形成了包括水射流和水力压裂在内的两大类共十余种技术，包括水力冲孔、水力掏槽、水射流割缝、水射流扩孔、水力挤出、水力疏松、水力压裂等，在晋城矿区、两淮矿区和重庆松藻煤电有限责任公司等十余个矿区和公司进行了大量应用，增渗作业区域也由煤巷掘进、石门揭煤等局部发展到地面钻孔抽采、煤层区域预抽、突出煤层消突等方面，取得了较好的效果。

1)单项技术不断完善

在水射流方面，刘明举等[246]等对水力冲孔技术的防突机理、工艺流程进行了研究，在九里山矿的应用结果表明，在严重突出煤层采用水力冲孔措施，起到了很好的综合防突作用，使煤巷掘进速度提高了2~3倍。魏国营等[247]研究了水力掏槽技术，在演马庄矿突出煤层的应用结果表明，槽硐周围煤体充分卸压并释放大量瓦斯，能在巷道周围形成卸压和排放瓦斯带，可使巷道安全掘进速度提高2倍以上。林柏泉等提出了整体卸压理念，开发了高压磨料射流割缝技术，在平煤十二矿己15-17180煤巷掘进工作面的应用结果表明，该技术可以使钻孔之间相互沟通，造出缝隙，使煤体充分卸压、瓦斯得到排放，保障掘进安全。唐建新等[248]设计了用于抽放钻孔中切割煤体的高压水射流装置，在白皎煤矿的试验结果表明，割缝后钻孔瓦斯抽采率提高了18.8%。卢义玉等[249]对自激振荡脉冲水射流的形成机理和对煤体裂隙率、瓦斯解吸率的影响进行了研究，将逢春煤矿+523S4机轨巷揭M8煤层的工期缩短了70天以上。张义等[250]从理论上分析了旋转射流和射流旋转各自的流动规律、破岩过程及破岩机理，优化设计了4种水力旋转式钻扩孔射流钻头，在实验室取得了较好的试验效果。王耀锋[251]研制了三维旋转水射流扩孔装置，并对其工艺参数进行了研究，使扩孔效率明显提高。徐幼平等[252]分析了钻割一体化水力割煤过程中磨料在射流中的受力状况和速度分布，对割缝入射角和割缝方式进行了优化并在芦岭煤矿进行了应用，应用后表明优化后能显著提高设备割缝能力。

在普通水力压裂方面，张国华等[253]在分析煤层结构和应力场特点的基础上，确定出了穿层钻孔起裂注水压力计算方法。吕有厂[254]根据第一强度理论，通过分析压裂孔周围的应力状态，推导出压裂孔起裂压力临界值公式，并在平煤十矿进行了水力压裂瓦斯治理试验。付江伟[255]对水力压裂影响区域的地应力分布特征进行了研究，指出了利用瞬变电磁法和示踪剂法对井下煤层水力压裂流场分布特征研究和评价的可行性。程庆迎[256]对低渗煤层水力压裂增渗与驱赶瓦斯效应进行了较为系统的研究。林柏泉等[257]研究了含瓦斯煤体水力压裂动态变化特征，建立了煤体埋深、瓦斯压力和水力破裂压力三者的耦合模型。刘建新等[258]研究了煤巷掘进工作面水力挤出的防突机理，认为注水后煤体弹性潜能释放缓慢，集中应力带前移，卸压带加长，瓦斯涌出量减小。王兆丰和李志强[259]、刘明举等[260]进行了水力挤出现场试验。如果封孔深度和挤出规模掌握不当，水力挤出有可能诱发瓦斯突出，但通过钻孔组合开展水力挤出，能使煤层移动而实现前方煤体卸压。周军民[261]、王念红和任培良[262]、孙炳兴等[263]对煤矿井下水力压裂技术的试验及应用表明，水力压裂能显著提高瓦斯抽采效率，对突出煤层起到了很好的消突效果。苏现波等[264]提出了地面煤层顶板顺层水平压裂井抽采瓦斯方法，即从地面施工钻孔，使钻孔的水平段位于煤层顶板裂隙带中下部 3~7m 处，在水平段内逐段进行水力压裂，可用于工作面采中和采后阶段的抽采。马耕等[265]提出了煤层顺层水力压裂抽放瓦斯的方法，在煤层顶板打顺层钻孔并实施水力压裂，然后再在煤层顶板顺层钻瓦斯抽采钻孔实施抽放。李国旗等[266]研究了煤层水力压裂的合理参数。

在脉动水力压裂方面，张景松[267]利用自主研制的高压脉动水锤发生装置对潘三矿的难以抽采煤层进行脉动式水力压裂注水试验，结果表明该技术有效提高了煤层透气性且增渗作用较为持久。翟成等[268]开展了煤层脉动水力压裂卸压增渗技术研究与应用，在铁法煤业(集团)有限责任公司大兴矿的试验结果表明，脉动水力压裂卸压增渗效果明显。

在定向水力压裂方面，王魁军等[121]提出了穿层钻孔水力压裂疏松煤体瓦斯抽放方法。富向[269]揭示了定向水力压裂过程中煤体破坏，裂纹萌生、发展直至贯通的整个过程，发展了井下定向水力压裂增渗技术。冯彦军和康红普[270]在王台铺煤矿进行了定向水力压裂控顶试验。李全贵等[155]针对实施水力压裂措施后增渗方向不确定导致应力集中的问题提出了定向孔定向水力压裂技术，应用结果表明，实施穿层定向水力压裂后，工作面瓦斯突出危险性指标钻孔瓦斯涌出初速度(q)和钻屑量(S)减小，掘进速度提高了 69%。路洁心和李贺[271]对水力压裂防突措施的原理、具体实施方案及有效性进行了分析。

2) 综合增渗技术快速发展

将水射流与水力压裂搭配应用可实现二者的有机结合。黄炳香等[272,273]结合水力割缝和水力压裂的优势，提出在钻孔轴向或径向预割出给定方向的裂缝，然后对预割裂缝进行水力压裂的定向压裂技术。王耀锋和李艳增[274]开展了预置导向槽定向水力压穿增渗技术的研究及应用，提出了利用导向槽和控制孔的共同定向作用，将不同钻孔之间的煤体压穿形成贯穿裂隙，并通过高压水携带出大量煤屑，来有效实现煤层卸压和增渗的方法。刘勇等[275,276]提出了采用水射流形成的定向缝导向压裂，促使煤层内裂缝有序、大范围扩展的方法。

综合压裂技术取得了一定进展。叶建平和吴建光[277]将"十五"国家科技攻关计划成果"氮气泡沫压裂技术"进行了工业试验并获得成功;许耀波[278]提出了基于构造煤储层特点的液氮伴注辅助水力压裂复合增产技术,现场应用增产效果达到了50%。刘晓[279]结合中马村煤矿的实际情况,引入石油开采领域的重复水力压裂技术,现场应用取得了较好的效果。王保玉等[280]提出了地面压裂井下水平钻孔抽放煤层气方法,将地面钻孔与井下煤层内水平定向钻孔相结合,实现联合抽采。林柏泉等[281]提出了区域瓦斯治理钻爆压抽一体化防突方法,实现了松动爆破和定向压裂综合增渗。

综上所述,经过60余年的不断探索与实践,高压水射流技术和水力压裂技术在理论研究和实际应用方面取得了很大的进展,在我国煤层增渗和瓦斯抽采方面取得了令人瞩目的成果。

第 2 章　含瓦斯煤体的结构与渗流性能

煤是植物遗体经历复杂的成煤过程后所形成的一种多孔性可燃有机岩。传统观点认为，煤是由基质孔隙与裂隙构成的双重孔隙介质结构[282]。煤体的孔隙、裂隙对于研究瓦斯在煤岩层内的赋存和流动特性具有重要意义。煤对瓦斯具有很好的吸附性能，这是由煤的孔隙结构特性所决定的。水射流破煤和水压致裂煤体均与煤的结构和煤层渗流性能密切相关。煤体的结构特性还影响着渗透性的应力响应特征，进而影响着煤层瓦斯的运移。因此，本章对煤的宏观—微细观结构特征、煤的力学特性和应力作用下渗透性的研究，将为后面水射流破煤和水力压裂机理方面的研究奠定基础。

2.1　煤　体　结　构

煤体结构指煤层在地质历史演化过程中经受各种地质作用后所表现出来的结构特征。原始煤体在构造应力作用下产生应变，使煤体结构产生不同程度的破坏时，煤体的强度也将相应地下降，导致煤的其他物理性质也产生不同程度的转变[166]。我国常用煤的破坏类型分类[14]方法，将煤体结构分为 5 类，详见表 2-1。

表 2-1　煤的破坏类型分类

破坏类型	光泽	构造与结构特征	节理性质	节理面性质	端口性质	手试强度
Ⅰ类煤非破坏煤	亮与半亮	层状构造、块状构造，条带清晰明显	一组或两三组节理，节理系统发达，有次序	有充填物(方解石)，次生面少，节理、劈理面平整	参差阶状，贝状，波浪状	坚硬，用手难以掰开
Ⅱ类煤非破坏煤	亮与半亮	尚未失去层状，较有次序	次生节理面多且不规则，与原生节理呈网状	节理面有擦纹、滑皮，节理平整，易掰开	参差多角	用手极易剥成小块
Ⅲ类煤非破坏煤	半亮与半暗		节理不清，系统不发达，次生节理密度大	有大量擦痕	参差及粒状	用手捻之可成粉末、碎粒
Ⅳ类煤非破坏煤	暗淡		无节理，呈黏块状		粒状	用手捻之可成粉末
Ⅴ类煤非破坏煤	暗淡				土状	易捻成粉末，疏松

2.1.1 非破坏煤的结构

在成煤作用过程中，煤层内部的结构与构造主要是在沉积环境中的温度和压力等因素作用下形成的。煤的原生构造可以分为块状构造和层状构造。块状构造的成煤物质相对均匀，一般是在沉积环境稳定滞水的条件下形成的。对于层状构造，一般在煤层垂直方向上很容易看到明显的不均一性，这主要是由煤层的组成成分不同引起的，表现为层理，层理之间往往形成弱面。按照其形态差异，可将其分为水平层理、波状层理及斜层理等。在泥炭沼泽内，成煤原始物质在几乎没有水流动的平静的环境中沉积而形成水平层理；在植物堆积时，沼泽内的水介质有微弱的运动时会形成波状层理；在水介质有强度较大的定向流动的堆积环境中则形成斜层理。

2.1.2 破坏煤的结构

含煤岩系中煤的强度最小，在构造运动过程中煤的原生结构最容易遭到破坏。按照煤的破坏程度，可将其分为破裂状、碎裂状、颗粒状和粉末状等，其多数表现为层理紊乱、煤质松软、孔隙率高，经常产生滑动镜面、揉皱构造、鳞片状构造等次生构造，煤的原生结构遭到破坏或者完全消失[167]。受破坏程度最高的糜棱煤是在强烈的地质构造运动过程中因强烈形变和发生塑性流动，颗粒之间相互摩擦，不但磨掉了棱角，而且磨得很细，并在构造应力的作用下被重新压紧的产物。

2.2 煤 的 裂 隙

煤的裂隙是指煤受各种应力作用产生的破裂形迹[26]，裂隙的发育程度和连通性直接决定着煤层的渗透性能。在我国的煤炭行业标准《煤裂隙描述方法》（MT/T 968—2005）[26]中对裂隙规模进行了分类，详见表2-2。

表 2-2 煤裂隙规模划分方案及特征简述

规模类型	特征
巨型	裂隙可切穿若干个煤岩类型分层或切穿整个煤层。一般长度为数米，高度大于1m，裂口宽度为数毫米
大型	裂隙可切穿一个以上煤岩类型分层。一般长度为几十厘米至大于1m，高度为几厘米至1m，裂口宽度为微米到毫米级
中型	裂隙限于一个煤岩类型分层内。一般长几厘米至1m，高度为厘米级，裂口宽度为微米级
小型	裂隙仅发育在一个煤岩成分条带中。一般长几毫米至1m，高度为毫米级，裂口宽度为微米级
微型	借助显微镜才可见的裂隙

按照裂隙的成因可将其分为内生裂隙和外生裂隙两种。以前人们认为内生裂隙是瓦斯运移和产出的主要通道,近年来瓦斯抽采实践证明,外生裂隙对瓦斯的高效抽采也至关重要。

内生裂隙是指在煤化作用过程中,由于煤体收缩、脱水和脱挥发分等作用而生成的裂隙,或者是煤化作用所产生的气体、水以及温度升高使孔隙发生膨胀,形成异常高压而产生的裂隙。内生裂隙一般指煤中自然存在的裂隙,一般表现为张性,其发育特征受煤阶、煤岩组分和灰分等多种储层因素的影响。煤层割理(coal cleat)是煤层中垂直层面分布的内生裂隙系统,它通常可以划分为互相垂直的两组:断续分布的终止于面割理的端割理(butt cleat)和连续性较强的面割理(face cleat)。其垂直或者接近垂直于层理面,共同构成煤的割理系统。典型的煤的割理系统见图2-1。

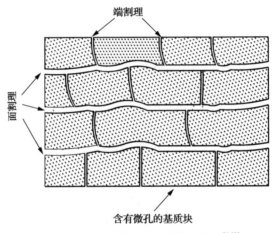

图 2-1 典型的煤的割理系统示意图[168]

煤在构造变形时期由于应力作用而生成的裂隙称为外生裂隙,又常被称为节理,其力学性质可以是张性、压性、剪性或组合受力情况,所分布的区域往往不受煤岩类型的限制,有时延续到煤层顶、底板中,能以任何角度与煤层层面相交。外生裂隙的发育特征与煤岩组成密切相关。

2.3 煤 的 孔 隙

煤的孔隙结构是指煤的孔隙大小、形态、发育程度及其相互组合关系。典型的煤的微观结构见图2-2,从图中可以看出,煤的孔隙有多种不同的形态:有些孔隙构成了通道,有些孔隙属于敞开式的孔隙,有些孔隙属于盲孔或封闭孔隙等。煤体内的孔隙是瓦斯在煤层中赋存和运移的先决条件,孔隙的大小、连通程度及其分布规律直接影响着煤体中瓦斯的吸附和运移。

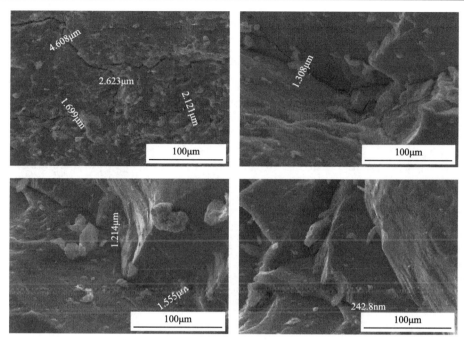

图 2-2 煤的微观结构图[169]

有关研究表明,在煤体内存在着孔隙直径为 5Å①至数百万埃的不同数量级的孔隙系统。从不同的目的、测试条件角度提出了不同的煤的孔隙分类方案,基于研究瓦斯在煤层中储存与流动的规律,苏联学者霍多特[17]按孔隙尺寸将煤中的孔隙作了如表 2-3 所示的分类。

表 2-3 煤的孔隙分类

孔隙类型	孔径/m	主要作用
微孔	$<10^{-8}$	构成瓦斯的吸附容积
小孔(过渡孔)	$10^{-8} \sim 10^{-7}$	构成瓦斯毛细凝结和扩散作用的空间
中孔	$10^{-7} \sim 10^{-6}$	构成缓慢层流渗透空间
大孔	$10^{-6} \sim 10^{-4}$	构成强烈层流渗透空间,是结构高度破坏煤的破坏面
可见孔及裂隙	$>10^{-4}$	构成层流及紊流渗透的空间,是坚固和中等强度煤的宏观破碎面

2.4 煤层瓦斯的运移

在原始煤体内,瓦斯是以承压状态存在的,处于一种动平衡状态。但当外界

---

① $1\text{Å}=1\times10^{-10}\text{m}$。

条件变化或受采掘作业、瓦斯抽采等影响时，平衡状态被打破，形成瓦斯在煤层内的流动。煤层瓦斯穿过孔隙介质的流动包括 3 个连续的过程：①由于压力降低，瓦斯从煤基质孔隙的内表面解吸；②瓦斯在基质与裂隙之间的浓度差驱动下，穿过基质和微孔扩散到裂隙中；③在压力差的作用下，瓦斯以达西流的方式通过煤层裂隙流向抽放钻孔等低压区域。图 2-3 为煤层瓦斯解吸运移示意图[173]。

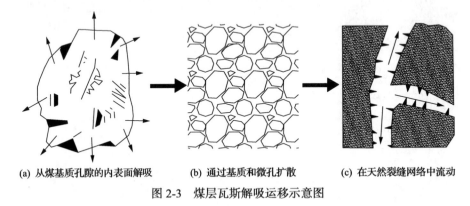

(a) 从煤基质孔隙的内表面解吸　　(b) 通过基质和微孔扩散　　(c) 在天然裂缝网络中流动

图 2-3　煤层瓦斯解吸运移示意图

2.4.1　瓦斯的吸附-解吸过程

煤层中瓦斯的赋存状态主要分为游离态和吸附态。在煤层的孔隙、裂隙系统中存在着游离态的瓦斯，可以采用气体状态方程来描述：

$$PV=nRT \qquad (2-1)$$

式中，P 为气体压强，Pa；V 为气体体积，m³；n 为气体总量，mol；T 为气体温度，K；R 为理想气体常数，约为 8.31441J/(mol·K)。

煤对瓦斯气体具有非常好的吸附性能，90%以上的煤层瓦斯以吸附态赋存于煤的孔隙结构内，如图 2-4 所示。

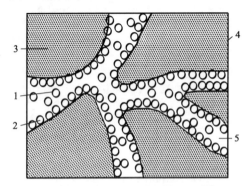

图 2-4　煤体内瓦斯的赋存状态[70]

1-游离态瓦斯；2-吸附态瓦斯；3-吸收瓦斯；4-煤体；5-煤中孔隙

Perkins 和 Cervik[283]的研究结果表明，储层多孔介质的表面和气烃类物质之间很难形成稳定的化学键，所以煤对瓦斯的吸附主要是物理吸附。影响煤对瓦斯吸附特性的因素主要有煤的变质程度、煤体结构、煤体温度和瓦斯压力等。在恒温条件下，吸附瓦斯量和瓦斯压力的关系属于等温吸附，符合朗缪尔方程[284]：

$$W_2 = \frac{abp}{1+bp} \tag{2-2}$$

式中，W_2 为瓦斯吸附量；a、b 为 Langmuir 等温吸附常数，其中 a 为在给定温度下单位质量固体的极限吸附量，对煤吸附瓦斯而言 a 通常为 $10\sim60\text{m}^3/\text{t}$，$b$ 通常为 $0.5\sim5\text{MPa}^{-1}$，a、b 的值一般由实验测得；p 为瓦斯压力。Ruppel 等[285]对不同煤质的煤样进行了瓦斯等温吸附实验，发现实验结果与 Langmuir 吸附模型相符，如图 2-5 所示。

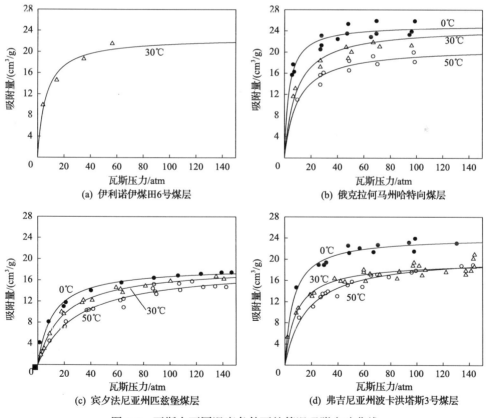

图 2-5　瓦斯在不同温度条件下的等温吸附实验曲线

1atm=1.01325×10⁵Pa

在外界条件不变时,煤体中游离态瓦斯与吸附态瓦斯处于一种动平衡状态。当煤体温度或瓦斯压力等这些外界条件发生变化时,将会打破这种平衡,但最后又会重新达到新的平衡。

2.4.2 扩散过程

煤基质的孔隙半径常小至纳米级,没有明显的达西渗流现象,此时瓦斯运移的方式主要是扩散,主要有体积扩散、克努森(Knudsen)扩散和表面扩散三种形式[173],其中煤层中瓦斯分子体积扩散占主导地位。一般在恒温、恒压条件下,假设瓦斯分子在煤基质块内的扩散过程中每个时间段都有一个平均瓦斯浓度,按照菲克第一定律可知瓦斯的扩散速度与瓦斯含量梯度成正比[286],即

$$J = -D\frac{\partial c}{\partial x} \tag{2-3}$$

式中,J 为扩散流体通过单位面积的扩散通量,$g/(m^2 \cdot s)$;c 为扩散流体的浓度,g/m^3;D 为煤体瓦斯扩散系数,m^2/s;x 为扩散位移,m。

2.4.3 达西流

在直径大于 1000Å(中孔)以上的孔隙、裂隙中,瓦斯的流动为渗透,可能存在层流和紊流两种方式。由于煤层内孔隙及裂隙的形态、大小、曲率等非常复杂,具有明显的不均匀性,一般采用达西定律来描述,即瓦斯的流速与瓦斯压力梯度和煤体的渗透率成正比:

$$v = -\frac{k}{\mu}\frac{\mathrm{d}p}{\mathrm{d}x} \tag{2-4}$$

式中,k 为煤层渗透率,m^2;v 为瓦斯的流速,m/s;μ 为瓦斯的绝对黏度,$Pa \cdot s$;$\frac{\mathrm{d}p}{\mathrm{d}x}$ 为瓦斯压力梯度,Pa/m。

2.4.4 煤的吸附瓦斯变形特性

煤层在瓦斯吸附、解吸和有效应力的综合作用下会发生变形[132]。煤炭科学研究总院抚顺分院用实验测试了煤在吸附瓦斯时的吸附变形量,如图 2-6 所示,可以看出,吸附变形量随着瓦斯压力的升高而增大,但增大幅度逐渐减小,最后趋近于某极限值。经过回归分析,在瓦斯介质中煤的吸附变形量与瓦斯压力之间的关系符合如下经验公式:

$$\varepsilon_{\mathrm{xf}} = \frac{ABp}{1+Bp} \tag{2-5}$$

式中，$\varepsilon_{\mathrm{xf}}$ 为煤的吸附变形量，‰；A 为吸附变形常数，即瓦斯压力趋于无穷大时的极限变形量，‰；B 也为吸附变形常数，MPa^{-1}。

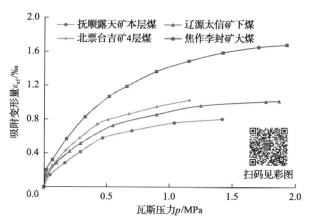

图 2-6　煤在瓦斯介质中的吸附变形

煤的吸附变形使含瓦斯煤体构成了煤-瓦斯统一体系，释放瓦斯后所引起的收缩变形使煤体卸压、增加煤层的透气性，煤层瓦斯含量赋存的不均衡性将造成吸附变形差异，从而引起应力的不均匀分布，这把瓦斯因素与地应力因素联系在了一起。

2.5　煤体的渗透性

2.5.1　煤层渗透性的表征

煤层瓦斯流动的难易程度通常用渗透率来描述，其是井下瓦斯抽采和地面煤层气开发的关键参数，在很大程度上控制着瓦斯的运移与产出。渗透率通常采用达西线性流动方式来表达：

$$q = -\frac{kA'}{\mu}\frac{\mathrm{d}p}{\mathrm{d}x} \tag{2-6}$$

式中，q 为流体通过岩石试样的稳定流量，m^3/s；k 为煤层渗透率，m^2；μ 为瓦斯的绝对黏度，Pa·s；A' 为岩石截面积，m^2；$\dfrac{\mathrm{d}p}{\mathrm{d}x}$ 为作用在煤试样两端的瓦斯压力梯度，Pa/m。将式(2-6)分离变量后进行积分得到渗透率的表达式为

$$k = \frac{q\mu}{A'} \frac{\mathrm{d}x}{\mathrm{d}p} \tag{2-7}$$

对于煤层而言，瓦斯气体在煤层内的渗透性能通常采用煤层透气性系数 λ 来表达[287]：

$$\lambda = \frac{k}{2\mu \cdot P_a} \tag{2-8}$$

式中，λ 为煤层透气性系数，$m^2/(MPa^2 \cdot d)$；k 为煤层渗透率，m^2；P_a 为标准状况下的大气压，取 0.101325MPa；μ 为瓦斯的绝对黏度，$Pa \cdot s$。

2.5.2 煤层渗透率随应力-应变的演化特征

煤层渗透率随煤体的应力-应变的演化规律，是井下煤层增渗技术发展的理论基础和依据。以下结合图 2-7 测定的典型的煤全应力-应变-渗透率演化特征曲线，分析煤体增渗作业与煤体的力学变形特性和渗透率之间的关系[254]。

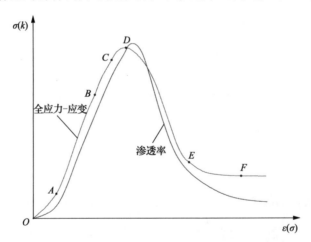

图 2-7　典型的煤全应力-应变-渗透率演化特征曲线

σ-应力；ε-应变；k-煤层渗透率

从图 2-7 可以看出，煤体在外力的作用下从变形到破坏的过程中，全应力-应变-渗透率演化特征可以划分为两个区、六个阶段：峰前区，包括 *OA* 段、*AB* 段、*BC* 段和 *CD* 段四个阶段；峰后区，由 *DE* 段和 *EF* 段两个阶段构成。由图 2-7 可知，煤体的渗透率与全应力-应变基本保持相同的演化规律，但渗透率的变化略滞后于全应力-应变。在峰前区内，煤层渗透率随着煤体变形破坏程度的增加而提高，此区域所对应的煤体是实施水力化增渗作业的主要对象；在峰后区，煤层渗透率随着煤体变形破坏程度的增大而下降，在此区域内煤层孔隙、裂隙系统正逐渐趋于破坏，即使再增加应力，也很难取得较好的增渗效果。以下分别对各阶段进行分析。

(1) OA 段：属于裂隙闭合阶段，对应于原生结构煤体，煤体尚未受外力破坏，在轴向应力作用下，煤体内部和轴向呈垂直及倾斜状态的原生裂隙，因为受压应力作用呈闭合状态，曲线表明轴向应变量较大，而应力相对较小，曲线呈上凹趋势。在这个阶段煤体的外生裂隙不发育，煤层渗透率较低，采用水力化增渗作业，特别是水力压裂有较大的潜力。

(2) AB 段：属于弹性阶段，仍然对应原生结构煤体，除产生弹性变形外，煤中的一部分微裂隙还发生了摩擦滑动，破裂扩展不稳定，在煤层内部产生了少量微裂隙，此时的变形曲线大致为直线。本阶段有少量微裂隙产生，煤体的渗透率也有所增大，同时微裂隙的出现也为水力压裂过程中煤体裂隙的贯通提供基础，是水力化增渗作业最容易产生效果的煤体。

(3) BC 段：仍属于弹塑性阶段，该阶段与碎裂结构煤体相对应，煤体破裂之前的扩容现象明显，在这一阶段内煤体的非弹性体积增长、新裂隙大量出现，前期存在的微裂隙在长度和宽度方面再次扩展，裂隙数量密集，新、老裂隙开始联络和贯通。这一个阶段的全应力-应变曲线明显偏离直线段而且跳跃变化较大，预示着煤体很快就会发生宏观断裂破坏，是渗透率提高速率最大的阶段。若能采用水力压裂等外力作用加以改造，煤体裂隙空间的扩张会更加充分，从而形成贯通的裂隙网络。因此，这一阶段是在围压条件下对煤体进行水力压裂增渗的最佳阶段。

(4) CD 段：该阶段进入塑性阶段，对应于碎裂煤的形成阶段，变形曲线呈现出上凸的趋势，煤体的扩容量快速达到全应力-应变的峰值，当应力超过煤体的抗压强度时，煤体开始产生宏观断裂，这一现象发生得十分突然。在这个阶段新产生的裂隙将沿一定的方向相互贯通，但是渗透率峰值的出现稍微滞后于全应力-应变峰值，分析认为可能和宏观断裂发生后所出现的煤体细微颗粒有关。这个阶段所对应的煤体的渗透率已经较高，若实施水力压裂，在压裂过程中压裂液的滤失现象将比较严重，一般情况下不再考虑水力压裂，若非要实施水力压裂，则应加大压裂液流量来抵消滤失作用的影响。

(5) DE 段：属于沿层界面滑移破坏阶段，对应于碎裂煤晚期及碎粒煤早期的形成过程，煤体应力已超过峰值开始失稳破裂，被贯通裂隙所分割的煤体将沿贯通裂缝发生滑移，同时有新的裂隙面继续扩展，煤体强度急剧降低。由于裂隙的相互切割，在这一阶段煤体强度已遭到严重破坏，层理、纹理不清，渗透率呈现明显的下降趋势，此时再进行水力压裂增渗可能适得其反。

(6) EF 段：属于揉搓流变破坏阶段，对应于糜棱煤体的形成阶段，表现为裂隙面几乎不再扩展，煤体的破碎程度继续增大，在揉搓作用下形成流动破坏，最终将出现煤颗粒的压实，煤体渗透率急剧降低。在这一阶段煤体抵抗外力的能力更强，已不能通过水力压裂来实施增渗。

根据以上分析，在外力作用下，随着煤体破坏程度的增大，煤体的渗透率呈抛物线形状变化。事实上，井下水力压裂作业也是通过外力来改变煤体结构的一种手段，煤的全应力-应变-渗透率演化特性对指导井下水力压裂作业实施具有重要意义。

第 3 章 旋转射流理论及其破煤岩机理

旋转射流是指在射流喷嘴不旋转的情况下产生的具有三维速度的射流质点沿着螺旋线轨迹运动而形成的扩散状射流，也称为旋动射流，是靠喷嘴腔内的导向元件，将一维纯轴向来流导引成具有轴向、切向和径向三维流动的射流。与一般的圆形自由射流比较，其具有扩散角大、射程短、卷吸和掺混能力强且存在回流区等特性，其破岩面积比普通圆射流大上百倍，破岩门限压力仅为圆射流的 60%左右，具有很高的破岩效率。

边界层流动近似和自相似理论是分析射流运动规律的经典方法，也是本章旋转射流理论分析的基础。淹没条件下自由湍流射流的经典理论中有两个关键假设：一是射流的基本段速度具有自相似性；二是射流轴向动量通量保持守恒。从 Albertson、Schlichting 等研究淹没自由湍流射流的内在机制和规律以来，这两个假设不断被实验和工程应用所证实，并被视为经典处理方法[287]。与非旋转射流划分方法类似，自由旋转射流通常也划分为初始段和基本段，基本段流动具有自相似性。

本章对淹没条件下牛顿流体旋转射流的有关理论、处理方法以及淹没自由旋转湍流射流的力学分析进行综述。根据钻孔受限条件下旋转射流仍具有自相似性这一实验结果和伴随流条件下射流的常规处理方法，利用质量守恒和轴向总动量通量守恒等基本原理，推导出钻孔中牛顿流体旋转射流自相似形式的数学表述。

3.1 淹没自由旋转射流的基本理论

普通轴对称射流出射后，边界涡迅速向着内外发展，同时改变射流的速度分布。当涡结构充满整个射流断面时，射流进入基本段。之后，射流沿径向的轴向速度呈高斯分布，随周围流体的进一步卷入，射流的速度衰减具有自相似性[286]。射流中的压力本质上属于静力学压力分布，根据伯努利(Bernoulli)原理，由于射流外部流体得到加速，射流横断面上总存在小的压力梯度，外部淹没流体向着射流轴心方向低速流动，与此同时射流轴心区还存在一个较低速度向外部淹没流体方向的流动[288,289]。当轴对称射流引入旋流时，射流速度的扩散、卷吸周围流体的能力及速度衰减规律都将发生变化。通常，旋转射流速度的扩散除了与雷诺数有关外，还取决于旋流数和初始速度分布，基本段时均速度的扩散分布也具有自相似性。

3.1.1 旋转射流的产生和旋流数

旋转射流的初始速度分布是决定旋转射流发展的根本。不同的旋流引入方式产生不同的初始速度分布。如仅考虑切向速度的分布，理论上可有两种截然不同的旋流产生[169]：一是类固旋转或叫强制旋转；二是自由涡旋或叫势流旋转。类固旋转中，切向速度随半径正比例增加，轴心处切向速度为零。流体微团在沿其轨迹运动的同时还沿自身轴旋转，故又称之为转动流。自由涡旋中，切向速度随半径增加反比例减小，流体微团不自转，故又称之为非转动流。然而，在黏性流体的动力学流动范畴内，旋转射流大都不同程度地表现为上述两个极端的综合或共存，为兰金(Rankine)复合涡流形式，即类固旋转位于内部，势流旋转位于外部。尽管初始切向速度分布的不同决定着射流发展的形态，但在射流达到基本段后，流动都会表现出明显的自相似性。

旋转射流的强弱程度可用无量纲特征参数 S 表示，称为旋流数[169,176]，它是区别于一般射流的一个重要的影响参数：

$$S = G_\Phi / G_z R \tag{3-1}$$

$$S = \bar{W}_{\max} / \bar{U}_{\max} \tag{3-2}$$

式中，G_Φ 为射流的轴向角动量矩通量，$G_\Phi = 2\pi\rho \int_0^\infty r^2 \bar{U}\bar{W} \mathrm{d}r$，$\rho$ 为流体密度，r 为流体微团距射流中心的距离，$\bar{U}$ 和 $\bar{W}$ 分别为流体微团的轴向和切向时均速度；G_z 为射流的轴向动量通量，$G_z = 2\pi\rho \int_0^\infty r \left(\bar{U}^2 - \dfrac{\bar{W}^2}{2} \right) \mathrm{d}r$；$R$ 为考查点对应的射流半径；$\bar{W}_{\max}$ 和 $\bar{U}_{\max}$ 为射流断面上的最大切向时均速度和最大轴向时均速度。

旋流数的大小决定旋转射流的特性。在射流扩散运动中，旋流数随半径增加和切向时均速度的降低逐渐减小。当 $S=0$ 时，无旋转动量存在，是直射流；随 S 增大，旋流强度增大，切向时均速度也增大，射流的扩散程度增大，从而使射流速度的衰减变快。旋转射流的划分依据是在流动内部是否出现明显的回流区，并将旋转射流分为两大类：弱旋($S\leqslant 0.6$)射流，即旋流强度不大，轴向不出现逆流，轴向时均速度均为正值；强旋($S>0.6$)射流，即旋流强度足够大，轴向有逆流出现。

射流断面上的速度分布不同，按照式(3-1)和式(3-2)有可能得到相同的旋流数，可见旋流数不能完整表达旋流的所有信息。

3.1.2 旋转射流的速度场和压力场

前进过程中的射流，在离心力作用下不断向外扩展，形成渐散的外形，以至于形成大的冲击面积。旋转射流各质点的速度可分解为三个分量：轴向速度 U、

径向速度 V 和切向速度 W。旋转射流的速度分布如图 3-1 所示。旋转射流的速度衰减规律与普通圆射流存在着较大的差异，主要表现在旋转射流不存在等速核，而由于射流与周围介质的动量交换剧烈，射流的能量衰减迅速。

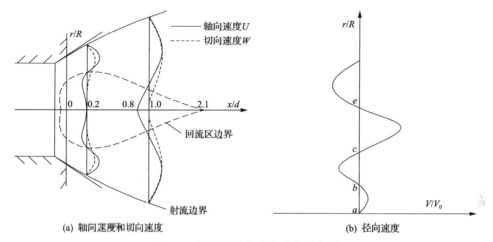

图 3-1　旋转射流的速度分布示意图

V-径向速度；V_0-径向初始速度；d-喷嘴直径

1) 轴向速度

图 3-1(a) 是无因次喷距分别为 $x/d=0.2$ 和 $x/d=1.0$ 两个截面上的轴向速度的分布图。从图 3-1(a) 中可以看出，在射流轴心处轴向速度 $U_{mid}<0$，说明存在一个回流区。该回流区一直到 $x/d=2.1$ 处才消失。回流区边界与射流区边界之间称为主流区，存在着最大轴向速度 U_{max}，该值随 x/d 的增加而逐渐减小。但从整个剖面看来，在径向上 U 随 x/d 的增加越来越平且长，迫使回流区的径向半径变小直至消失，使射流的横截面越来越大。

2) 径向速度

图 3-1(b) 是横截面上径向速度 V 分布示意图。整个旋转射流过程中它的大小和方向都是变化的。从图 3-1(b) 中可以看出，在射流轴心上，$V=0$；在回流区 ab 之间，$V>0$（径向速度方向向着外边界）；而在回流区 bc 之间，$V<0$（径向速度方向向着轴心线），这是因为回流区内要保持连续流动则必须有气体补充进去而导致的一种向轴心的径向流动。在 ce 主流区中，径向速度又变为正值，而且有一个最大值，这和整个旋转射流流向四周扩散有关。在接近射流边界 e 处，由于射流要卷吸进一部分周围的介质，而 V 又出现负值，一般情况下，旋转射流的 V 要比 U 和 W 小得多。

3) 切向速度

在三个分速度矢量中，除了在 Z 轴中心附近以外，数值最大的是切向速度，其大小将影响切割的效果,其值将取决于进口流体的初始速度及离旋转轴心的距离 r 的大小。图 3-1(a)中给出了切向速度分布示意图。在射流轴心处,$W=0$,随着 r 的增大,W 也增大,至某一 r 处,W 达最大值;但随着 r 继续增大,W 逐渐下降,直到射流边界处 $W=0$。在射流轴线方向上,随着 x 的增大,W 的最大值逐渐减小,其速度曲线也变得越来越扁平。

旋转射流最大轴向时均速度和最大切向时均速度与无因次喷距的关系可用式(3-3)和式(3-4)表示:

$$\overline{U}_{\max} \propto (x/d)^{\,0.5\sim 0.75} \tag{3-3}$$

$$\overline{W}_{\max} \propto (x/d)^{-1} \tag{3-4}$$

随着喷距的增大,射流截面积在不断增大,同时速度的绝对值在迅速减少,相比圆射流衰减得更快,只有在较小的喷距范围内,才能充分发挥旋转射流的优势。湍流射流中,旋流的影响主要取决于旋流数的大小和初始速度分布,影响结果表现为射流速度场和压力场的变化。

当射流中逐渐引入旋流时,小旋流强度下的轴向速度剖面与非旋转射流相比无明显变化,射流仅有扩散率和卷吸能力的增加。进一步增加旋流强度将导致螺旋流的产生,轴向最大速度偏离射流中心,螺旋流具有稳定性。只有当旋转强度达到某一程度时,射流在离心力诱导下,流动形态才发生突然变化,螺旋流下游产生轴对称空泡等。宏观上表现为横向扩散加剧,并伴随着轴向速度的降低和循环流的出现,该现象称为旋涡破裂。旋涡破裂可表现出不同的流动形态,如封闭或开放空泡型、锥形等。旋涡破裂以及之后的流动形态等控制机理目前知道得很少。对于由单孔喷嘴产生的旋转射流,喷嘴出口附近旋流数最大,同时切向速度急剧衰减,该位置容易产生漩涡破裂。但随喷距增加,切向速度及旋流数迅速降低,轴向速度分布趋同于非旋转射流。某一喷距之后,轴向速度逐渐呈现为高斯分布,流动表现出自相似性。

旋转射流的径向流动相当复杂。特有的负径向流动是旋流在横断面上产生压力梯度的直接结果,并且与旋流数沿喷距衰减的快慢有关。在强旋转射流区,这种向内的流动可能沿整个半径出现。动量向轴心的这种不断输运是下游射流中心低速核逐渐消失的原因。当轴向速度在轴心出现最大值后,径向速度分布近似等同于非旋转射流中的分布。

旋转射流中的压力场变化与旋流离心力有关。静压力场与切向速度相关,在强旋转射流中起平衡主导作用。横断面上,射流中心低压程度强,沿半径出现正的压力梯度。沿轴向,剪切和掺混促使旋流迅速衰减,射流中心低压程度也逐渐减弱;轴向压力梯度为正,并随喷距增加逐渐减小。

3.1.3 旋转射流的理论近似

1) 初始段和基本段的划分

针对不同喷距时的射流结构和流体微团的速度特点，一般沿用 Albertson 等对非旋转射流的划分方法，将淹没自由条件下的旋转射流划分为初始段和基本段。即射流发展到轴向时均速度呈现高斯分布自相似衰减的区域为基本段，之前为射流初始段。强剪切和高湍流强度是初始段的明显特征。射流断面上的大速度梯度和压力梯度以及旋流机构的尾流，是强剪切和高湍流强度的主因。切向速度因横向掺混衰减迅速，旋流数沿轴向逐渐减小，导致离心力和压力梯度随喷距增加逐渐降低。

旋转射流的基本段指轴向时均速度呈现高斯分布的区域，低速核及离心力的影响已基本消失。高斯分布的轴向时均速度呈现自相似性流动是该段的重要特征。

2) 旋转射流的自相似性

射流的自相似性指射流速度分布变化的自相似。此时，速度分布的变化可用特征速度变量和特征尺度变量表示成同一数学模式。同时也说明射流不同截面几何尺寸的相似性。

非旋转射流自相似扩散的虚拟源点取决于雷诺数和喷嘴的几何形状。而旋转射流的速度扩散除了与雷诺数有关外，还取决于旋流数和初始速度分布。黏性在射流中对总体流动的模式和行为水平影响不大，只在小尺度湍流结构上影响能量传递速率和热耗散率的高低[170,286]。

3) 旋转射流的边界层流动近似

流体运动中的动量交换由压力、黏性力和对流决定。在非旋转射流中，轴向流动占绝对主导地位，而时均速度沿轴向的变化梯度却远小于横向，即 $\partial/\partial z \ll \partial/\partial r$，横向扩散相对于轴向对流很小，这种流动称为边界层流动或薄层流动。与非旋转射流相比，尽管宏观上扩展角大，如果轴向速度远大于径向速度 ($U(z,r) \gg V(z,r)$)，弱旋转射流在径向可看作薄层，同时 $\partial/\partial z \ll \partial/\partial r$。如果切向速度远大于径向速度 ($W(z,r) \gg V(z,r)$)，强旋转射流也可看作边界层流动[170]。

3.2 钻孔内淹没自由旋转射流速度理论解

3.2.1 旋转射流在钻孔内的流动条件假设

根据对钻孔中浆体速度的测量实验，钻孔受限条件下射流基本段的轴向和切向速度同样具有自相似变化的性质。针对旋转射流在钻孔内喷射的情况，为便于分析，作如下假设：

(1) 忽略初始段射流空化对下游的影响,假设基本段中的流动仍为连续的不可压缩流,不计体积力和黏性力。

(2) 钻孔壁和孔底为理想固壁,并且射流不直接冲击孔底,允许射流沿轴向充分发展衰减。流动稳定之后,每一截面的周围都存在着与该处射流流量相同的反向流动。

(3) 物理模型为轴对称形式,则射流在向下游发展过程中因回流存在不与孔壁直接接触,而类似于在逆向伴随流中运动的情况。

(4) 由于射流衰减,回流的旋转及与孔壁的摩擦阻力因流速小而忽略,视回流为均匀势流。

根据上述旋转射流的自相似性和薄层流动等假设,可沿用与非旋转射流类似的方法建立淹没条件下自由旋转射流的运动方程[170,175,290,291]。薄层流动假设的意义在于可将椭圆形雷诺平均方程简化为抛物线形,可得出以特征速度表示的解析解。由自相似性分析建立的方程只适合射流的弱旋区,即射流基本段,对于旋流数很大的初始段不适用。经以上假设,自相似性同样存在,湍流分量在积分动量方程中的作用与时均速度相比仍可忽略;湍流与自由流动状态的差别在于因卷吸周围运动着的流体,钻孔受限射流自身的轴向动量通量 G_z 沿 z 轴不再守恒,而是与回流流体的动量通量之和保持不变[292,293]。

3.2.2 微分控制方程

对于高速射流,体积力影响很小,黏性力对流动基本形态影响也不大,都可以忽略。此时,轴对称、稳定、不可压缩湍流射流的控制方程可由柱坐标下的雷诺平均运动方程表示:

$$\bar{U}\frac{\partial \bar{U}}{\partial z}+\bar{V}\frac{\partial \bar{U}}{\partial r}=-\frac{1}{\rho}\frac{\partial P}{\partial z}-\frac{\partial}{\partial r}\overline{uv}-\frac{\partial}{\partial z}\overline{u^2}-\frac{\overline{uv}}{r} \tag{3-5}$$

$$\bar{U}\frac{\partial \bar{V}}{\partial z}+\bar{V}\frac{\partial \bar{V}}{\partial r}-\frac{\bar{W}^2}{r}=-\frac{1}{\rho}\frac{\partial P}{\partial r}-\frac{\partial}{\partial r}\overline{v^2}-\frac{\partial}{\partial z}\overline{uv}-\frac{\overline{v^2}}{r}+\frac{\overline{w^2}}{r} \tag{3-6}$$

$$\bar{U}\frac{\partial \bar{W}}{\partial z}+\bar{V}\frac{\partial \bar{W}}{\partial r}+\frac{\bar{V}\bar{W}}{r}=-\frac{\partial}{\partial r}\overline{uv}-\frac{\partial}{\partial z}\overline{uw}-2\frac{\overline{vw}}{r} \tag{3-7}$$

式中,ρ 为流体密度;P 为流体压力;$\bar{u}$、$\bar{v}$、$\bar{w}$ 为速度的湍流分量。

连续方程:

$$\frac{\partial}{\partial z}(r\bar{U})+\frac{\partial}{\partial r}(r\bar{V})=0 \tag{3-8}$$

根据前述边界层流动近似有：径向速度梯度远大于轴向速度梯度，轴向和切向分量为同一量级且远大于径向分量。径向运动方程式(3-6)中左端的前两项由于径向分量沿 z 和 r 方向的梯度较小而且小于右边末项可以忽略，$\partial \overline{uv}/\partial z$ 项很小也可以忽略。同样式(3-7)中 $\partial \overline{uw}/\partial z$ 也可以忽略。式(3-5)~式(3-7)变为

$$\overline{U}\frac{\partial \overline{U}}{\partial z}+\overline{V}\frac{\partial \overline{U}}{\partial r}=-\frac{1}{\rho}\frac{\partial P}{\partial z}-\frac{\partial}{\partial r}\overline{uv}-\frac{\partial}{\partial z}\overline{u}^2-\frac{\overline{u}\,\overline{v}}{r} \tag{3-9}$$

$$-\frac{\overline{W}}{r}=-\frac{1}{\rho}\frac{\partial P}{\partial r}-\frac{\partial}{\partial r}\overline{v}^2-\frac{\overline{v}^2}{r}+\frac{\overline{w}^2}{r} \tag{3-10}$$

$$\overline{U}\frac{\partial \overline{W}}{\partial z}+\overline{V}\frac{\partial \overline{W}}{\partial r}+\frac{\overline{V}\overline{W}}{r}=-\frac{\partial}{\partial r}\overline{uv}-2\frac{\overline{v}\,\overline{w}}{r} \tag{3-11}$$

以上控制方程与非旋转射流的区别除了切向速度关联项之外，压力项也不可忽略。

3.2.3 动量通量和角动量矩通量方程

如将射流边界外的流体近似为势流，轴对称旋转射流在静止的淹没流体中的边界条件近似：

$$\overline{V}=\overline{W}=\frac{\partial \overline{U}}{\partial r}=\overline{uv}=0, \qquad r=0 \tag{3-12}$$

$$\overline{V}=\overline{W}=\overline{uv}=\overline{vw}=0, \qquad r\rightarrow\infty \tag{3-13}$$

利用式(3-9)乘以 r 并积分，代入式(3-10)，得出轴向动量通量表达式：

$$\frac{\mathrm{d}}{\mathrm{d}z}G_z=2\pi\rho\frac{\mathrm{d}}{\mathrm{d}z}\int_0^\infty r\left(\overline{U}^2-\frac{\overline{W}^2}{2}+\overline{u}^2-\frac{\overline{w}^2+\overline{v}^2}{2}\right)\mathrm{d}r=0 \tag{3-14}$$

其积分形式为

$$G_z=2\pi\rho\int_0^\infty r\left(\overline{U}^2-\frac{\overline{W}^2}{2}+\overline{u}^2-\frac{\overline{w}^2+\overline{v}^2}{2}\right)\mathrm{d}r=\mathrm{const} \tag{3-15}$$

式中，const 为常量。

对于非旋转射流，式(3-14)、式(3-15)中的湍流分量认为是同一量级，可以抵消。但考虑到 $\overline{U}^2$ 和 $\overline{W}^2$ 的作用远大于湍流分量，湍流分量的贡献仍可忽略，则有近似：

$$G_z = 2\pi\rho \int_0^\infty r\left(\overline{U}^2 - \frac{\overline{W}^2}{2}\right) dr = \text{const} \tag{3-16}$$

式(3-16)说明旋转射流中由切向速度表示的压力与轴向动量通量之和沿轴向不变。假设切向速度分量为零时，则轴向动量通量沿轴向不变，这正是非旋转射流的动量通量守恒特征。

同样用 r^2 乘以式(3-11)，并沿 r 积分，得到轴向角动量矩通量守恒表达式：

$$\frac{\partial}{\partial z}G_\Phi = 2\pi\rho \frac{\mathrm{d}}{\mathrm{d}z}\int_0^\infty r^2 \overline{U}\overline{W} \mathrm{d}r = 0 \tag{3-17}$$

其积分式为

$$G_\Phi = 2\pi\rho \int_0^\infty r^2 \overline{U}\overline{W} \mathrm{d}r = \text{const} \tag{3-18}$$

动量通量和角动量矩通量公式仅与边界层近似有关，不涉及自相似流动。此时，由式(3-1)可知，射流的旋流数 S 沿 z 轴随射流半径增大呈反比例减小。

3.2.4 钻孔中射流速度求解自相似运动的积分形式表述

根据轴向速度和切向速度的自相似性，将其自相似表达式代入积分方程中，借鉴非旋转射流的常规处理方法，将轴向动量通量和角动量矩通量视为已知条件，可推出自由旋转射流轴向速度和切向速度的表达式。根据自相似原理，轴向时均速度和切向时均速度表示为

$$\overline{U}(z,r) = U_{\max}(z)\Psi_1(\xi) \tag{3-19}$$

$$\overline{W}(z,r) = W_{\max}(z)\Psi_2(\xi) \tag{3-20}$$

式中，$U_{\max}(z)$ 和 $W_{\max}(z)$ 为特征速度变量，分别为 z 处横截面上的最大轴向时均速度和最大切向时均速度；$\Psi_1(\xi)$ 和 $\Psi_2(\xi)$ 分别为与特征速度变量对应的自相似分布函数，$\xi = r/(z+a)$ 为特征角度变量，z 为喷距，a 为射流扩散虚拟源至喷嘴出口的距离。这种速度的正则化也代表了自相似射流的几何相似，即线性扩散。

射流扩散虚拟源所在截面的射流角动量矩通量 $G_{\Phi 0}$ 表达为

$$G_{\Phi 0} = 2\pi\rho(z+a)^3 U_{\max} W_{\max} \int_0^\infty \xi^2 \Psi_1 \Psi_2 \mathrm{d}\xi \tag{3-21}$$

式中，ξ 为特征角度变量。

其射流扩散虚拟源所在截面的轴向动量通量 G_{z0} 表达为

$$G_{z0} = 2\pi\rho \left[U_{\max}^2 (z+a)^2 \int_0^\infty \xi \Psi_1^2 \mathrm{d}\xi - \frac{1}{2} W_{\max}^2 (z+a)^2 \int_0^\infty \xi \Psi_2^2 \mathrm{d}\xi \right] \quad (3\text{-}22)$$

为了简化表达方式，定义积分参数：

$$H_1 = \int_0^\infty \xi^2 \Psi_1 \Psi_2 \mathrm{d}\xi \quad (3\text{-}23)$$

$$H_2 = \int_0^\infty \xi \Psi_1^2 \mathrm{d}\xi \quad (3\text{-}24)$$

$$H_3 = \int_0^\infty \xi \Psi_2^2 \mathrm{d}\xi \quad (3\text{-}25)$$

并令

$$\delta = U_{\max}^2 (z+a)^2 \quad (3\text{-}26)$$

$$K_1 = \frac{G_{z0}}{2\pi\rho} \frac{1}{H_2} \quad (3\text{-}27)$$

$$K_2 = \frac{1}{2} \frac{H_3}{H_1^2 H_2} \left(\frac{G_{\Phi 0}}{2\pi\rho} \right)^2 \frac{1}{(z+a)^2} \quad (3\text{-}28)$$

则由式(3-21)、式(3-22)消去 $W_{\max}$，利用式(3-23)~式(3-28)简化形式，得到包含轴向特征速度 $U_{\max}$ 的一元二次方程：

$$\delta^2 - K_1 \delta - K_2 = 0 \quad (3\text{-}29)$$

其解为：$\delta = \frac{1}{2} K_1 \pm \sqrt{\left(\frac{K_1}{2}\right)^2 + K_2}$，其中只有正根具有物理意义。

则最大轴向速度由式(3-26)得出

$$U_{\max} = \frac{1}{z+a} \left[\frac{1}{2} K_1 + \sqrt{\left(\frac{K_1}{2}\right)^2 + K_2} \right]^{\frac{1}{2}} \quad (3\text{-}30)$$

利用式(3-21)和式(3-30)得出最大切向速度和轴向时均速度：

$$W_{\max} = \frac{G_{\Phi 0}}{2\pi\rho} \frac{1}{(z+a)^2} \frac{1}{H_1} \left[\frac{1}{2} K_1 + \sqrt{\left(\frac{K_1}{2}\right)^2 + K_2} \right]^{-\frac{1}{2}} \quad (3\text{-}31)$$

$$\bar{U}=U_{\max}e^{-c\xi^2}, \xi = r/(z+a) \tag{3-32}$$

式中，c 与钻孔空间尺度有关，由实验确定。

根据实测速度分布，上述积分参数 H_1、H_2 和 H_3 由 $\Psi_1(\xi)$ 和 $\Psi_2(\xi)$ 积分确定，G_z 和 $G_{\Phi 0}$ 可通过实测喷嘴的反作用力和反扭矩获得。那么，随 z 变化的特征轴向速度和切向速度可由式(3-30)和式(3-31)计算。进而，不同半径处的速度由式(3-19)、式(3-20)算出。式(3-30)和式(3-31)表明：射流端面上最大轴向速度 $U_{\max} \propto z^{-1}$，与非旋转射流变化规律一致；最大切向速度 $W_{\max} \propto z^{-2}$，随喷距增加，最大切向速度衰减比最大轴向速度快得多。

忽略回流的流体旋转及孔壁摩擦阻力，射流的角动量矩通量沿 z 轴保持守恒仍然成立，仍用式(3-21)表示。根据质量守恒定律确定回流的动量通量与速度是问题的关键。因无外力出现，摩擦阻力忽略，射流运动与回流的总轴向动量通量之和 G_{zsum} 守恒，G_{zsum} 表示为

$$G_{zsum} = G_z - G_{za} \tag{3-33}$$

式中，G_z 和 G_{za} 分别为射流和回流的轴向动量通量，G_z 与自由射流的形式相同：

$$G_z = 2\pi\rho\left[U_{\max}^2(z+a)^2 H_2 - \frac{1}{2}W_{\max}^2(z+a)^2 H_3\right] \tag{3-34}$$

回流的轴向动量通量为

$$G_{za} = \rho U_a\left(A - \pi r_e^2\right)U_a \tag{3-35}$$

式中，A 为钻孔截面积；r_e 为对应于轴向位置 z 的射流边界半径；U_a 为喷距 z 截面上对应的回流势流速度。根据不可压缩流假设和质量守恒定律，任一射流截面上射流向前的流量等于回流的流量，即

$$2\pi U_{\max}(z+a)^2 \int_0^{\xi_e} \xi\Psi_1 d\xi = \left(A - \pi r_e^2\right)U_a \tag{3-36}$$

式中，ξ_e 为角度边界。

再令

$$H_4 = \int_0^{\xi_e} \xi\Psi_1 d\xi \tag{3-37}$$

则有

$$U_{a} = \frac{2\pi U_{\max}(z+a)^{2} H_{4}}{A - \pi r_{e}^{2}} \quad (3\text{-}38)$$

将式(3-38)代入式(3-35)，有

$$G_{za} = \frac{\rho\left[2\pi U_{\max}(z+a)^{2} H_{4}\right]^{2}}{A - \pi r_{e}^{2}} \quad (3\text{-}39)$$

将式(3-39)、式(3-34)代入式(3-33)，并利用式(3-21)最后得出钻孔内旋转射流工况下的轴向和切向特征速度的表达式：

$$U_{\max z} = \frac{1}{z+a}\left[\frac{1}{2}K_{1} + \sqrt{\left(\frac{K_{1}}{2}\right)^{2} + K_{2}}\right]^{\frac{1}{2}} \quad (3\text{-}40)$$

$$W_{\max z} = \frac{G_{\Phi 0}}{2\pi\rho}\frac{1}{(z+a)^{2}}\frac{1}{H_{1}}\left[\frac{1}{2}K_{1} + \sqrt{\left(\frac{K_{1}}{2}\right)^{2} + K_{2}}\right]^{-\frac{1}{2}} \quad (3\text{-}41)$$

其中：

$$K_{1} = \frac{G_{zsum}}{2\pi\rho}\left[H_{2}\left(1 + \frac{2\pi(z+a)^{2}}{A - \pi r_{e}^{2}}\frac{H_{4}^{2}}{H_{2}}\right)\right]^{-1} \quad (3\text{-}42)$$

$$K_{2} = \frac{1}{2}\frac{H_{3}}{H_{1}^{2}H_{2}}\left(\frac{G_{\Phi 0}}{2\pi\rho}\right)^{2}\frac{1}{(z+a)^{2}}\left[1 + \frac{2\pi(z+a)^{2}}{A - \pi r_{e}^{2}}\frac{H_{4}^{2}}{H_{2}}\right]^{-1} \quad (3\text{-}43)$$

进而由自相似表达式式(3-32)得出整个截面的速度分量大小。G_{zsum}通过实验由喷嘴出口截面上的测量数据确定。式(3-34)~式(3-43)中与本节中各同名参数的意义相同，除了对应的积分上限换为 ξ_{e} 之外其他相同，自相似分布函数 $\Psi_{1}(\xi)$ 和 $\Psi_{2}(\xi)$、角动量矩通量以及射流半径 r_{e} 等实验参数也都由模拟钻孔条件下的实验获得。

钻孔空间流动的特征速度表达式(3-40)和式(3-41)虽然与自由条件下对应的式(3-30)和式(3-31)形式相同，但是其中的参量 K_{1} 和 K_{2} 包含了与空间尺度有关的项。

对比式(3-27)、式(3-28)和式(3-42)、式(3-43)可以发现：在相同喷嘴和水力参数下，尽管喷嘴出口处的射流速度分布相同，但由于流动空间的减小以及相应的总轴向动量通量之和 G_{zsum} 的减小，式(3-42)、式(3-43)得出的 K_1 和 K_2 都小，相应的特征速度 $U_{\max z}$ 和 $W_{\max z}$ 以及 $\bar{U}$ 和 $\bar{W}$ 也小。而且，钻孔截面积 A 越小，各点的速度越小。这意味着，在旋转射流破岩过程中，冲蚀坑的直径越小，对破岩越不利。

3.2.5 射流边界的确定

为了便于进行动量积分，必须由实验数据确定射流与回流的接触边界。

如果取射流断面上轴向时均速度 $\bar{U}$ 等于其轴心速度（最大轴向速度 $U_{\max}$）1/100 的点为射流边界点，即：$\bar{U} = U_{\max}/100$，根据式(3-32)有 $r_e = (z+a)\sqrt{\dfrac{\ln(100)}{c}}$，$\xi_e = r_e/(z+a)$，$r_e$、$\xi_e$ 分别为射流边界半径和角度边界。

3.3　受限淹没条件下旋转射流的速度结构特点

对受限淹没条件下旋转射流的速度结构特点进行研究。根据射流轴对称特点，分别测量射流轴对称面和不同喷距横断面上的速度剖面，分析射流速度的自相似性、射流脉动及扩散等动力学运动特点。

3.3.1 三维时均速度分布规律

1) 轴对称面及横断面上的时均速度剖面

在相同工况下，先后将测量视窗定在射流的轴对称面和射流横断面上，分别测量相应视窗的速度场信息。针对每一视窗，测得 300 帧左右的瞬时速度场，由此平均得到对应流场的时均速度分布。

图 3-2 为射流轴对称面上的时均速度矢量图和标量图。图中 Y 和 X 分别为射流轴对称面上的纵横位置坐标。喷嘴出口坐标为(39.5，78)。流量为 1.10L/s；喷嘴出口平均流速 31.2m/s。不计旋流，喷嘴出口处的雷诺数为 6.04×10^4。

为考察横断面上的速度，保持工况不变，选择喷距 z 为 $1d$、$2d$、$3d$、$4d$、$6d$、$8d$（d 为喷嘴直径）的横断面流场进行考察。测得相应的时均速度矢量见图 3-3。图 3-3 中 X 和 Y 为断面相对应的横纵坐标。各喷距下的时均速度都是 300～306 帧瞬时速度场的平均值。

第 3 章 旋转射流理论及其破煤岩机理

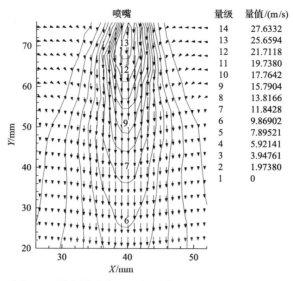

图 3-2 射流轴对称面上的时均速度矢量图和标量图

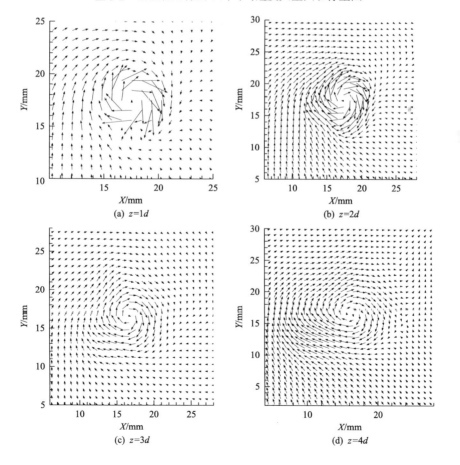

(a) $z=1d$
(b) $z=2d$
(c) $z=3d$
(d) $z=4d$

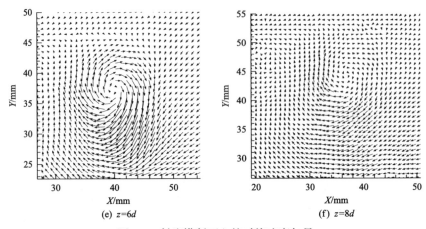

(e) $z=6d$　　　　　　　　　　　(f) $z=8d$

图 3-3　射流横断面上的时均速度矢量

从图 3-3 中可以发现，各喷距下射流横断面上的切向速度沿不同方向表现出一定程度的不均匀性。实验过程中，调整喷嘴位置及排量等各种影响因素都无法消除这种不均匀性，说明不均匀性与喷嘴加旋叶轮产生的尾流有关。

2) 轴向时均速度分布

将图 3-2 中速度矢量分解为轴向分量和径向分量单独考察。首先得到不同喷距下轴向时均速度随射流半径的分布曲线，见图 3-4。图 3-4 中轴向时均速度由喷嘴出口的平均速度无因次化处理，射流半径和喷距统一用喷嘴出口直径进行无因次化。从图 3-4 中可以看出，射流的轴向时均速度沿无因次射流半径的分布形态类似于非旋转射流的轴向时均速度分布，即最大速度出现在射流轴心，随着无因次喷距增加速度减小。但在射流的轴向时均速度分布中无等速核存在，随无因次喷距的增加，轴向时均速度逐渐扩散衰减。

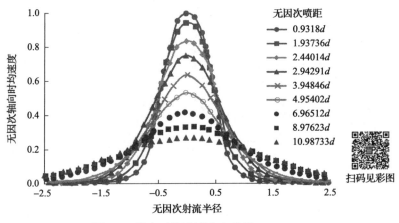

图 3-4　轴向时均速度分布曲线

由王瑞和教授利用五孔探针对气体旋转射流速度场的测量结果[180]可知,旋转射流的轴向时均速度沿半径的分布为"M"形,即最大轴向时均速度偏离射流轴线。而本实验测量的最大轴向时均速度仍在射流轴线上。对比两次实验条件和实验喷嘴,结果不同的主要原因有:①喷嘴产生旋流的能力一致,理论旋流数相同。②为了避免射流空化,本实验喷速低。射流喷速低,对应的切向速度相对低,而切向速度的高低代表了离心力大小,决定着射流的速度结构。③空气射流为自由射流流场,而本实验为受限射流,存在逆向流动干扰和一定程度的动量抵消。

3) 切向时均速度分布

为考察旋转射流切向时均速度随喷距的变化,从图 3-3 射流横断面速度场中提取切向速度分量,并利用喷嘴出口轴向速度进行无因次化。将各个方向相同半径处的切向速度绘制在同一半径坐标下,得到沿无因次射流半径分布的无因次切向时均速度分量的统计规律,见图 3-5。图 3-5 中同一无因次射流半径下对应的无因次切向时均速度的波动变化代表了不同方向上旋流的不均匀性。由图 3-5 可以看出,无因次切向时均速度与轴向速度为同一量级,不同喷距时无因次切向时均速度沿无因次射流半径的分布变化趋势基本相同。

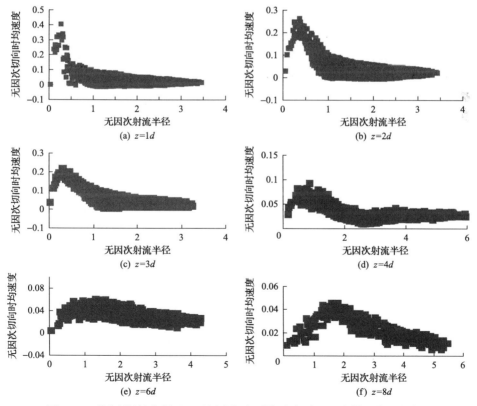

图 3-5 不同喷距射流断面上无因次切向时均速度随无因次射流半径的变化

该分布趋势说明，旋流内部为涡核，涡核内的无因次时均切向速度随无因次射流半径线性增加，中心的无因次切向时均速度为零，涡核边界处的无因次切向时均速度最大；涡核外部无因次切向时均速度逐渐降低，距涡核近处衰减迅速，距涡核远处，射流以较低的无因次切向时均速度旋转。最大无因次切向时均速度发生在喷嘴出口附近，喷距为 $1d$ 处的无因次切向时均速度值为喷嘴平均喷速的 40%左右。随喷距增加，射流断面上的无因次切向时均速度迅速降低。喷距 $4d$ 处的无因次最大切向时均速度已经衰减到喷嘴出口平均喷速的 10%以下。

图 3-5 中的数据说明，在小喷距范围($3d$ 以内)，涡核内部的无因次切向时均速度与无因次射流半径呈正比关系，涡核边界十分明显，涡核外部的无因次切向时均速度与无因次射流半径基本呈反比关系，这是兰金复合涡的典型速度特征。兰金复合涡本质上作为无黏理想流体旋涡模型，描述射流初始段强惯性流动区的旋流比较适合。理论上兰金涡核边界处有无穷大耗散[290]，与旋流强度沿轴向迅速衰减的实际情况相吻合。

涡核作为流体团的整体转动，除了因热耗散迅速衰减之外，扩散也导致其旋流强度降低。在旋转 $4d$ 下游，兰金复合涡流的扩散特点有：第一，涡核边界处的强耗散使得涡核边界变为圆滑过渡；第二，随无因次喷距增加，旋涡在射流断面上呈现出逐渐扩散的趋势，旋流强度进一步降低。

利用旋流数的表达式式(3-2)来描述射流的旋流强度意义明确，直观表示射流断面上最大切向时均速度与最大轴向时均速度的比值[176]。由图 3-4 和图 3-5 的实验数据，再根据式(3-2)可计算出喷距 $1d$ 处的旋流数为 $S_1 = \overline{W}_{max} / \overline{U}_{max} = 0.376$，$3d$ 和 $4d$ 处对应的旋流数分别等于 0.267 和 0.117，分别相当于喷嘴理论旋流数的 31.6%、22.4%和 9.83%。可见旋流数随无因次喷距增加迅速降低。

4) 径向时均速度分布

从图 3-2 中各点速度矢量中分解出径向分量，同样利用喷嘴出口平均流速进行无因次处理，半径坐标和喷距由喷嘴直径进行无因次化，得到不同喷距下沿半径分布的径向时均速度(图 3-6)。

从图 3-6 中可以看出：淹没旋转射流的径向速度很小，但是沿半径方向的分布规律却十分复杂。在全流场内径向时均速度的最大值仅为喷嘴出口轴向速度的 3.6%左右，比射流切向速度分量还低一个数量级。该最大值出现在喷距 $1.43459d$ 附近的射流断面上，为指向射流轴心的负向流动。该喷距断面上的负向流动几乎覆盖了整个断面。总体来看，在射流断面上，轴心附近存在着无因次径向时均速度为正值的一个核心区，核心区外的无因次径向时均速度为负值的流体向内流动。该核心区的半径出现波动变化，甚至等于零，但总趋势随无因次喷距增大而呈波浪形增大；核心区的无因次径向速度最大值也随无因次喷距增加发生波动变化，

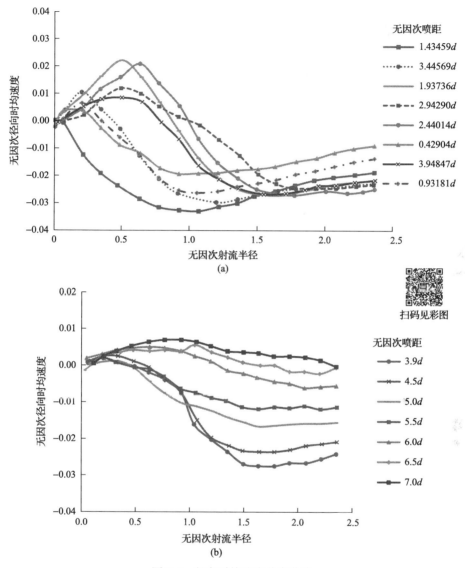

图 3-6　径向时均速度分布曲线

总趋势随无因次喷距增加而减小。在喷距为 2.44014d~2.94290d 范围内，正的无因次径向速度达到最大值，为喷嘴出口轴向速度的 2%左右。沿轴向达到 3.9d 喷距后，无因次径向速度沿半径的分布逐渐稳定，类似于非旋转射流中的分布[83]。无因次喷距超过 6.0d 以后，径向速度的绝对值已经小于喷嘴出口喷速的 0.5%。

所测得的径向速度分布特点与 Rose[166]的研究结论基本吻合。旋转射流径向速度的大小及分布随喷距表现出的复杂变化，与射流向下游运动中卷吸周围流体有关，受切向速度的影响更大。射流外围的负向流动主要是流体掺混的结果；小喷距时的强负向流动源于旋流产生的横向压力梯度。

3.3.2 时均速度的自相似性质

Chigier 和 Chervinsky[168]、Morton[170]对旋转射流的研究指出，旋转射流中尽管引入了切向时均速度，但经过一定距离的初始流动发展，基本段仍具有自相似性。本节根据实验测量数据，重点考察分析实验井筒受限条件下射流轴向时均速度和切向时均速度的自相似变化特点。

根据图 3-6，无因次喷距 3.9d 下游的径向时均速度沿半径的分布变化也基本稳定。但基本段的径向时均速度值很小，比切向时均速度还低一个数量级。如无因次喷距为 3.9d 和 6.0d 时，最大径向速度的绝对值已经分别降低到喷嘴出口流速的 2%和 0.5%以下，此时已无实际意义，在此不对其做自相似分析。

1) 轴向时均速度的自相似性

为了考察射流轴向时均速度的自相似性，将不同坐标(z,r)处的无因次轴向时均速度 $\bar{U}_{z,r}$ 用对应的等喷距的坐标(z,r)处的无因次轴心时均速度 $\bar{U}_{z,0}$ 进行无因次处理，而半径坐标 r 用与其对应的喷距位置 z 无因次化，从而得到轴向速度的另一分布形式(图 3-7)。图 3-7 为喷距 3.85908d~11.03445d 范围内的轴向速度分布图。

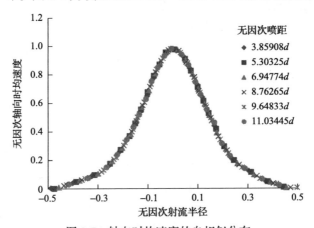

图 3-7 轴向时均速度的自相似分布

从图 3-7 中可以看出，射流轴向时均速度在不同喷距下(大于 3.85908d)沿半径的分布基本落在同一条曲线上，说明了钻孔受限射流的自相似性。通过数据回归处理，得到高斯分布的密度函数具体形式：

$$\frac{\bar{U}_{z,r}}{\bar{U}_{z,0}} = \frac{0.464}{\sqrt{2\pi} \cdot 0.15165} \exp\left[-\frac{(r/z)^2}{2\sigma^2}\right] \qquad (3\text{-}44)$$

$$\begin{aligned}\bar{U}_{z,0} =& -3.0\times10^{-4}(z/d)^4 + 7.2\times10^{-3}(z/d)^3 \\ & -0.0543(z/d)^2 + 0.0416(z/d) + 0.9999\end{aligned} \quad (3\text{-}45)$$

式中，z 和 r 为射流流场坐标，分别表示喷距和半径；$\bar{U}_{z,r}$ 为坐标点 (z,r) 处的无因次轴向时均速度；$\bar{U}_{z,0}$ 为对应于坐标轴 $(z,0)$ 的无因次轴心时均速度，其公式为利用图 3-4 中的数据回归所得。那么，由式(3-44)和式(3-45)即可计算对应流场的轴向时均速度，式(3-44)适用范围为 $z>4d$。数据回归式(3-44)和式(3-45)的相关系数分别为 0.9574 和 0.9986，可满足工程需要。喷距在 $4d$ 以内时，射流处于逐渐向湍流脉动流动状态过渡的发展阶段，轴向时均速度不具有自相似性。

以 $\bar{U}_{z,r}=0.01\bar{U}_{z,0}$ 时对应的半径为射流边界，考察射流的扩展角。则根据式(3-44)可计算出射流基本段的扩展角为 25.19°。

2) 切向时均速度的自相似性

根据涡动力学理论，对于仅受保守体力的正压流，流体黏性的动量交换是涡扩散的本质，涡扩散是动量交换的伴生现象。图 3-5 中的数据说明，射流初始段断面上的旋流基本呈现出兰金复合涡流形式，在基本段中兰金复合涡流逐渐扩散，但断面上的最大切向速度仍是标志射流涡核旋转的特征速度。因此，切向速度的自相似性可通过最大切向速度对应的几何尺寸的相似变化来反映。

为了弄清旋流在射流运动中的扩散变化情况，图 3-8 给出了最大切向速度对应的无因次射流半径大小随无因次喷距的变化趋势。由图 3-8 可以看出，在无因次喷距 $3d$ 以内，涡核尺寸变化不大，其直径约为 $0.6d$；无因次喷距超过 $4d$ 以后，扩散涡核的无因次射流半径基本上与无因次喷距呈正比例增加关系。通过数据统计回归，扩散涡核的无因次射流半径沿轴向的增加趋势为：$r/d=0.316(z/d)-0.852$。由其斜率得到无因次喷距 $4d$ 以后涡核的锥角约为 35°。此外，涡核开始

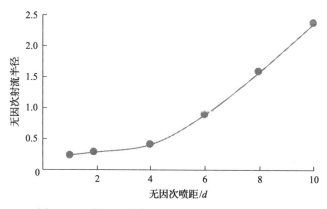

图 3-8 涡核无因次射流半径随无因次喷距的变化

扩散发展的喷距位置与轴向速度自相似流动的起始位置相对应。可见，涡核随无因次喷距的这种线性变化从几何相似的角度说明了基本段射流切向速度的自相似性。

射流初始段属于强惯性流动，射流边界的剪切波处于发展阶段，脉动扩散波及不到涡核（直径为 $0.6d$），所以涡核尺寸基本无变化，旋流不具备自相似性。但兰金复合涡流在涡核边界处理论上具有无穷大热耗散[286]（边界处剪切速率 $\partial W/\partial r$ 出现间断跳跃导致耗散函数趋于无穷大），从物理本质上讲，涡核边界处因惯性涡核带动外围流体旋转所产生的大应变率，使得边界上流体微团的动能迅速向着内能转化，产生不可逆转热耗散，因此旋流强度随涡流向下游发展衰减迅速。

射流基本段中，涡核边界处的切向速度沿半径已经呈现为圆滑过渡，表现为 $\partial W/\partial r$ 的连续变化，热耗散大大减弱。而旋转剪切波的发展所引起的横向脉动主导和控制着旋涡的扩散与旋流强度的进一步降低，所以射流基本段的切向速度具有自相似性。据吴介之[290]介绍，Hoffman 和 Joubert 的实验发现湍流涡核边界附近的黏性系数要比壁面附近的黏性系数大得多，而且只有湍流涡核才能呈锥形增长。

3）涡核内速度的关联特点分析

旋转射流初始段断面上的旋流基本为兰金复合涡形式，轴向运动速度无等速核存在。实际上，同非旋转射流的等速核起因于喷嘴出口段巨大的轴向运动惯性的物理机制一样，涡核也是一种流体粒子高度有序的宏观运动状态[294]，起因于喷嘴内部巨大的转动惯量。而在旋转射流的喷嘴内部，出口段内流体运动的各种脉动分量同样得到喷嘴收缩段的有效压缩，从而呈现出类似于层流运动的粒子高度有序地高速旋转运动，而且由于喷嘴固壁的影响，又必然存在一定的涡核。涡核就是在旋转惯性力驱动下的宏观有序运动，具有类似于固体的运动学行为。因此在这种具有轴向运动分量的旋转涡核内部，切向速度与轴向速度之间必然存在着一定的关联[290]，切向速度的大小及分布影响着轴向速度分布的形态。

射流初始段断面上的涡核运动为喷嘴出口段内涡核运动的惯性延续，根据图 3-8 可判断出，此时涡核运动基本类似于刚性转动。设涡核半径为 a'，旋转角速度为 $\bar{\Omega}$，涡核外的轴向速度很低，近似等于势流速度 $\bar{U}_{a'}$。则由控制方程式（3-8）略去湍流分量得到任一半径 r 处有

$$\frac{\bar{P}_{a'}-\bar{P}_r}{\rho}=\int_r^{a'}\frac{\bar{W}^2}{r}\mathrm{d}r=\int_r^{a'}r\bar{\Omega}^2\mathrm{d}r=\frac{1}{2}\left(a'^2-r^2\right)\bar{\Omega}^2 \qquad (3-46)$$

式中，$\bar{P}_{a'}$ 为涡核半径 a' 处的流体压力；$\bar{P}_r$ 为任一半径 r 处的流体压力。

对于体积力有势的正压流，在刚性旋转涡核内兰姆矢量 $\bar{\omega}\times\bar{u}=0$，伯努利积分存在[290]，略去小量 $\bar{V}^2/2$ 及湍流分量，涡核内任一点有

第 3 章　旋转射流理论及其破煤岩机理

$$\frac{\bar{P}_r}{\rho} + \frac{1}{2}\left(\bar{U}_r^2 + r^2\bar{\Omega}^2\right) = \frac{\bar{P}_{a'}}{\rho} + \frac{1}{2}\left(\bar{U}_{a'}^2 + a'^2\bar{\Omega}^2\right) \quad (3\text{-}47)$$

因此涡核内有

$$\bar{U}_r^2 = \bar{U}_{a'}^2 + 2\left(a'^2 - r^2\right)\bar{\Omega}^2 \quad (3\text{-}48)$$

由式(3-48)可知，在射流初始段断面上兰金涡核的内部，随半径坐标减小，射流的轴向速度的绝对值呈抛物线形增加，涡核中心的轴向速度最大，等于 $\bar{U}_{a'}^2 + 2a'^2\bar{\Omega}^2$。可见，旋转射流的初始段不可能存在轴向速度的等速核。

考察涡核边界和核心处轴向速度沿轴向的变化快慢情况，从理论上分析旋转射流轴向速度沿轴向递减的特点。考虑实际涡核内流体微团的旋转角速度为流体微团距射流中心的距离 r 和喷距 z 的函数，而忽略涡核在向下游运动过程中的总焓损失，在无黏近似下利用式(3-46)得

$$\frac{\mathrm{d}}{\mathrm{d}z}\left(\frac{\bar{P}_{a'} - \bar{P}_0}{\rho}\right) = \int_0^{a'} r\frac{\partial \bar{\Omega}^2}{\partial z}\mathrm{d}r + a\bar{\Omega}_{a'}^2\frac{\mathrm{d}a'}{\mathrm{d}z} \quad (3\text{-}49)$$

式中，$\bar{P}_0$ 为涡核中心的流体压力。

由式(3-47)得

$$\frac{\mathrm{d}}{\mathrm{d}z}\left(\frac{\bar{P}_{a'} - \bar{P}_0}{\rho}\right) = \frac{1}{2}\left(\frac{\mathrm{d}\bar{U}_0^2}{\mathrm{d}z} - \frac{\mathrm{d}\bar{U}_{a'}^2}{\mathrm{d}z}\right) + a\bar{\Omega}_{a'}^2\frac{\mathrm{d}a'}{\mathrm{d}z} \quad (3\text{-}50)$$

式中，$\bar{\Omega}_{a'}$ 为涡核半径 a' 处的旋转角速度。

根据式(3-7)略去小量后的形式 $\frac{\partial(r\bar{\Omega})}{\partial z} = -\frac{\bar{V}}{\bar{U}}\left(\frac{\partial(r\bar{\Omega})}{\partial r} + \bar{\Omega}\right)$ 可得

$$\frac{\partial\left(r^2\bar{\Omega}\right)^2}{\partial z} = -\frac{\bar{V}}{\bar{U}}\frac{\partial\left(r^2\bar{\Omega}\right)^2}{\partial r} \quad (3\text{-}51)$$

比较式(3-49)和式(3-50)，并利用式(3-51)得到：

$$\frac{\mathrm{d}\bar{U}_0^2}{\mathrm{d}z} - \frac{\mathrm{d}\bar{U}_{a'}^2}{\mathrm{d}z} = -2\int_0^{a'} r\frac{\bar{V}}{\bar{U}}\frac{\partial \bar{\Omega}^2}{\partial r}\mathrm{d}r \quad (3\text{-}52)$$

式中，$\bar{U}_0$ 为射流基本段的轴向时均速度。

根据式(3-52)可以分析射流初始段和基本段中轴向速度的递减特点。在涡核向下游运动发展过程中，涡核边界上始终有 $\frac{\mathrm{d}\bar{U}_{a'}^2}{\mathrm{d}z} < 0$，对于高旋流强度的初始段，

涡核内的径向时均速度 $\bar{V}$ 主要为负值,虽然轴心附近小核心区具有正的径向速度,但对式(3-52)右侧积分的总体贡献小,式(3-52)右侧积分后为正值,此时射流轴线上速度沿 z 轴的递减坡度 $\left|\dfrac{d\bar{U}_0^2}{dz}\right|$ 较小。尤其当角速度达到一定程度时,可出现 $\dfrac{d\bar{U}_{a'}^2}{dz}>0$ 的情形,此时对应于有中心低速区特点的基本段流动,即随喷距增加,轴心速度逐渐增加。

当涡核流管沿 z 轴锥形扩展时,即射流基本段流动过程中,$\bar{V}$ 沿涡核半径基本为正值,式(3-52)右侧为负值,则有 $\left|\dfrac{d\bar{U}_0^2}{dz}\right|>\left|\dfrac{d\bar{U}_{a'}^2}{dz}\right|$,即射流基本段轴心速度的递减速率高于涡核边界处的轴向速度递减速率,而且旋转角速度越高,递减速率差距越大。这说明旋流的存在也是旋转射流沿轴向速度递减快的重要原因。

3.3.3 旋转射流动力学运动特点

1)轴对称面上的速度梯度 u

利用测量的速度场,可以计算对应流场的速度梯度。图 3-9 给出了旋转射流轴对称面内速度分量对应的速度梯度等高线,单位为 $m/(s\cdot m)$。对于图 3-9 此类射流流场,因 $|\partial V/\partial z|\leqslant|\partial U/\partial r|$,图中曲线反映了轴向速度沿横向的变化速率,即轴向速度的横向梯度或剪切速率。梯度是空间概念,反映空间流体的不均匀流

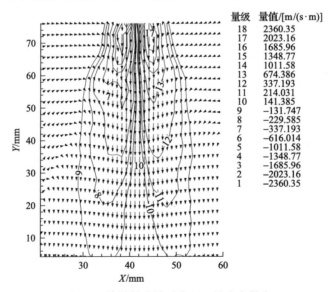

图 3-9 旋转射流轴对称面上的速度梯度

动程度。图 3-9 说明，射流中心区域的速度大，但速度梯度相对较小，断面上偏离射流轴心某处的速度梯度最大，外边界处速度梯度小。沿轴向，速度梯度随速度值的降低而降低。

射流不同流层之间的剪应力或动量交换速率与速度梯度有直接关系。剪应力本质上属于摩擦应力，是射流不同流层的流体微团之间进行动量交换的宏观动力学反映，表现为对相邻流层间运动差异的反抗和阻尼[295]。对于牛顿流体射流运动而言，分子黏性力很小，起主导作用的湍流黏性系数与速度梯度成正比，剪应力与速度梯度的平方成正比，速度梯度高处剪应力大，相应的动量交换速率也高，射流基本段外边界处的剪应力较低。

2) 轴对称面上的脉动强度

图 3-10 为与图 3-2 二维速度场对应的脉动强度分布图，量值为瞬时速度的均方根差值与时均值之比。射流的脉动强度在流场中的分布同样表现出一定程度的对称性。初始段边界脉动强度高，全流场内脉动强度最大值为 13.3480%，出现在喷嘴出口的射流边界处。同一射流断面上，脉动强度最高值并不出现在射流中心，而呈"M"形分布，即射流中心部位脉动强度低。偏离射流中心的脉动强度高峰值与当地旋流速度大和速度梯度高等特点密切相关，同时也是流体微团之间动量交换程度强的重要体现。射流轴线上的脉动强度最高值出现在喷距 $1d \sim 1.7d$ 范围，与该处的压力脉动强相关。

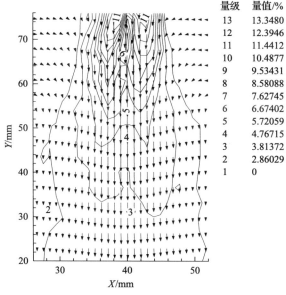

图 3-10 射流轴对称面上的脉动强度

2d下游,脉动程度沿轴向逐渐降低有两方面原因:①流体因强结构黏性的耗散作用消除了更大尺度的紊流脉动;②涡核内部的环量随半径增加而增加,不具备无黏旋转流非稳定性判据的瑞利准则 $d\Gamma/dr<0$ 条件[286],涡核内的流动是稳定的,即涡核内部的各种扰动和脉动都将因热耗散而逐渐降低。在涡核外部,尽管满足瑞利非稳定性条件,但黏性起稳定作用,只有离心力大到一定程度时才有可能出现旋转失稳。由图3-10可以看出,射流外侧的脉动强度也逐渐降低。

3) 旋转射流的横向扩展和轴向衰减

非旋转射流的速度扩散本质上是流体运动自均匀化的宏观粒子行为表现[295],主要与喷嘴结构形状及射流边界层涡的发展与合并有关,通常与射流速度的脉动相关联。而旋转射流的横向扩展则主要包括旋流扩展和脉动扩散两部分。旋流扩展与由旋流强度决定的离心力大小有关,同时受压力梯度的影响。

对比考察非旋转射流和旋转射流的扩展能力,旋转射流采用导流叶轮锥形喷嘴,非旋转射流采用无导流叶轮锥形喷嘴。图3-11为两种射流在不同无因次喷距时的无因次轴向时均速度分布对比。图3-11中的轴向时均速度值由同喷距对应的轴心时均速度无因次化所得,图例中(n)和(s)分别表示常规非旋转射流和旋转射流。可以看出非旋转射流的无因次轴向时均速度分布比较集中,而旋转射流的扩展能力相对高出许多。当无因次喷距由2.0增加到6.1时,非旋转射流无因次轴向时均速度分布相差不大,说明此时非旋转射流扩散并不严重;而三个无因次喷距对应的旋转射流的无因次轴向时均速度分布形态则相差很大,随无因次喷距增加,射流扩展程度增强。

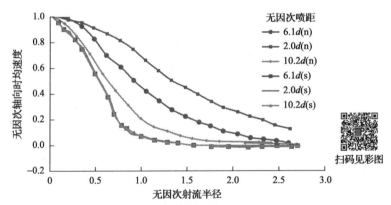

图3-11 旋转射流与非旋转射流无因次轴向时均速度分布形态比较

射流的扩展角在一定程度上代表了射流破岩钻大直径孔眼的能力。考虑到射流的实际冲击能力,以 $\bar{U}_{z,r}=0.1\bar{U}_{z,0}$ 对应的 $r_{0.1}$(射流速度为轴心轴向速度的0.1倍对应的射流边界半径)为射流边界半径,来衡量和考察射流浆体的扩展程度,则由实验数据统计得出，非旋转射流基本段的扩展角 $α_n$=8.5°，而旋转射流基本段的扩展角 $α_s$=24.2°。

射流的轴向衰减与横向扩展本质上属于同一问题的两个方面。旋转射流的强扩展性决定了其轴向衰减较快。图 3-12 对应于图 3-11，给出了旋转射流与非旋转射流轴心时均速度衰减趋势的对比。图 3-12 中的数据说明，非旋转射流速度的轴向衰减比较缓慢，同时初始段中存在长度为 $3.5d$ 左右的等速核；旋转射流初始段无等速核，轴向衰减迅速。当无因次喷距为 $10d$ 时，非旋转射流的轴心时均速度衰减为出口平均喷速的 65% 左右；相应的旋转射流轴心时均速度则衰减为 30% 左右。

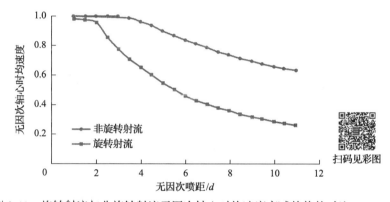

图 3-12　旋转射流与非旋转射流无因次轴心时均速度衰减趋势的对比

由此可见，旋转射流扩展性强，用于破岩钻孔有利于获得大直径孔眼，但是这种强扩展性是以射流速度沿轴向的迅速衰减为代价的，选择合适的旋流强度控制旋转射流的适当扩展，是保证钻孔直径前提下提高钻进速度的重要方法。

3.4　高压旋转水射流破岩过程

3.4.1　旋转水射流破岩特点

旋转射流可以钻出大于喷嘴面积百倍的规则孔眼，且比普通圆射流的破岩效率高得多。旋转射流破岩形成的孔底呈规则的内凸锥状，与圆射流形成的类半球状或锥状不同，其破岩成孔的过程和孔底形状如图 3-13 所示。

当具有足够能量的旋转射流冲击到岩石上时，首先使对应着呈喇叭状的射流外壳内部一环形面积上(速度最高处)的岩石产生破碎，而对应着射流轴心位置的岩石保持完好[图 3-13(a)]；随着射流冲击时间的增加和喷嘴不断向前推进，这一破碎的环形面积逐步向内外扩大，同时破碎坑的深度增加，形成如图 3-13(b)、

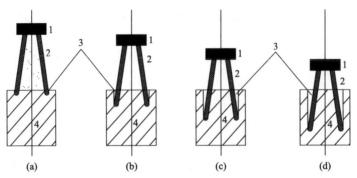

图 3-13 旋转射流形成的破碎坑剖面示意图
1-喷嘴；2-旋转射流；3-孔眼；4-岩石

(c)所示的形状；当射流冲击时间继续延长，喷嘴连续向前推进，喷距也相应减小时，环形的高速射流带附近的射流具有破碎岩石的能力，参与破岩，使初始状态下的破碎坑形状向前不断推进，同时向内外扩展，形成了如图 3-13(d)所示的内凸锥状孔底。此时，整个射流截面上各点的能量与对应点岩石破碎的工作强度(包括深度和破碎体积)达到了动态平衡，在此后的钻进过程中，随着钻头(喷嘴)的不断前进，锥形孔底不断向前推进，最终形成一个孔底为内凸锥状的连续圆形孔眼。

3.4.2 旋转水射流孔底流场分布

旋转射流在钻孔底部形成的流场十分复杂，很难用实验方法准确地描述。模拟结果表明，旋转射流的高速区不是处在射流中心部位，而是集中在离开射流中心一定距离的一个圆环区域内。射流质点上切向速度的存在，使射流旋转前进，导致中心部位的低速低压区形成。当旋转射流冲击到井底后，大部分射流流体沿井底横向流向井壁附近再由环形空间返回，另一部分则由旋转射流的卷吸作用而被吸入，重新参与以射流为主体的流向井底的冲击流中，形成很强的涡旋。凸锥状井底的存在，使射流高速区绕锥面呈螺旋状轨迹前进，孔底的凸锥部分正好占据了射流低速低压区间。事实上，凸锥就是旋转射流在井底能量分布的真实反映。

从喷嘴射出的高速水流宏观上可以看成是连续的整体，但在微观上可以把连续的水射流看作无数个水滴组成的射流体。首先，微观水滴冲击煤岩体造成损伤破坏；其次，当大量水滴汇聚后使由于冲击作用而产生的微裂纹进一步扩展从而形成宏观破碎。因此，高压水射流破煤过程划分为两个时期：①水射流冲击动载作用初期；②水射流准静态压力作用后期。

1)水射流冲击动载作用初期

当水射流接触煤岩体的瞬间，射流的倾斜冲击对煤岩体表面产生剪切作用使煤岩体发生损伤破坏，出现一环形裂纹带，该环形裂纹带的直径随射流切向速度与轴向速度比值的增大而增大。随着射流的继续冲击，裂纹逐渐汇聚，煤岩体的破坏在轴向和径向迅速发展，且在径向的发展速度大于轴向。当高速水流冲击接触煤岩后，煤岩体内应力场发生变化，射流液滴接触到煤岩表面，速度发生突变，从而导致液滴内部压力及接触点煤岩内部应力场均发生突变，瞬间产生冲击载荷并形成应力波。应力波作用时间同射流压力、射流速度、射流结构及压缩波波速有关。其作用时间 $t = R/C_w$（R 为考察点对应的射流半径；C_w 为水中声速，取 1500m/s）。此阶段按时间层次定义为初期的无横流阶段。随着时间的推移，在射流接触煤岩瞬间就产生的压缩波从液-固接触边缘向液柱中心传播。在中心处，液柱边缘发生横向扩展，煤岩表面的压力逐渐从最高压力降至冲击液柱的稳定流压力，同时液柱内部的受压状态消失，此阶段按时间层次上定义为初期的稳定流阶段。由于液柱体积是有限的，随着液体不断向外流动，液柱对煤岩的冲击作用进入卸载阶段，使得煤岩体进一步损伤、破坏。

2) 水射流准静态压力作用后期

随着水滴大量不间断地汇聚，在岩石受射流冲击动载作用造成损伤的基础上形成准静态压力，对煤岩产生二次损伤破坏，使煤岩体内已有的微孔隙、微裂纹继续发展、连通并最终形成宏观破坏。由于应力波在煤岩体中的传播随距离的增大而迅速衰减，在距离射流冲击点较远的外围，其能量密度已经达不到煤岩体破坏的临界值，因而所形成的煤岩体破碎坑的尺寸很快趋于稳定。

旋转射流在破岩过程中的出口流线是以螺旋形式向四周扩散的，相当于沿某一锥形体侧面螺旋式前进。如图3-14中设面3所在位置是靶位置，位于有效喷距内，可见当具有足够能量的旋转射流冲击煤体时，最先切削成形的是射流最高处具有台状实心的圆环。随着钻头的连续推进，面2、面1相继不断向前推进参与破煤，使台状实心体不断向内切削，同时圆环面积向内外扩展，这样连续作业，使初始状态下的破碎坑形状向前不断推进，如图3-15所示。

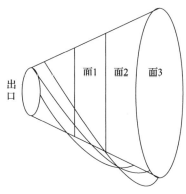

图3-14 旋转射流出口流场

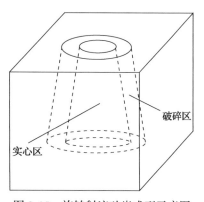

图3-15 旋转射流破岩成型示意图

3.5 高压旋转水射流破岩机理

旋转水射流破碎岩石要考虑水射流的冲击作用、岩石孔隙流体与岩石骨架颗粒的相互作用规律以及岩石的局部与整体性能的差异与联系，进而建立符合水射流破岩特点的动态本构关系。

旋转射流破岩机理不同于普通圆射流，其一方面以与煤岩相垂直的正面冲击压力而产生的密实核及拉伸、水楔作用来破岩；另一方面施以平行于被冲击煤岩表面的平行载荷，使岩面产生剪切破坏并伴有冲蚀、拉伸破坏等多种形式作用的复杂过程。煤岩属非均匀、各向异性、脆性材料，抗压强度高，抗拉强度和抗剪强度低，一般煤岩的抗剪强度只有抗压强度的 1/15～1/8，抗拉强度仅为抗压强度的 1/80～1/16。因此，煤岩在剪应力和拉应力作用下更容易破碎，由此决定了破岩作用机理主要有以下四方面。

1) 剪切破岩

水射流冲击接触煤岩瞬间，煤岩体径向应力和切向应力均为受压状态，采用莫尔-库仑(Mohr-Coulomb)准则对煤岩单元进行强度判断，见图 3-16，认为岩石的破坏主要是剪切破坏，岩石的强度，即抗摩擦强度等于岩石本身抗剪切摩擦的黏结力和剪切面上法向力产生的摩擦力，剪切强度准则为

$$|\tau| = \sigma \cdot \tan\phi + C \tag{3-53}$$

式中，C 为煤岩体内聚力，MPa；ϕ 为煤岩体内摩擦角，(°)；τ 为煤岩体剪切面上的剪应力，MPa；σ 为煤岩体剪切面上的正应力，MPa。

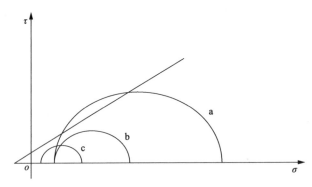

图 3-16 不同位置处初始时刻的莫尔应力圆

高压旋转水射流冲击到煤岩上，除了正向冲击作用外，旋转液体产生的切向分量在煤岩表面产生剪切作用。高压旋转水射流的最大切向速度和最大轴向速度

出现的位置大体一致，使得较高的切向速度十分有利于煤岩的破碎。孔底锥面上的凸起部分将直接受到射流的剪切作用。分析认为，高压旋转水射流冲击接触煤岩瞬间在煤岩体中产生最大径向和切向应力，对应着大半径的莫尔应力圆。随着冲击的不断进行，径向应力、切向应力不断减小，对应的莫尔应力圆也将不断减小，莫尔应力圆的圆心也将由于径向应力衰减速度大于切向应力衰减速度不断左移。

2) 拉伸破岩

旋转水射流与岩体接触时，射流冲击作用下产生的煤岩径向应力和切向应力均转化为拉应力，进入三向受拉状态，就是说高压旋转水射流向孔底冲击时，在圆锥表面切应力方向上，相当于施加一个平行载荷，产生拉应力，此时煤岩垂直裂纹的产生要比受垂直载荷时容易得多，因而高压旋转水射流更容易使煤岩产生裂纹。煤岩单元的最大拉应力与拉应力临界值满足破坏准则：

$$\sigma_{\max} - \sigma_{L} \tag{3-54}$$

式中，$\sigma_{\max}$ 为最大拉应力；σ_{L} 为拉应力破坏临界值。

煤岩体此时破坏强度大，会出现一次应力峰值。在径向上拉应力产生的径向压力随着卸载作用，造成拉应力峰值比切向应力产生的压应力峰值大。在最初径向压应力和切应力形成的环向裂隙的基础上将产生新的环向裂隙或者第一次拉应力峰值造成的环向裂隙会进行扩展，由此确定进一步破坏形成新的最大拉应变 $\varepsilon_{\max}$。也就是说，当水射流进入裂纹或者煤岩本身所固有的空隙中，会在煤体内部造成瞬时的强大压力，其结果使煤体受拉破裂。在射流打击应力作用下，特别是当作用应力超过煤体强度时，会产生水楔作用，速度迅速降低，水的部分能量以应力波形式在煤岩中传播，通过水不断渗入煤岩体内已有的微孔隙中，流体与煤岩内部的孔隙流体之间存在一个压力差，使裂纹在拉应力作用下不断扩展，并逐渐相互连通，造成煤岩破碎。

3) 冲蚀破岩

煤岩是含有大量裂隙和孔隙的多孔介质，这种多孔结构的存在一方面影响着射流液体在煤岩中的渗流特性，另一方面会改变岩体的力学特性。高压旋转水射流能量相对集中在距轴心一定半径的环形区域内，当射流冲击到煤岩表面时，煤岩受到很大的冲击力作用和横向流的冲蚀作用，水渗入圆环内煤体微小裂缝和微小孔隙及层理等弱面，煤颗粒或胶结物被冲蚀掉，使煤岩颗粒裸露，脱离煤岩母体，降低煤岩强度。高压旋转水射流对圆锥面的冲蚀作用，使煤岩颗粒或岩屑迅速离开煤岩母体而被水流带出，后续射流能直接冲蚀到新的表面，减少了重复破碎，提高了破岩效率。

4) 旋流磨削破岩

高压旋转水射流以其独特的流动形式，沿井底凸锥面冲击到井底后，其回流则从来流的外侧旋转返回，一方面避免了与射流来流争路而造成的射流能量损失，提高了射流能量的有效利用率和破岩效率；另一方面，回流携带着破碎的煤屑沿孔壁旋转返回，磨削已形成的孔壁，进一步使孔眼扩大，并使孔眼更加光滑规则。

当大量水滴不间断地汇聚，高速运动的射流水接触到煤岩后，在射流冲击动载作用造成的岩石初期损伤的基础上，对煤岩产生二次损伤破坏，微裂纹在这种准静态水压作用下继续发展、连通，并最终形成宏观破坏。

煤是具有大量微裂纹的多孔隙结构岩体，在高压水射流的冲击动载作用下，这些微裂纹已经发生了扩展，在射流的准静态压力作用下会发生二次扩展，为了确定出微裂纹扩展所需达到的临界应力，以及在此应力作用下微裂纹的扩展长度，将微裂纹看作处于单拉应力状态，也就是 $\sigma_1 = \sigma_3 = 0$（σ_1 为最大主应力；σ_3 为第三主应力）、$\sigma_2 = \sigma > 0$（受拉；σ_2 为第二主应力）。得到射流准静态压力作用下微裂纹扩展的临界应力为

$$\sigma = \sigma_c = \sqrt{\frac{\pi}{4a_0}} K_{IC} \tag{3-55}$$

式中，σ_c 为微裂纹发生扩展的临界应力；a_0 为初始微裂纹半径；K_{IC} 为煤岩断裂因子的临界值。

当应力 σ 大于等于临界应力时，微裂纹发生扩展，煤岩进入非线性损伤阶段，当损伤发展到一定程度时，裂纹不会在整个裂纹尖端都发生损伤，而是发生局部化的损伤并向前扩展。

如果射流冲击煤岩体后，微裂纹满足拉伸条件下微裂纹扩展临界条件，在水射流准静态拉应力 σ_w 作用下产生扩展，同时微裂纹具有统计平均半径 a_u，损伤局部化带内煤岩具有统计平均抗拉强度 σ_u，则微裂纹尖端扩展损伤局部化长度为

$$l = c\left[1 - \cos\left(\frac{\pi \sigma_w}{2\sigma_u}\right)\right] \tag{3-56}$$

式中，σ_w 为水射流准静态拉应力；σ_u 为损伤局部化带内煤岩平均抗拉强度；l 为微裂纹尖端扩展损伤局部化长度；c 为微裂纹扩展后总长度，$c = a_u + l$；a_u 为微裂纹平均半径。

将 $c = a_u + l$ 代入式(3-56)得：$l = \frac{\eta}{1-\eta} a_u$，$c = \frac{1}{1-\eta} a_u$。其中，$\eta = 1 - \cos\left(\frac{\pi \sigma_w}{2\sigma_u}\right)$。

因此，在高压旋转水射流破煤过程中，以作用在前期的冲击动载对煤岩的剪

切拉伸破坏作用为主导，而后期的准静态压力对煤岩的损伤破坏作用非常有限。

在上述破煤机理研究的基础上，高压旋转水射流破煤的过程可以简单地描述为：在水射流接触煤岩后极短的时间内，由于射流的倾斜冲击对煤岩表面产生拉伸作用，煤岩表面在拉伸应力作用下损伤发展，首先出现一环形裂纹带，该环形裂纹带的直径随射流切向速度与轴向速度比值的增大而增大。随着射流的继续冲击，裂纹逐渐汇聚，煤岩的破坏在轴向和径向迅速发展，且在径向的发展速度大于轴向。由于应力波在煤岩中的传播随距离的增大而迅速衰减，在距离射流冲击点较远的外围，其能量密度已经达不到煤岩破坏的临界值，因而所形成的煤岩破碎坑的尺寸很快趋于稳定，破碎坑的主体形成时间相对较短。随着射流切向速度与轴向速度比值的增大，所形成的破碎坑直径呈增大趋势，但由于旋转射流能量耗散速率大，随着距离增大旋转射流的破煤优势迅速降低，形成的煤岩破碎坑的深度也明显减小。从破岩效率来看，旋转射流与普通射流相比破煤面积大、效率高。

3.6 旋转水射流破岩效果的影响因素

如何充分利用水射流的能量提高其破岩效率，一直是国内外研究的重点。自20世纪90年代开始，中国石油大学(华东)的王瑞和[180]、步玉环等[164,295,296]和廖华林等[297]已开始了这方面的研究。水射流破岩效率的影响因素主要有：射流压力、喷距、岩性及围压等。限于篇幅，这里仅对前期的研究成果进行汇总。

1) 射流压力

在喷距、岩性和围压相同的条件下，旋转水射流破岩的无因次深度和直径随着射流压力的增加呈现出线性增加的趋势，其破岩体积与射流压力呈现出二次多项式的关系。

2) 喷距

在围压、岩性和射流压力一定的条件下，随着喷距的增加，旋转水射流破岩的无因次深度和破碎体积均相应减小，而破碎直径呈现出先增加后减小的趋势。这说明旋转射流破岩存在最优喷距，多次试验表明，要发挥旋转水射流的优势应把喷距控制在较小范围内。

3) 岩性

在射流压力、喷距和围压相同的条件下，旋转水射流的破岩效率随着岩石强度的减小、岩石渗透率的增加而增大，比较而言，岩石的渗透率对射流破岩的效果起主要作用。

4) 围压

(1) 在射流压力、喷距和岩性相同的条件下，随着围压的增加，射流轴心冲击压力和破岩体积逐渐减小，减小速度随围压增大而变缓，基本表现为指数下降，如图 3-17 和图 3-18 所示。

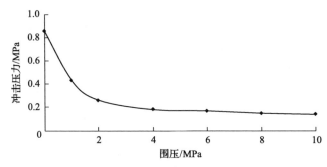

图 3-17　旋转水射流轴心冲击压力与围压的关系

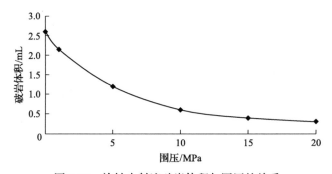

图 3-18　旋转水射流破岩体积与围压的关系

(2) 在相同压差条件下，旋转射流的无因次破碎直径随着射流压力的增加呈线性下降，无因次破碎深度随射流压力的增加呈二次方减小，如图 3-19 所示。

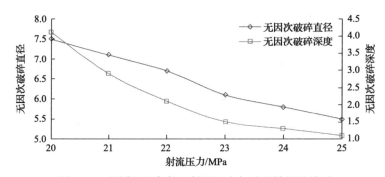

图 3-19　相同压差条件下射流压力与破岩效果的关系

(3) 在围压存在的情况下,围压比射流压力对破碎效果的影响更大。

3.7 三维高压旋转水射流扩孔煤层增渗力学机制

采用钻孔抽采瓦斯的效果受到钻孔直径、钻孔周围裂隙发育程度和应力分布状态的影响。钻孔直径扩大后,既能增加钻孔周围煤体的暴露面积,还能扩大钻孔的卸压范围和提高钻孔周围裂隙的发育程度,从而增大钻孔的抽采影响半径,因此,大直径钻孔能较好地提高采用钻孔抽采瓦斯的效果。

采用钻机在松软、低透气性煤层内施工大直径钻孔,存在着容易塌孔、排渣困难、成孔长度短和钻机负荷大等问题,在技术上和经济上都不能满足现场需求。采用高压旋转水射流扩孔技术,在已施工完成的小钻孔内,利用高压水射流冲割煤体并将煤屑排出孔外,可以达到扩大钻孔直径的目的,尤其适用于对穿层钻孔的增渗,以下从力学角度分析穿层钻孔煤层段扩孔后煤层的增渗机理。

3.7.1 水射流扩孔后钻孔的空间几何形态

采用水射流对穿层钻孔的煤层段扩孔后,在煤体中形成了近圆柱状孔洞。由于仅对扩孔后塑性区的范围进行定性分析,为使计算简便,本章仅考虑在煤层底板巷内施工垂直向上的穿层钻孔(仰角为90°),孔洞的空间几何形态如图3-20所示。孔洞的形成改变了煤体周围的应力分布,同时在孔洞周围形成塑性区和应力集中区,并且两个区域的分布是由孔洞的空间几何形态决定的。

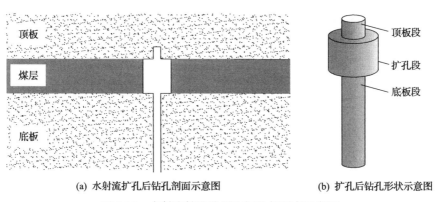

(a) 水射流扩孔后钻孔剖面示意图　　(b) 扩孔后钻孔形状示意图

图 3-20　水射流扩孔孔洞空间几何形态示意图

3.7.2 煤层段扩孔后塑性区分布的理论计算

国内外许多学者曾对地下硐室、钻孔等周围所形成的塑性区开展过研究,许多文献中将钻孔周围岩体塑性区的形成视为平面应变，主要基于以下几个基本假设：

(1) 钻孔周边围岩为各向同性的弹性体，不考虑其蠕变或者黏性；
(2) 将钻孔的断面形状视为圆形，取钻孔的任一横截面作为研究对象；
(3) 钻孔无限长，即 $l_d \geqslant R_d$（其中 l_d 为钻孔的长度，R_d 为钻孔的半径）；
(4) 钻孔埋深远大于 20 倍的钻孔直径，即 $H \geqslant 20R_d$（其中 H 为钻孔埋深）。

本章所研究的钻孔周围一般无大的构造，围岩基本假设为各向同性的弹性体，钻孔埋深达 900m 以上，直径不超过 0.6m，断面近似为圆形，因此可以采用平面应变来分析钻孔周围的塑性区分布。

煤层段扩孔后，其附近的原岩应力重新分布，钻孔周围由远及近将形成原岩应力区、弹性区、塑性区和破碎区 4 个区域。在破碎区内，煤体已处于破坏状态，存在部分残余强度。在塑性区内，煤体已处于压缩变形的状态，裂隙比较发育，内部裂隙产生具有一定方向性的裂隙弱面。弹性区内的煤体处于弹性变形阶段，其内部裂隙仍以原生裂隙弱面为主。由于所分析的穿层钻孔是垂直向上施工的，可以认为钻孔壁仅受最大水平主应力和最小水平主应力的作用而处于二维非均匀应力场的作用下，其应力分布符合莫尔-库仑准则，如图3-21所示。

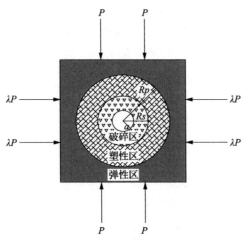

图 3-21　钻孔围岩应力分布区域划分
P-垂直方向应力；λ-侧压系数

1) 基本方程

求解钻孔周边围岩的变形和应力时，岩体平衡微分方程为

$$\frac{\mathrm{d}\sigma_r}{\mathrm{d}r} + \frac{\sigma_r - \sigma_\theta}{r_z} = 0 \tag{3-57}$$

式中，σ_r、σ_θ 分别为钻孔的径向应力和切向应力；r_z 为距离钻孔中心距离。

几何方程为

$$\varepsilon_r = \frac{u_{bx}}{r_z}, \varepsilon_\theta = \mathrm{d}\frac{\mathrm{d}u_{bx}}{r_z} \tag{3-58}$$

式中，ε_r、ε_θ 分别为钻孔的径向应变和切向应变；u_{bx} 为钻孔径向变形量。

边界条件为

$$r_z = a_1 时, \quad \sigma_{rs} = P_i \qquad (3\text{-}59)$$

式中，a_1 为钻孔半径；σ_{rs} 为钻孔半径 a_1 处的径向应力；P_i 为钻孔轴向应力。

2) 钻孔周边围岩弹性解析

钻孔在非均匀应力场下的应力场通过基尔斯解答[298,299]可以分解为均匀应力场和左右受拉、上下受压应力场，如图 3-22 所示。

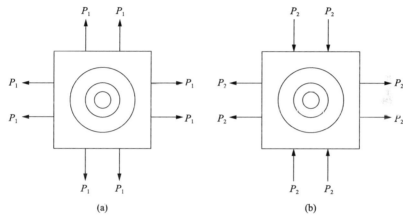

图 3-22 非均匀应力场下钻孔围岩应力分解

根据图 3-22 计算得出：

$$P_1 = -\frac{\lambda+1}{2}P, \quad P_2 = \frac{1-\lambda}{2}P \qquad (3\text{-}60)$$

均匀受拉应力场条件下，由于钻孔围岩处于弹性状态，对于围压 P_1，内压为弹塑性交界面处的应力 σ_R，按照弹性力学理论，距离钻孔中心为 r_z 的点处的径向应力和切向应力为

$$\begin{cases} \sigma_r = -P_1\left(1 - \dfrac{R_P^2}{r_z^2}\right) + \sigma_R \dfrac{R_P^2}{r_z^2} \\ \sigma_\theta = -P_1\left(1 + \dfrac{R_P^2}{r_z^2}\right) - \sigma_R \dfrac{R_P^2}{r_z^2} \end{cases} \qquad (3\text{-}61)$$

式中，R_P 为塑性区的半径。

在左右受拉应力场 P_2、上下受压应力场 P_2 的条件下，根据弹性力学理论计算得出：

$$\begin{cases} \sigma_r = -P_2\left(1 - 4\dfrac{R_P^2}{r_z^2} + 3\dfrac{R_P^4}{r_z^4}\right)\cos 2\theta \\ \sigma_\theta = P_2\left(1 + 3\dfrac{R_P^4}{r_z^4}\right)\cos 2\theta \\ \tau_{r\theta} = P_2\left(1 + 2\dfrac{R_P^2}{r_z^2} - 3\dfrac{R_P^4}{r_z^4}\right)\sin 2\theta \end{cases} \quad (3\text{-}62)$$

式中，σ_r、σ_θ 分别为极坐标下一点的径向应力和切向应力；$\tau_{r\theta}$ 为半径为 r_z、角度为 θ 的切应力。

将两种应力场叠加，即可得到钻孔在非均匀应力场下弹性区的围岩应力场：

$$\begin{cases} \sigma_r = -P_1\left(1 - \dfrac{R_P^2}{r_z^2}\right) + \sigma_R \dfrac{R_P^2}{r_z^2} - P_2\left(1 - 4\dfrac{R_P^2}{r_z^2} + 3\dfrac{R_P^4}{r_z^4}\right)\cos 2\theta \\ \sigma_\theta = -P_1\left(1 + \dfrac{R_P^2}{r_z^2}\right) - \sigma_R \dfrac{R_P^2}{r_z^2} + P_2\left(1 + 3\dfrac{R_P^4}{r_z^4}\right)\cos 2\theta \\ \tau_{r\theta} = P_2\left(1 + 2\dfrac{R_P^2}{r_z^2} - 3\dfrac{R_P^4}{r_z^4}\right)\sin 2\theta \end{cases} \quad (3\text{-}63)$$

当 $r_z = R_P$ 时，即在弹塑性交界面处时，由式(3-63)可得

$$\begin{cases} \sigma_r = \sigma_R \\ \sigma_\theta = -2P_1 - \sigma_R + 4P_2\cos 2\theta \end{cases} \quad (3\text{-}64)$$

3) 塑性区半径的计算

钻孔围岩形成塑性区后，塑性区内的岩体既满足平衡微分方程也满足塑性条件。这里采用广泛应用的莫尔-库仑准则来求解塑性区的应力解。莫尔-库仑准则如式(3-65)所示：

$$\sigma_1 = \dfrac{1 + \sin\phi}{1 - \sin\phi}\sigma_3 + \dfrac{2C\cos\phi}{1 - \sin\phi} \quad (3\text{-}65)$$

式中，ϕ 为内摩擦角；C 为内聚力。因此可以得出：

$$\sigma_\theta = \dfrac{1 + \sin\phi}{1 - \sin\phi}\sigma_r + \dfrac{2C\cos\phi}{1 - \sin\phi} \quad (3\text{-}66)$$

将式(3-66)与式(3-57)和式(3-59)联立后，可以得到：

$$\begin{cases} \sigma_r = (P_i + C\cot\phi)\left(\dfrac{r_z}{a_1}\right)^{\frac{2\sin\phi}{1-\sin\phi}} - C\cot\phi \\ \sigma_\theta = (P_i + C\cot\phi)\left(\dfrac{1+\sin\phi}{1-\sin\phi}\right)\left(\dfrac{r_z}{a_1}\right)^{\frac{2\sin\phi}{1-\sin\phi}} - C\cot\phi \end{cases} \quad (3\text{-}67)$$

由塑性区相加得出：

$$\sigma_r + \sigma_\theta = \dfrac{2(P_i + C\cot\phi)}{1-\sin\phi}\left(\dfrac{r_z}{a_1}\right)^{\frac{2\sin\phi}{1-\sin\phi}} - C\cot\phi \quad (3\text{-}68)$$

由于研究对象是连续体，在弹性和塑性交界面上，应力应该是连续的。即在 $r_z = R_P$ 时，联立式(3-68)和式(3-64)，即可求出非均匀应力场下穿层钻孔的煤层段扩孔后塑性区半径的表达式：

$$R_P = a_1 \left\{ \dfrac{\left[(1+\lambda)P + 2(1-\lambda)P\cos 2\theta + 2C\cot\phi\right](1-\sin\phi)}{2(P_i + C\cot\phi)} \right\}^{\frac{2\sin\phi}{1-\sin\phi}} \quad (3\text{-}69)$$

从式(3-69)可以看出，影响穿层钻孔围岩塑性区半径的因素主要有：原岩垂直方向应力 P、侧压系数 λ、方位角 θ、内摩擦角 ϕ、内聚力 C 和钻孔半径 a_1 等，且与钻孔半径成正比。这也就说明了扩孔能够增大塑性区的范围。

3.7.3 穿层钻孔煤层段扩孔后塑性区的 FLAC3D 数值分析

3.7.2 节得出非均匀应力场下穿层钻孔煤层段扩孔后塑性区半径的表达式，客观反映了钻孔扩孔后的塑性区分布状态，但该表达式涉及的参数较多、计算复杂，所描述的塑性区范围比较抽象，给分析造成了一定的困难，因此，以下采用数值模拟方式对塑性区的分布进行比较直观的描述。

基于三维快速拉格朗日法开发的有限差分数值计算程序 FLAC3D，采用了显式有限差分格式来求解场的控制微分方程，并应用混合单元离散模型，可以准确地模拟材料的屈服、塑性流动、软化甚至大变形，能较好地模拟地质材料在达到强度或屈服极限时发生的破坏或塑性流动的力学行为。

1) 几何建模及网格划分

为分析扩孔后不同孔径时围岩塑性区及应力分布状况，分别模拟了钻孔直径为 0.12m、0.24m、0.36m、0.48m 和 0.60m 共 5 种工况，为降低边界条件对模拟区域的影响，设置模型大小为长×宽×高=10m×10m×3m，并对准备施工钻孔部位进行网格加密，单元体总数为 50000、节点数 513051，生成的网格模型如图 3-23 所示。

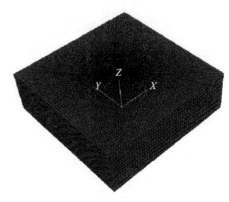

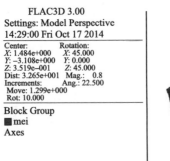

图 3-23 网格模型划分图

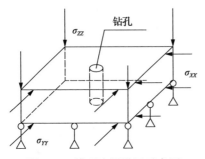

图 3-24 模型边界设置示意图

设置 X、Y 为应力边界,定为主应力方向,其中 X 方向应力为 22MPa,Y 方向应力为 10MPa,Z 方向底部为固支边界、上部为应力边界(应力为 22MPa),如图 3-24 所示。模型所用材料属性如表 3-1 所示,其他参数采用默认值,对最大不平衡力进行监控,设置收敛条件为最大不平衡力比率小于 10^{-5}。

表 3-1 模型参数设置

参数	数值
弹性模量/GPa	8.2
剪切模量/GPa	6.2
内聚力/MPa	0.6
抗拉强度/MPa	30
内摩擦角/(°)	30

2) 扩孔效果模拟结果分析

由于孔径较小时的塑性区不便于观察,所以对视图进行放大。从图 3-25 来看,当钻孔直径大于 0.24m 后,钻孔塑性区的形状近似以 X 为对称轴的两个梯形,在 Y 方向发展明显优于 X 方向。从图 3-26 可以看出,随着钻孔直径增大,其围岩塑性区面积呈近似抛物线形快速增长,而围岩塑性区的等效直径与钻孔直径基本呈线性关系,约为钻孔直径的 4.28 倍。

(a) 塑性状态标识　(b) 钻孔直径为0.06m，S_{sx}=0.068m^2(×12)　(c) 钻孔直径为0.12m，S_{sx}=0.603m^2(×6)

(d) 钻孔直径为0.18m，S_{sx}=1.624m^2(×3)　(e) 钻孔直径为0.24m，S_{sx}=2.786m^2(×3)　(f) 钻孔直径为0.3m，S_{sx}=4.141m^2(×3)

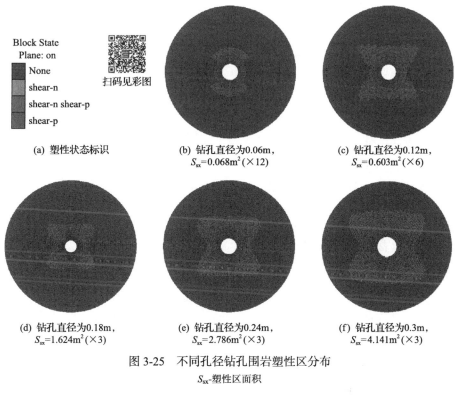

图 3-25　不同孔径钻孔围岩塑性区分布

S_{sx}-塑性区面积

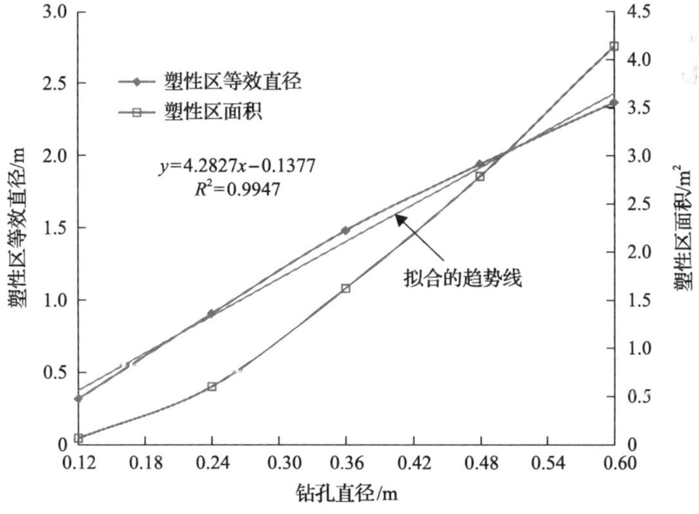

图 3-26　不同孔径钻孔塑性区分布特征曲线

综上所述，钻孔直径的扩大都使塑性区的范围大幅度增加，因此，采用水射流对穿层钻孔的煤层段进行扩孔，可以扩大钻孔围岩的塑性区，促进裂隙发育，提高瓦斯抽采效果。

3.8 高压旋转水射流割缝煤层增渗机理

高压旋转水射流割缝是先在煤层中施工一个钻孔，利用高压水射流切割钻孔两侧的煤体，钻孔区域围岩受集中应力作用被压实、裂隙闭合，形成密实圈，该区域内煤渗透率低于远场的渗透率。当利用高压旋转水射流在钻孔岩层切开对称的两条缝槽后，相当于在钻孔侧壁进行开挖，在局部范围内开采了一层极薄的保护层，达到层内的解放。切割缝两侧的煤体构成简支梁结构，使割出的缝体周围岩石完全卸载，缝槽围岩的几何形态发生变化，沿缝体边缘形成松弛带，促使应力向煤体深部和两边转移(图 3-27)，裂缝面两侧的煤体在水平方向处于拉应力状态，可能引起煤体拉伸破裂，而缝端煤体因煤柱的支撑作用，裂缝尖端的煤体处于剪应力与拉应力复合作用状态。当煤体被切割出和煤层走向平行的裂缝后，在拉应力作用下，在裂缝的两侧出现拉伸裂缝。拉伸裂缝初始阶段的方向与切割缝基本垂直，并逐渐向煤层的顶板与底板方向延伸，随着缝宽和割缝长度的增加，拉伸裂缝的数量和长度增加。

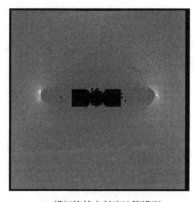
(a) 模拟旋转水射流计算模型

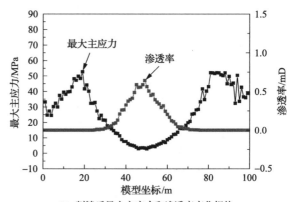
(b) 割缝后最大主应力和渗透率变化规律

图 3-27　高压旋转水射流割缝后渗透率和应力变化情况

缝槽周边应力增高区煤体发生屈服损伤破坏，渗透率增大，较远区域的煤层卸压，在围岩应力下降区域，渗透率随应力降低而增大。图 3-28 为普通开挖割缝和高压旋转水射流割缝后煤体渗透率的对比，高压旋转水射流割缝增渗效果优于普通开挖割缝。同时，高压旋转水射流切割煤岩过程中，孔底水在压差作用下渗入煤层中，压实带的煤层疏松并产生新的裂纹，煤层透气性得到改善。

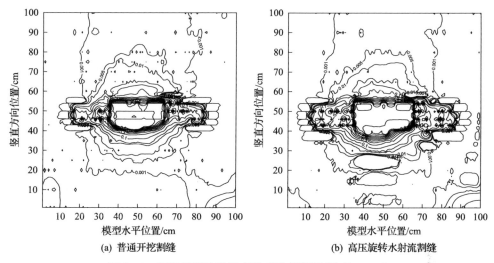

(a) 普通开挖割缝　　　　　　(b) 高压旋转水射流割缝

图 3-28　割缝后煤体渗透率的变化等值线(单位：mD)

第4章 三维旋转水射流流场的数值模拟

三维旋转水射流是指高速水流由喷嘴喷出后同步围绕两个相互垂直轴旋转所形成的射流。一方面,依靠安装在喷嘴腔内的叶轮对一维纯轴向来流进行引导,强制形成具有轴向、切向和径向三维速度的射流,由喷嘴喷出;另一方面,喷嘴在喷射旋转射流的同时,还在围绕喷头的轴线旋转。

导向叶轮和喷嘴的结构是高压旋转水射流破岩(煤)效率的重要影响因素之一,如果喷嘴加工质量差或者耐磨性不够,将引起射流质量恶化并将射流设备的大部分功率浪费掉。因此,本章采用数值模拟软件 ANSYS 模拟叶轮导向角和喷嘴参数对旋转射流效果的影响,并对三维旋转水射流的流场特性进行分析,为下一步现场用的水射流喷嘴的设计与加工提供理论基础。

4.1 高压旋转水射流喷嘴的设计

喷嘴是具有一定孔形并能将高压水转变成水射流的单元体,是将高压泵的压力能转变成水射流高速动能的基本元件。喷嘴的结构参数决定了旋转水射流的动力学特性。一个高性能的喷嘴应具备3个条件:①确保高压泵能量充分利用,即确保在额定状态下高压泵的水量绝大多数从喷嘴里流出。如果喷嘴的设计不合理,就会造成泵压达不到额定值,或者高压水从旁路溢流而不是通过喷嘴流出,造成了巨大的能量损失。②确保由喷嘴喷射出来的水射流流束经过较长的喷距后才发散,以保证射流的破岩(煤)效果。③喷嘴应有合理的使用寿命,即在喷嘴材质选择、加工精度和热处理时要充分考虑其耐磨损方面的需要,以保证较长的使用寿命。

4.1.1 喷嘴结构设计

水射流的性能与喷嘴的结构及设计参数密切相关,不同形式的喷嘴能产生具有不同性能优势的射流。旋转水射流的喷嘴结构的优良性影响着煤层扩孔、割缝增渗技术的成功应用。喷嘴结构是指喷嘴的流道形状与几何尺寸。根据利用高压旋转水射流破煤(岩)扩孔的实际需求,在初步实验室实验的基础上,选择采用叶轮式旋转射流喷嘴来产生旋转射流。叶轮式旋转射流喷嘴主要由喷嘴外壳和叶轮构成,高压水进入喷嘴后,沿螺旋叶片流动后具有了切向和径向速度,经收缩加速段和直柱出口段射出而形成了旋转射流。

在设计期间,选择了易于成型、喷射效率高且在工程实际中常用的锥形喷嘴结构。图 4-1 为由导向叶轮固定在喷嘴内腔而构成的高压旋转水射流锥形喷嘴整体结构,它的整个流道由柱形内腔、叶轮段、收缩加速段和直柱出口段四部分组成。柱形内腔的右端为进液端,在该段内水的流动属于典型的流体在有压管道内的流动;叶轮段为流槽加速段,在本段内水的流动为强制性的圆柱形螺旋运动;收缩加速段内水的运动也是强制性的,属于收敛锥形螺旋运动。锥形喷嘴各段尺寸的确定可在参考前期研究成果的基础上根据实际条件及实用性而确定。

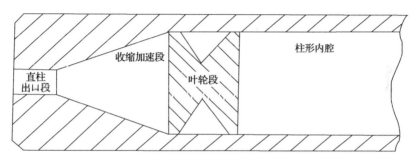

图 4-1 高压旋转水射流锥形喷嘴整体结构

4.1.2 旋流强度设计

旋流数是表征旋转射流强弱性能的一个重要参数。本章根据光滑导向原则,取叶片入口角 $\alpha_1 = 0$,也就是叶片与喷嘴轴线平行,以减少流体冲击所造成的能量损失;取叶轮导向角即叶片出口角为 α_2。叶片采用截面不变的等厚叶片,厚度为 t。并假设水在喷嘴内腔的流动为:①理想流体的不可压缩、稳定流动;②均匀来流,进入叶轮流道后沿叶片壁面平行流动。

按图 4-2 所示的叶轮流道几何形状,推导出叶片几何参数与旋流数 S 之间的关系。流体流经叶轮导向角为 α_2 的叶轮出口处时流速为 v_2,并沿与轴线夹角为 α_2 的方向前进,此时可分解为轴向速度 v_z 和切向速度 v_θ,由几何关系可得出:

$$v_z = v_2 \cos\alpha_2 \qquad (4\text{-}1)$$

$$v_\theta = v_2 \sin\alpha_2 \qquad (4\text{-}2)$$

$$\frac{v_\theta}{v_z} = \tan\alpha_2 \qquad (4\text{-}3)$$

在由 n 个叶片均匀分布而组成的叶轮的任一流道的某一半径 r 处,取一个流体微元来分析,其面积可由它的几何关系来确定。

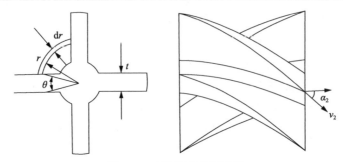

图 4-2 叶轮流道几何形状

r-径向坐标值,即半径;θ-周向坐标值;t-叶片厚度;dr-径向上的半径微元

由于 $\sin\dfrac{\theta}{2}=\dfrac{t}{2r}$,则

$$\theta = 2\arcsin\dfrac{t}{2r} \tag{4-4}$$

微元体的面积:

$$A = r\left(\dfrac{2\pi}{n} - 2\arcsin\dfrac{t}{2r}\right)dr \tag{4-5}$$

在叶轮出口处,此流体微元的轴向动量通量为

$$dG_z = \rho v_z^2\left(\dfrac{2\pi}{n} - 2\arcsin\dfrac{t}{2r}\right)rdr \tag{4-6}$$

流体微元的轴向角动量矩通量为

$$dG_\Phi = \rho v_z v_\theta \left(\dfrac{2\pi}{n} - 2\arcsin\dfrac{t}{2r}\right)r^2 dr \tag{4-7}$$

叶轮半径为 R_0、轮毂半径为 r_i,则出口处流体的轴向动量通量和角动量矩通量分别为

$$\begin{aligned}G_z &= n\int_{r_i}^{R_0}\rho v_z^2\left(\dfrac{2\pi}{n} - 2\arcsin\dfrac{t}{2r}\right)rdr = n\rho v_z^2 \\ &\quad \cos^2\alpha_2 \int_{r_i}^{R_0}\left(\dfrac{2\pi}{n} - 2\arcsin\dfrac{t}{2r}\right)rdr\end{aligned} \tag{4-8}$$

$$G_\Phi = n\rho v_z^2 \sin\alpha_2 \cos\alpha_2 \int_{r_i}^{R_0}\left(\dfrac{2\pi}{n} - 2\arcsin\dfrac{t}{2r}\right)r^2 dr \tag{4-9}$$

积分后可以得出喷嘴的旋流数为

$$S = \frac{G_\Phi}{G_z R} = B \tan \alpha_2 \tag{4-10}$$

其中：

$$B = \frac{\dfrac{2(\pi-n)}{3n}\left(R_0^3 - r_i^3\right) - \dfrac{t}{6}\left(R_0^2 - r_i^2\right) - \dfrac{t}{24}\ln\dfrac{R_0}{r_i}}{R_0\left[\dfrac{\pi-n}{n}\left(R_0^2 - r_i^2\right) - \dfrac{t}{2}\left(R_0 - r_i\right)\right]} \tag{4-11}$$

式中，B 为取决于叶片数 n、叶片厚度 t、叶轮半径 R_0 和轮毂半径 r_i 的一个系数。

从式(4-10)可以看出在喷嘴设计中几何参数对旋流数的影响，当系统确定以后，旋流数与叶轮导向角的正切成正比。但叶轮流道短而宽，对流体导向效率不高，且流体存在惯性与黏性，在流体流过叶片表面时会产生摩擦损失，造成实际导流效果比理论上差，因此，理论计算的旋流数与实际流体的旋流数有较大差别。再者，在计算旋流强度时轴向速度取了平均值，这与实际旋转射流出口速度的轴向分布不同。中心低速区甚至回流区的出现，造成实际喷嘴出口截面积小于理论喷嘴出口截面积，实际轴向速度大于理论计算速度，造成实际旋转射流的旋流强度减小。实际旋转射流的旋流强度按式(4-12)计算：

$$S = \frac{\int_0^R u_m v_n r^2 \mathrm{d}r}{R \int_0^R u_m^2 r \mathrm{d}r} \tag{4-12}$$

式中，u_m 为实际的轴向速度分布；v_n 为实际的切向速度分布；R 为喷嘴半径。

4.1.3 叶轮结构设计

导向叶轮的结构特性决定了锥形喷嘴所产生的旋转射流的特性。

1) 加旋流道(叶片)数

根据廖华林等[300]、杨雄等[301]的研究，要提高旋流数，就要保证叶片对流体的均匀导向作用，流道数越多越好。但是，随着流道数的增多，旋流强度和流量系数却朝着两个相反的方向发展。这是由于随着流道数的增多，流体流过流道时的流动阻力增大，从而使能量传输效率降低。因此，为了使所产生的旋转水射流能满足应用要求，在综合考虑喷嘴空间尺寸和加工成形的可行性的前提下，通过初步实验研究，本章选用了叶片数为4片的叶轮。

2) 叶轮导向角

对于理想流体,叶轮对旋流强度的影响只取决于叶轮导向角,而与其他角度均无关,或者说与叶片的叶面形状无关。但对于实际水射流来说,随着叶轮导向角 α_2 的增大,叶轮出口截面上的轴向速度先增大后减小,切向速度和旋流强度不断增大,旋转射流的扩散性逐渐增强,但出口处的流量系数却不断减小,从而降低了射流破岩所需要的能量[302]。因此,从满足一定旋流强度要求角度出发,本章采用了 20°～70° 5 种不同叶轮导向角 α_2 的叶片进行模拟分析。

3) 流道的几何形状设计

只有流道沿轴向的形状满足对流体的流动阻力最小,才能使水在流动期间的能量损失最小,所以流道形状与流体的流线应该一致。可以从流体流线的微分方程导出流道的几何形状。如图 4-3 所示,一微小液团沿着导向叶片由 a 点自由流动到 b 点,经 dt 时间后又流动到 c 点,b 点的曲率半径为 r_q,b、c 点的转角为 $d\theta$,半径之差为 dr_q,b 点处的切向速度为 v_n、轴向速度为 u_m,则

$$\frac{u_m}{v_n} = \frac{dr_q}{r_q d\theta} = \tan\alpha \tag{4-13}$$

则有

$$\frac{dr_q}{r_q} = \frac{u_m}{v_n} d\theta \tag{4-14}$$

积分可得

$$r_q = C_1 e^{\int \frac{u_m}{v_n} d\theta} \tag{4-15}$$

式中,C_1 为积分得到的常数。

设 $u_m / v_n = m$ 不随周向 θ 而变化,则可得出流道形状曲线方程:

$$r_q = A e^{m\theta} \tag{4-16}$$

4) 叶轮长度

在理想状况下叶轮长度对旋流强度是没有影响的,但在实际流体的流动中,叶轮越长对流体的导向效果越稳定。但叶轮长度大时导流流道较长,会增加流动阻力,因此叶轮长度也需经过实验确定。由于喷头直径的限制,叶轮不能太长,本次试验用喷嘴的设计中取叶轮长度 L_o=16mm。

5) 叶轮的设计与加工

确定叶轮外径 D_o 之后,轮毂直径可取 $d_i = D_o/3$,在确定了叶轮长度 L_o、叶轮导向角 α_2 和叶片数 n 之后,可根据叶片形状曲线方程 $r_q = A e^{m\theta}$,用计算程序进

行线段优选,并给出加工数据。按照上述方案,设计并加工了现场试验用的喷嘴及叶轮,见图4-4和图4-5。

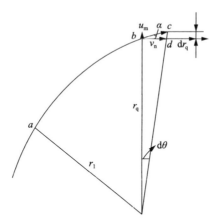

图4-3 叶片的形状曲线

r_1-a 位置的曲率半径

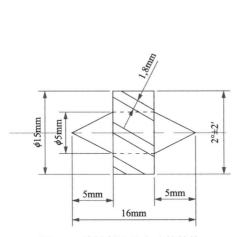

图4-4 旋转射流导向叶轮结构

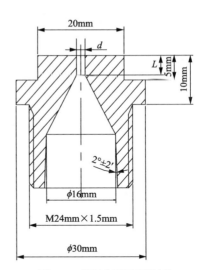

图4-5 旋转射流喷嘴结构

d-喷嘴直径;L-喷嘴直线段长度

4.2 模拟软件 PERA ANSYS 简介

PERA ANSYS 软件是专业化的、功能强大的计算流体力学(CFD)模拟分析软件。它内置的 ANSYS FLUENT 解算器具有20余种模拟能力,与本章旋转水射流的流场模拟与分析相关的有:

(1) 用非结构自适应网格模拟二维或者三维流场，它所使用的非结构网格主要有三角形/五边形、四边形/五边形，或者混合网格等；

(2) 不可压或可压流动；

(3) 定常或非定常流动分析；

(4) 无黏、层流和湍流；

(5) 牛顿流或者非牛顿流；

(6) 亚声速、跨声速、超声速和高超声速流动；

(7) 惯性（静止）坐标系、非惯性（旋转）坐标系模型；

(8) 多重运动参考框架，包括滑动网格界面和混合界面；

(9) 热量、质量、动量、湍流和化学组分的控制体积源项；

(10) 粒子、液滴和气泡的离散相的拉格朗日轨迹的计算，包括和连续相的耦合；

(11) 多孔流动、多孔介质模型，具有各向异性的渗透性、惯性阻尼、固体热传导和多孔表面的压力跳跃条件；

(12) 两相流，包括气穴现象；

(13) 复杂外形的自由表面流动。

ANSYS 又开发了新一代产品研发集成平台 ANSYS Workbench。

完整的 CFD 模拟具体流程及各部分的组织结构如图 4-6 所示。由于旋转射流

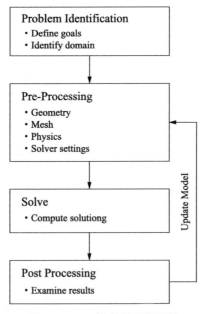

图 4-6 CFD 软件的程序结构

质点的速度在各个方向上的分量都不为零，本章中用 ANSYS 来模拟旋转射流流场时，射流流场和喷嘴均采用三维建模，在 ANSYS Workbench 中进行模拟，使用 Design Model 模块建立外部喷嘴及内部流体的模型，然后导入 Mesh 模块完成喷嘴和流场几何模型的网格化分，最后利用 FLUENT 模块进行模拟计算。

4.3 模型的建立

4.3.1 叶轮导向角优化模拟方案

本方案模拟了叶轮顶部圆锥锥角为 60°、轮毂长度为 16mm 及叶轮外径为 15mm 条件下，叶轮导向角分别为 20°、35°、45°、55°和 70°时喷嘴的流场，研究叶轮导向角对射流扩散角的影响规律。图 4-7 为本章所建立的叶轮导向角为 45°、出口段长度为 4mm 的喷嘴的几何模型，采用高为 200mm、直径为 100mm 的圆柱空间作为喷嘴的外部流场，主要是为了减小流场空间对射流流场的影响。

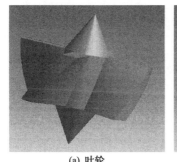 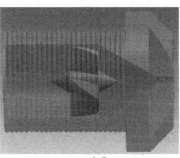

(a) 叶轮　　　　　　　　　(b) 喷嘴

图 4-7　叶轮和喷嘴的几何模型

本方案采用结构化与非结构化相结合的网格技术，对物理模型进行了网格划分。考虑初始化时间、计算花费及数值耗散的影响，对喷嘴内部流体部分采用非结构化的四面体网格，而对外部流场采用多区网格划分方法。由于喷嘴相对于外部流场很小，划分网格时喷嘴采用局部加密网格，对于不同的叶轮导向角生成的体网格数介于 146436~199591 个，生成的网格如图 4-8 和图 4-9 所示。

4.3.2 喷头结构优化模拟方案

本方案分别模拟了一个喷头上安装 2 个喷嘴(两个侧面)、3 个喷嘴(两个侧面、一个顶部)、入口压力为 45MPa、喷头旋转和非旋转等情况下的流场分布特征，研究其流量、射流速度、射流压力的规律，其几何模型分别见图 4-10、图 4-11。

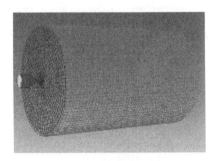

图 4-8 完整的网格图

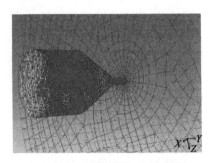

图 4-9 喷嘴局部加密网格图

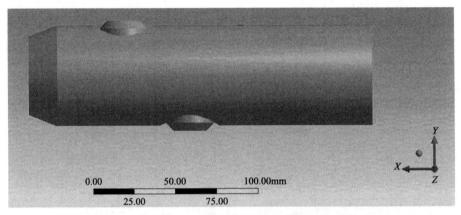

图 4-10 两喷嘴喷头几何模型

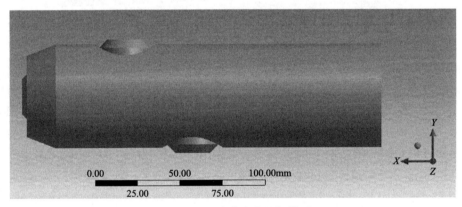

图 4-11 三喷嘴喷头几何模型

两喷嘴喷头几何模型喷头外部采用高为 250mm、直径为 1000mm 的圆柱空间包裹作为喷嘴的外部流场；三喷嘴喷头几何模型喷头外部采用高为 700mm、直径为 1000mm 的圆柱空间作为喷嘴外部流场。

4.4 控制方程及边界条件

4.4.1 淹没射流方程

采用标准 $k\text{-}\varepsilon$ 模型来求解所计算的紊流场,控制方程包括连续性方程、动量方程及 $k\text{-}\varepsilon$ 方程。不可压缩流动条件下的连续性方程(质量守恒方程):

$$\frac{\partial u}{\partial x}+\frac{\partial v}{\partial y}+\frac{\partial w}{\partial z}=0 \tag{4-17}$$

式中,x、y、z 为空间直角坐标;u、v、w 分别为 x、y、z 三个方向上的速度分量。

动量守恒方程:

$$\frac{\partial}{\partial x_j}(\rho u_i u_y)=-\frac{\partial P}{\partial x_i}+\frac{\partial\left(\eta\dfrac{\partial u_{ti}}{\partial x_j}-\rho\overline{u'_i u'_j}\right)}{\partial x_j},\quad i,j=1,2,3 \tag{4-18}$$

式中,u_y、u_{ti} 为湍流时均速度在笛卡儿直角坐标中的速度分量;ρ 为流体密度;P 为流体压力;η 为流体的动力黏度;$-\rho\overline{u'_i u'_j}$ 为雷诺应力或湍流应力;$i,j=1,2,3$ 为笛卡儿直角坐标系三个坐标方向。在以上的时均动量方程中,时均化处理后产生了包含脉动值的附加项——雷诺应力项,补充新的方程即 $k\text{-}\varepsilon$ 两方程模型来封闭以上的动量方程。

根据布西内斯克(Boussinesq)假设:

$$-\rho\overline{u'_i u'_j}=-\frac{2}{3}\rho k\delta_{i,j}+\eta_t\left(\frac{\partial u_{ti}}{\partial x_j}+\frac{\partial u_y}{\partial x_i}\right)-\frac{2}{3}\eta_t\delta_{i,j}\mathrm{div}\vec{v} \tag{4-19}$$

式中,k 为湍流动能;η_t 为湍流黏性系数;$\delta_{i,j}$ 为角变形分量,i、$j=1,2,3$;$\vec{v}$ 为流体某点的速度。

在假定不可压缩流动且不考虑用户定义的源项时,湍流动能 k 和耗散率 ε 由下面的方程获得:

$$\frac{\partial(\rho k)}{\partial t}+\frac{\partial(\rho k u_i)}{\partial x_i}=\frac{\partial}{\partial x_j}\left[\left(\eta+\frac{\eta_t}{\sigma_k}\right)\frac{\partial k}{\partial x_j}\right]+G_k-\rho\varepsilon \tag{4-20}$$

$$\frac{\partial(\rho\varepsilon)}{\partial t}+\frac{\partial(\rho\varepsilon u_i)}{\partial x_i}=\frac{\partial}{\partial x_j}\left[\left(\eta+\frac{\eta_t}{\sigma_\varepsilon}\right)\frac{\partial\varepsilon}{\partial x_j}\right]+\frac{C_{1\varepsilon}\varepsilon}{k}-C_{2\varepsilon}\rho\frac{\varepsilon^2}{k} \quad (4\text{-}21)$$

式中，G_k 为由层流速度梯度产生的湍流动能；$C_{1\varepsilon}$、$C_{2\varepsilon}$ 为常量，$C_{1\varepsilon}=1.44$，$C_{2\varepsilon}=1.92$；σ_k 和 σ_ε 分别为 k 方程、ε 方程的湍流普朗特数，$\sigma_k=1.0$，$\sigma_\varepsilon=1.3$；η 为流体的动力黏度；η_t 为湍流黏性系数。

湍流黏性系数 η_t 由式(4-22)计算：

$$\eta_t=\rho C_\eta\frac{k^2}{\varepsilon} \quad (4\text{-}22)$$

式中，C_η 为常量，取 0.09。

4.4.2 非淹没射流方程

由于模拟中有非淹没射流，涉及水、空气两相混合流动，除了使用标准 $k\text{-}\varepsilon$ 模型，还采用了流体体积(volume of fluid，VOF)法多相流模型。求解过程中，湍流方程中的变量被通过整个区域的各相所共享。VOF 模型通过求解单独的动量方程和处理穿过区域的每一流体的体积分数来模拟两种或三种不能混合的流体，常用于预测、射流破碎、流体中大泡的运动和气液界面的稳态和瞬态处理。

VOF 模型的体积分数方程为

$$\frac{\partial\alpha_i}{\partial t}+\nabla\cdot(\alpha_i\vec{v}_i)=0 \quad (4\text{-}23)$$

式中，α_i 为第 i 相的体积分数；$\vec{v}_i$ 为第 i 相速度。

出现在方程中的属性由存在于每一控制体积中的分相决定，如两相流模拟每一单元中的密度如式(4-24)所示：

$$\rho=\sum_{i=1}^n\alpha_i\rho_i \quad (4\text{-}24)$$

式中，ρ_i 为第 i 相流体密度。

通过求解整个区域内某一相的动量方程，得到的速度场代表了所有相的速度场，如式(4-25)所示，动量方程取决于涉及属性 ρ 和 η 的所有相的体积分数。

$$\frac{\partial(\rho\vec{v})}{\partial t}+\nabla\cdot(\rho\vec{v}\vec{v})=-\nabla P+\nabla\cdot\left[\eta\left(\nabla\vec{v}+\nabla\vec{v}^{\mathrm{T}}\right)\right]+\rho g+\vec{F} \quad (4\text{-}25)$$

式中，$\vec{F}$ 为流体的体积力；$\vec{v}$ 为某一相的速度；g 为重力加速度；P 为流体压力。

4.4.3 计算条件设置

1) 基础参数设置

(1) 速度单位设为米每秒(m/s)。

(2) 压力单位设为帕斯卡(Pa)。

(3) 求解器设置。求解器：分离式求解器；算法：隐式算法；空间属性：三维空间；时间属性：定常流动；速度属性：绝对速度。

(4) 求解模型设为标准 k-ε 湍流模型，多相流模型选用 VOF 模型。

(5) 流体材料设定：从材料库中复制液态水和空气。

(6) 流体的流相设定：把空气作为基本相，液态水作为第二相。

2) 边界条件设定

(1) 入口边界条件。入口设为压力入口；取入口速度分布为均匀分布，入口正向速度 $u_0=0$，入口切向速度 $v_0=0$，流体旋转角速度 $\omega_0=$ 常数；$k=\frac{3}{2}(u_{\text{avg}}I)^2$，其中 u_{avg} 为流体平均流速，I 为湍流强度，$I=0.16(Re_{\text{DH}})^{-\frac{1}{8}}$，$Re_{\text{DH}}$ 为雷诺常数；$\varepsilon=C_{\eta}^{\frac{3}{4}}k^{\frac{3}{2}}/l$，其中 $C_{\eta}=0.09$，l 为紊流尺度，$l=0.07L$，L_{sj} 为长度尺度。非淹没射流中，把入口第二相(液态水)的体积分数设为 1。

(2) 出口边界条件。非淹没条件下整个圆柱状流场的外表面为流场的出口；淹没条件下，将外部流场中上表面设为流场出口，可设为压力出口，设定为总压 1atm、初始表压 1atm、回流湍流强度 10%、回流湍流黏性系数 10。

(3) 壁面条件。采用壁面函数法确定。按照单层壁面函数确定靠近壁面的第一个控制容积中心点参数，即设定近壁点无量纲速度分布服从对数分布：

$$U_{+P}=\frac{1}{k'}\ln(Ey_{+P}) \tag{4-26}$$

$$y_{+P}=\frac{C_{\eta}^{1/4}k_P^{1/2}y_P}{\mu} \tag{4-27}$$

式中，y_P 为壁面速度；y_{+P} 为模型中靠近壁面第一层网格中心速度。

$$\mu_t=y_{+P}\frac{\eta}{\ln(Ey_{+P})/k'} \tag{4-28}$$

式中，k' 为卡门常数，$k'=0.4$；E 为壁面粗糙度，对于水力光滑壁面，$E=9.0$；μ 和 η 分别为运动黏性系数和动力黏度。为保证速度的对数分布规律成立，y_{+P} 的

取值范围为 $11.5 \leqslant y_{+P} \leqslant 400$。

近壁点的湍流动能仍按 k 方程计算，壁面边界取为

$$\left(\frac{\partial k}{\partial \varepsilon}\right)W = 0 \tag{4-29}$$

$$\varepsilon_p = \frac{C_\mu^{3/4} k_p^{3/2}}{k' y_{+P}} \tag{4-30}$$

式中，ε_p 为壁面的耗散率，其值为零；k_p 为壁面处的湍流动能。

3) 残差设置和流场的初始化

设置好以上模型参数后，再通过 solve-monitors-residual 设置残差显示图，残差临界值为 10^{-3}，之后就可以初始化流场并进行迭代计算，直到结果收敛。

4.4.4 三维旋转水射流流速分布特征

1. 淹没条件下旋转射流的流场特性

以喷嘴出口段长度 4mm、内径 2mm 和叶轮导向角 45°为例，在淹没状态下研究旋转射流的特性。图 4-12 为经过叶轮导向作用后，与喷嘴轴线垂直的平面内的速度矢量投影图。从图 4-12 中可以看出射流质点的旋转特性，从矢量密度可以看出流场中间液体密度较小；且近壁面处受到液体黏性的影响，从圆心向外液体质点的总速度呈降低趋势；而导向叶轮对液体的旋流导向效果在半径越大处越明显，因此，在径向上平面投影速度分布呈现先增高而后降低的特性。

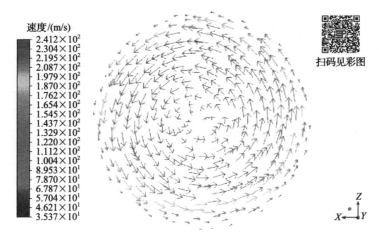

图 4-12 淹没条件下喷嘴内与其轴线垂直平面内的速度矢量投影图

图 4-13、图 4-14 为距射流出口 1 倍喷嘴直径距离平面上的速度分量等值线

图。可以看出,最大速度分量值均不在射流中心。结合图 4-12,射流喷出喷嘴后,在垂直于轴线的平面上的速度存在一个高速圆环带和中心低速区,离开射流轴线一定距离处存在最大速度,而后随着径向距离增大,速度逐渐降低。这符合旋转射流的速度分布特性。

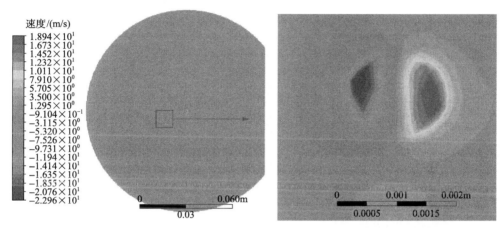

图 4-13　淹没条件下距射流出口 1 倍喷嘴直径距离处 X 方向平面速度等值线图

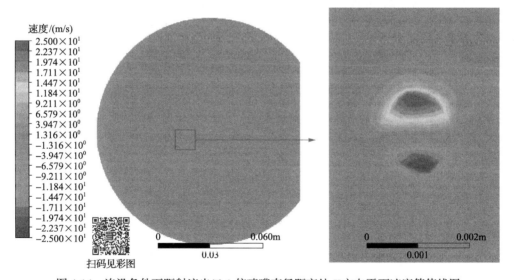

图 4-14　淹没条件下距射流出口 1 倍喷嘴直径距离处 Y 方向平面速度等值线图

图 4-15 为不同喷距处喷嘴径向速度分布曲线。可以看出,在射流轴线附近径向速度分布大致呈"M"状,速度最大值不在轴线上,而是在距轴线一定距离的环形区域上,并且径向速度分布曲线不是以轴线为中心对称分布且随着喷距的增加有先增大后减小的趋势。

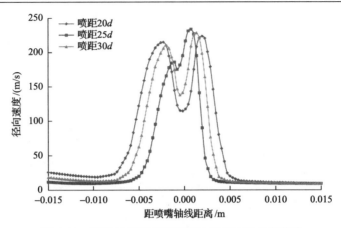

图 4-15　淹没条件下不同喷距处径向速度分布曲线

图 4-16 为喷嘴轴线所在平面上切向速度等值线图,从图中可以看出旋转射流能够产生切向速度,并使射流扩散角增大,但淹没条件下切向速度的分布不具有在非淹没状态时的轴对称特征。

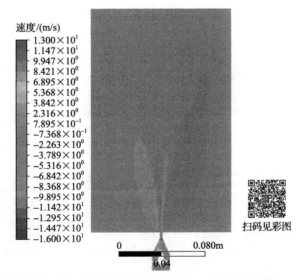

图 4-16　淹没条件下喷嘴轴线所在平面上切向速度等值线图

2. 不同条件下叶轮导向角对射流扩散角的影响

利用水射流对煤层钻孔进行扩孔(或割缝)时,根据射流的工作环境,可以将钻孔内的射流大致分为三种类型:①大角度上向钻孔时为非淹没射流;②大角度下向钻孔时为淹没射流;③小角度上向钻孔或水平钻孔时淹没射流与非淹没射流同时存在。为方便模拟计算,这里只模拟①、②两种情况。

实验证明，扩散角越小则射流的密集性越高，能量越集中，射程越远。旋转射流的扩散角是在常规圆射流雾化效果的基础上，增加叶轮对流体的导向作用，射流流体在喷出后除了具有较大的轴向速度外，还具有切向速度和径向速度。为了研究不同叶轮导向角对射流的导向效果，分别模拟了喷嘴出口直流段长度为4mm、直径为2mm，叶轮导向角为20°、35°、45°、55°和70°时的旋转射流流场，导出其速度等值线图并测量不同结构喷嘴射流流场的扩散角。

图4-17～图4-21分别为叶轮导向角为20°、35°、45°、55°和70°时非淹没条件下的流场速度云图。图4-22～图4-26分别为叶轮导向角为20°、35°、45°、55°和70°时淹没条件下的流场速度云图。根据速度云图可得出射流扩散角与叶轮导向角的关系，见图4-27。由图4-17～图4-27可得：当其他条件相同时，随着叶轮导向角的增大，射流扩散角也呈现出增大趋势。在叶轮导向角为20°时，淹没射流的射流扩散角略大于非淹没射流，这是由淹没状态下射流对周围淹没流体（水）的扰动所引起的。在叶轮导向角大于20°以后，非淹没射流的射流扩散角增大的速度明显大于淹没射流的射流扩散角的增大速度。特别是在叶轮导向角大于45°以后，非淹没射流的射流扩散角的增大速率更快。从总体上说，同喷距和与轴线相同距离处非淹没射流的速度明显大于淹没射流的速度，这也说明淹没射流的能量损失高。由于本章所研究的水射流扩孔主要用于穿层钻孔的煤层段扩孔，并且以上向钻孔为主，在孔内的射流以非淹没射流和淹没射流同时存在的混合射流居多，综合考虑射流扩散角和水力能量损失，本书认为叶轮导向角为45°时更适合现场应用的需求。在本章4.5节对叶轮导向角为45°的旋转水射流喷嘴的性能进行了测试。

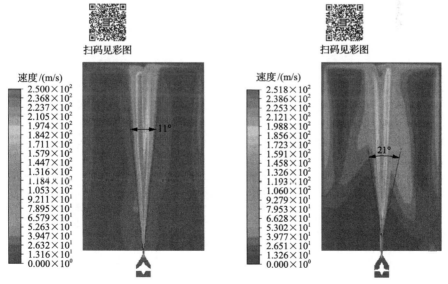

图4-17 叶轮导向角为20°时非淹没条件下的流场速度云图　　图4-18 叶轮导向角为35°时非淹没条件下的流场速度云图

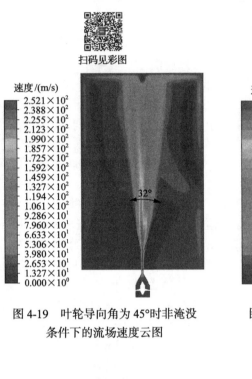

图 4-19　叶轮导向角为 45°时非淹没条件下的流场速度云图

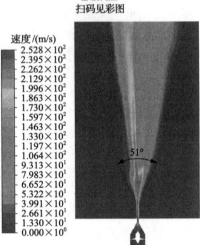

图 4-20　叶轮导向角为 55°时非淹没条件下的流场速度云图

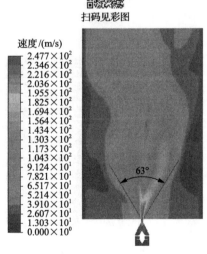

图 4-21　叶轮导向角为 70°时非淹没条件下的流场速度云图

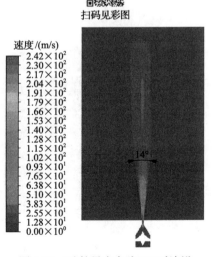

图 4-22　叶轮导向角为 20°时淹没条件下的流场速度云图

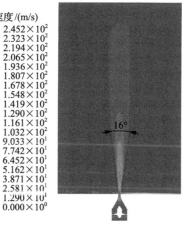

图 4-23 叶轮导向角为 35°时淹没
条件下的流场速度云图

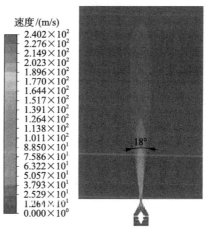

图 4-24 叶轮导向角为 45°时淹没
条件下的流场速度云图

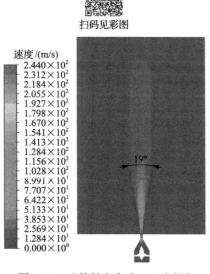

图 4-25 叶轮导向角为 55°时淹没
条件下的流场速度云图

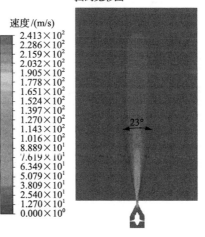

图 4-26 叶轮导向角为 70°时淹没
条件下的流场速度云图

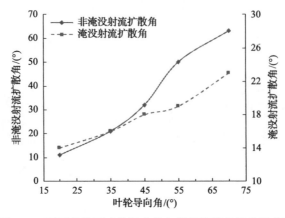

图 4-27 不同条件下叶轮导向角与射流扩散角的关系曲线

3. 非淹没条件下旋转射流动压力分布特征

根据作者的前期模拟,发现淹没射流与非淹没射流的速度分布和动压力分布的特征相似,在非淹没条件下由于射流受周围环境的影响较小,各项特征反映得也更为明显。况且在现场扩孔过程中,以非淹没射流和淹没射流同时存在的混合射流最为常见,因此,为了定性描述旋转水射流的基本特性,以下只对非淹没条件下射流流场分布特征的模拟结果进行分析与探讨。

喷嘴模型采用前面数值模拟所用喷嘴的结构参数,叶轮导向角设为 45°,泵压取 30MPa,边界条件设置参照叶轮导向角模拟时非淹没条件下的参数。图 4-28 为非淹没条件下射流打击区域模拟结果,图 4-29 为非淹没条件下射流动压力分布模拟结果。

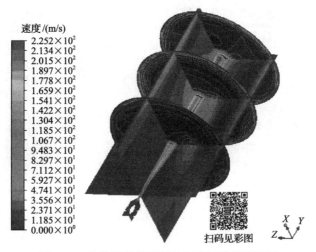

图 4-28 非淹没条件下射流打击区域模拟结果

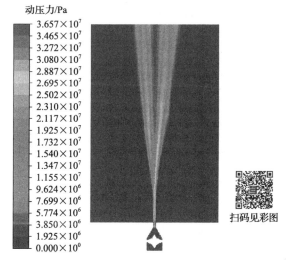

图 4-29 非淹没条件下射流动压力分布模拟结果

从图 4-28 可以看出,旋转射流的打击区域为环形区域,随着喷距增大射流打击区域变大。从图 4-29 来看,在泵压达 30MPa 时,旋转射流环形冲击区域上的动压力在 16MPa 以上,完全可以实现破煤扩孔的要求。

图 4-30 为非淹没条件下不同喷距处径向上的射流动压力曲线,可以看出动压力呈现出"M"形并以射流轴线为对称轴基本呈对称分布的特点,在射流轴线附近明显存在射流动压力较低的区域;离开射流轴线一定半径处存在最大动压力环形区域(动压力达 25MPa),而后随着距射流轴线距离的增大,动压力迅速降低。随着喷距的增大(从 $25d$ 增大至 $55d$),动压力的最大值沿径向方向逐渐远离喷嘴轴线。在最大动压力环形区域以内的动压力值有随着喷距的增大先增大后减小的趋势。

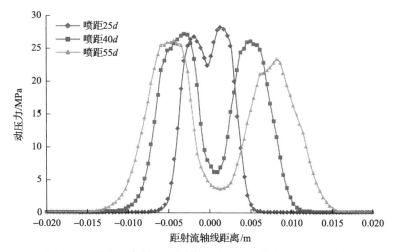

图 4-30 非淹没条件下不同喷距处径向上的射流动压力曲线

由图 4-31 可以看出，在射流轴线上开始动压力衰减较快，在喷距 35d 处开始低于 12MPa，到 40d 处时动压力减小开始变缓。射流扩散线上的动压力在喷距 20d 范围内呈快速降低趋势，超过 20d 后逐渐增高，在 35d 处时出现一个极大值。总体来说，射流轴线上的动压力值要小于射流扩散线上的动压力值，这符合旋转射流动压力分布特性。

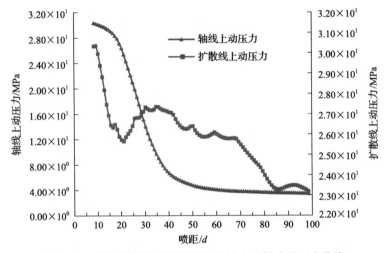

图 4-31 非淹没条件下不同喷距处轴向上射流动压力曲线

4.5 数值模拟结果分析

旋转射流的扩散角增大，在进行旋转水射流钻孔时能够钻出比常规圆射流孔径大许多倍的钻孔，具有一定的优势。但根据本章 4.6 节的实验室测试结果，单喷嘴时扩孔直径仅达到了 236mm，用单喷嘴进行旋转水射流扩孔仍难以满足煤矿现场对大直径钻孔的需求。经过不断改进，研制成功了如图 4-10 和图 4-11 所示在喷头侧面安装喷嘴的两喷嘴喷头和三喷嘴喷头，形成了三维旋转水射流扩孔技术。并利用它们在煤矿现场扩出了当量直径 1.0m 以上的孔洞。以下将对三维旋转水射流的流场进行模拟分析。为研究喷头绕轴旋转对射流扩孔效果的影响，参照现场钻机转速，设置喷头以 X 轴正方向为旋转轴，以角速度 30rad/s 旋转，并与非旋转条件下的喷嘴射流流场进行对比。

1) 两喷嘴喷头射流模拟

图 4-32 为两喷嘴喷头在入口压力 45MPa 条件下，在不同喷距处的射流轴向速度分布曲线。因喷头旋转速度远小于射流轴向喷射速度，在偏离喷嘴轴线较远处喷头旋转对射流速度的影响较小，这里仅取靠近喷嘴轴线附近且射流速度在

200m/s 以上的部分进行分析。

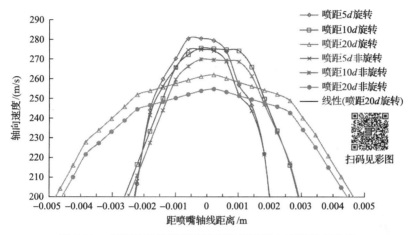

图 4-32　非淹没条件下不同喷距处射流轴向速度分布曲线

根据图 4-32 可知，在不同喷距处，喷头旋转对射流整体速度分布形式和最大速度距喷嘴轴线距离影响不大。在相同喷距条件下，喷头旋转时所产生射流的速度略大于非旋转时，最大差值约 6m/s。随着喷距增大，喷头旋转对射流速度的影响范围逐渐增大，且越靠近喷嘴轴线，旋转对射流速度的影响程度越大。图 4-33 为不同喷距处射流切向速度分布曲线，可以看出，喷头旋转使射流切向速度增大，且与喷头旋转方向相反侧一定区域内切向速度增加较明显，最大增幅可以达到 12m/s。

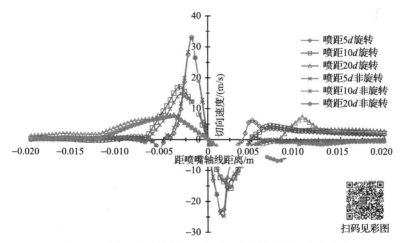

图 4-33　非淹没条件下不同喷距处射流切向速度分布曲线

2）三喷嘴喷头射流模拟

图 4-34 为旋转和非旋转射流两种情况下，不同喷距处的射流切向速度分布曲线。

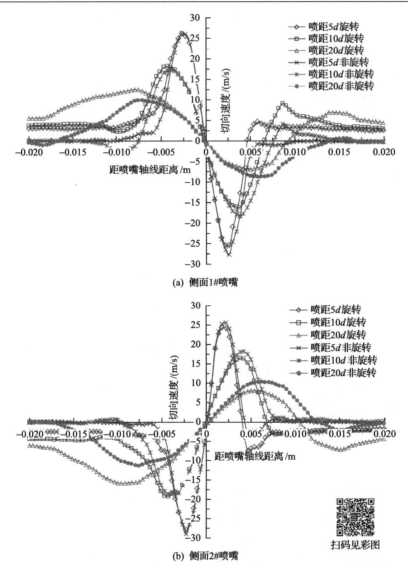

(a) 侧面1#喷嘴

(b) 侧面2#喷嘴

图 4-34　非淹没条件下喷头侧面喷嘴的射流切向速度分布曲线

对比图 4-34(a)、(b)两图可以看出，喷头旋转对射流切向速度的影响在喷嘴轴线两侧呈相反的效应，当喷头旋转方向与旋转射流的切向速度方向一致时产生叠加效应，速度值增大；而当喷头旋转方向与旋转射流的切向速度方向相反时，切向速度的变化相对复杂，随着喷距和距喷嘴轴线距离的变化时大时小，但差距不大。因此，从整体来看，喷头的旋转使射流的切向速度增大。图 4-35 为三喷嘴喷头顶部喷嘴在旋转和非旋转射流两种情况下，不同喷距处射流切向速度分布曲线。

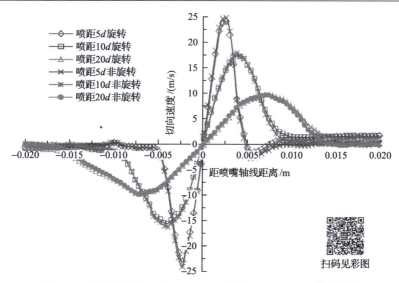

图 4-35　非淹没条件下喷头顶部喷嘴的射流切向速度分布曲线

对比图 4-33～图 4-35 可以看出，喷头的旋转对于三喷嘴喷头侧面喷嘴的切向速度影响较大，而对于顶部喷嘴的切向速度几乎没有影响。这是由于喷头旋转角速度为固定值，而顶部喷嘴在喷头的旋转作用下只增加了一定的绕喷嘴轴线的角速度，对于喷嘴出口处流体的加速作用可以由 $\Delta V = w_{zs} \cdot r_{pz}$ 计算，此处的 r_{pz} 为喷嘴半径，w_{zs} 为喷头的转速，所以喷嘴出口处只增加了很小的线速度；对于侧面喷嘴的计算，r_{pz} 为不同喷距处流体质点与喷头轴线的距离，远大于喷嘴直径。

综上所述，与顶部安设喷嘴的喷头的钻孔相比，依靠钻机带动侧面安装喷嘴的多喷嘴喷头旋转扩孔，可以获得更大的钻孔直径。喷头旋转可以使水射流的切向速度增大，更有利于旋转射流对煤(岩)体的破碎，更能发挥旋转水射流的破煤(岩)效率。

4.6　旋转水射流喷嘴性能的实验室测试

4.6.1　实验室水射流试验系统

实验室水射流试验系统主要由高压水泵、调节控制机构、喷嘴及导向叶轮与管路附属设施等构成，如图 4-36 所示。

1) 高压水泵

选用额定压力为 47MPa、流量为 120L/min 的 3ZBG 型三连柱塞泵，电机功率为 90kW，详见图 4-37。

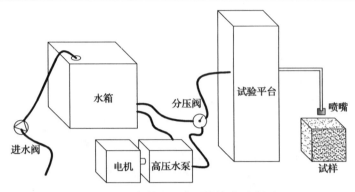

图 4-36 水射流试验系统构成示意图

图 4-37 实验室实验用高压水泵

图 4-38 喷嘴控制机构

2) 管路附属设施

管路附属设施包括：①水箱，用于提供试验工作介质(即清水)。②高压管路，用于高压水的输送。③高压阀门等附属设施，溢流分压阀位于溢流分压管与主管路的接口处，可以用它来调节和控制射流的压力和高压水的流量。④三通、快速接头等附件。

3) 调节控制机构

调节控制机构包括如下几部分：①喷头和喷嘴的控制机构由操作控制台、移动控制机构和悬臂等组成，如图 4-38 所示。通过移动控制机构来控制喷嘴在 X、Y 和 Z 三个方向上的移动；

用悬臂来固定射流喷头和管路。②高压喷杆和喷头、压力表,可用于读取喷嘴出口附近的压力值。

4)喷嘴及导向叶轮

试验用高压旋转水射流喷嘴及导向叶轮外观形状如图 4-39 所示。

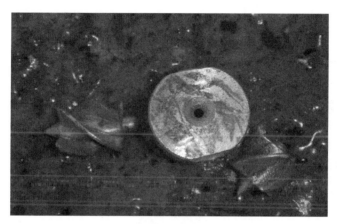

图 4-39　试验用喷嘴及导向叶轮

4.6.2　制备试验样品

采用水泥、砂、煤粉和石膏,按一定的配比制作了 8 个边长为 0.5m 的正方体试样,如图 4-40 所示。具体制备方法如下所述。

图 4-40　制备的试验样品

(1) 按砂：425 号水泥：煤粉的质量比为 3：2：1 的比例进行混合,并加入适量石膏后搅拌均匀。

(2) 加水后再次搅拌均匀,静置 5min 后,把混合浆体倒入边长为 0.5m 的正方体模具中。

(3)要避免日光照射,且在常温下候凝固结,按照隔一天向试样上喷洒适量水的方式增加强度。

(4)试样经过 20 天的保养后,即可用于破岩试验。

4.6.3 试验方案

(1)安装水射流喷嘴,喷嘴出口段长度 4mm、内径 2mm,内置四叶片的叶轮,叶轮长度 16mm、直径 15mm。

(2)通过溢流阀来控制喷嘴的入口压力,使其稳定在 40MPa。在试验前把试样用铁板盖住,当压力表读数达到 40MPa 时用钢丝拉去铁板并开始计时。

(3)通过调节控制机构使喷嘴在水平和竖直方向移动来控制喷距,保持冲击时间 10s,研究喷距对高压旋转水射流冲孔效果的影响。

(4)保持喷距为 40mm,研究冲蚀时间对高压旋转水射流冲孔效果的影响。

(5)用游标卡尺测量扩孔的直径、深度并做好记录。

4.6.4 试验结果分析

在进行试验之前,作者已经做了大量非淹没条件下和淹没条件下的水射流冲孔试验,试验结果和相关文献[139,143,162,164,180,295-297]的研究结果比较接近,这里就不再赘述,只把一些试验期间的图片进行对比,如图 4-41~图 4-43 所示。

图 4-41 有叶轮喷嘴与无叶轮喷嘴射流过程对比

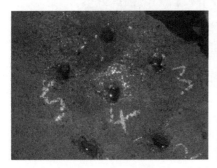

图 4-42 非淹没条件下无叶轮喷嘴、有叶轮喷嘴的破岩效果

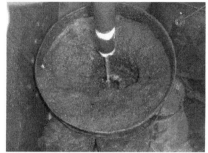

图 4-43 淹没条件下的射流过程和破岩效果

1) 喷距与破岩深度和扩孔直径的关系

按照喷嘴直径 2mm、射流压力 40MPa、冲蚀时间 12s 的试验条件，分别进行了 3 种不同喷距处淹没条件下的破岩试验，试验用的是 2 号试样，坚固性系数为 0.88，比软煤的硬度稍大，试验结果见表 4-1 和图 4-44。从表 4-1 和图 4-44 可以看出，在淹没条件下随着喷距增大，破岩深度和扩孔直径都呈减小的趋势。其原因在于：随着喷距的不断增大，在淹没条件下水力能量的损失也相应增大，造成水射流破岩深度相应减小。对于扩孔直径在小喷距时反而大的原因，分析认为当旋转射流冲击到试样后，可能是由于射流质点具有切向速度，大部分射流流体沿冲击部位向四周呈环形流动且形成了回流，剩余部分射流流体由于旋转射流的卷

表 4-1 破岩深度、扩孔直径与喷距、时间的关系

指标	喷距			指标	冲蚀时间		
	40mm	80mm	120mm		6s	12s	24s
破岩深度	416	327	239	破岩深度	203	392	457
扩孔直径	184	115	93	扩孔直径	129	180	236

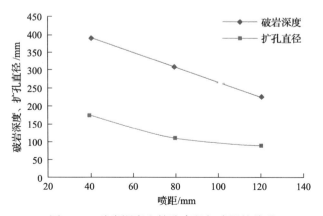

图 4-44 破岩深度和扩孔直径与喷距的关系

吸作用而被吸入，重新参与以射流为主体的冲击流中，从而形成了很强的涡旋，在这两种流动的综合作用下，周围硬度不是很大的煤岩试样被破碎，从而导致喷距很小时扩孔直径反而较大。

2) 时间与破岩深度和扩孔直径的关系

在喷嘴直径为 2mm、射流压力为 40MPa 和喷距为 40mm 的试验条件下，分别开展了 3 个不同冲击时间下淹没条件下的破岩试验，试验所用试样为 5 号试样，其坚固性系数为 0.92，比软煤的硬度要大一些，试验结果见图 4-45。

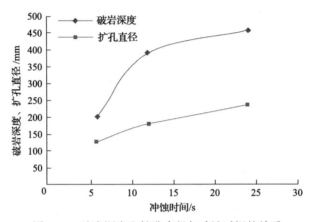

图 4-45　破岩深度和扩孔直径与冲蚀时间的关系

从以上实验结果来看，在淹没条件下旋转水射流的扩孔直径和破岩深度都随时间增大而增大，但是在 12s 以后破岩深度的增大趋势变缓，这是由于达到一定深度后，受到射流的有效作用喷距影响，达到作用面时，水力能量已经减弱到不足以破碎试样。

第5章 "点"式定向水力压裂增渗机理与工艺

为使各级弱面在水压力作用下扩展和延伸，首先应满足注入水压大于渗失水压这一条件。由于煤层的高渗透性（相对于岩层来说），高压水渗流过程中，有效水压力会降低，此时系统水压力取决于渗失量与供水流量，因此，为使压裂作用持续，高压力、高流量的常规水力压裂设备体积庞大、系统复杂，易受井下巷道空间限制。本章提出"点"式定向水力压裂的新思路并形成了全新的压裂工艺，有效降低了渗失水压，并在数值模拟的基础上根据地应力分布等自然因素、井巷布置与采动影响等因素，确定钻孔最佳布置方位及参数，以顺应裂纹扩展自然规律、选择最佳压裂位置、控制孔导向三结合的方针为指导，确定"点"式定向水力压裂施工参数。

5.1 "点"式定向水力压裂技术的基本原理

5.1.1 不同破坏煤体的起裂条件

哈伯特(Hubbert)和威利斯(Willis)在实践中发现了水压致裂裂隙和原岩应力之间的关系，这一发现又被费尔赫斯特(Fairhurst)和海姆森(Haimson)用于地应力测量。

由弹性力学理论可知，当一个位于无限体中的钻孔受到无穷远处二维应力场(σ_1, σ_2)的作用时，离开钻孔孔底一定距离的部位处于平面应变状态[303]。这些部位钻孔周边的应力为

$$\sigma_\theta = \sigma_1 + \sigma_2 - 2(\sigma_1 - \sigma_2)\cos 2\theta \tag{5-1}$$

$$\sigma_r = 0 \tag{5-2}$$

式中，σ_1为最大主应力；σ_2为第二主应力；σ_θ和σ_r分别为钻孔周边的切向应力和径向应力；θ为钻孔周边一点与轴线的连线的夹角，由式(5-1)可知，当$\theta=0°$时，σ_θ取得极小值，此时：

$$\sigma_\theta = 3\sigma_2 - \sigma_1 \tag{5-3}$$

采用水力压裂系统将钻孔某段封闭起来，并向该段钻孔压入高压水，当水压超过$3\sigma_2-\sigma_1$和岩石抗拉强度P_T之和后，在$\theta=0°$处，即σ_1所在方位发生孔隙开

裂，设钻孔壁发生初始开裂时的水压为 P_i，则有

$$P_i = 3\sigma_2 - \sigma_1 + P_T \tag{5-4}$$

如果继续向封隔段注入高压水，使裂隙进一步扩展，当裂隙深度达到约 3 倍钻孔直径时，此处已接近原岩应力状态，停止加压，保持压力恒定至 P_s，P_s 应和原岩应力 σ_2 相平衡，即

$$P_s = \sigma_2 \tag{5-5}$$

在工程中，常通过此原理来进行岩体应力测定。在初始裂隙产生后，将水压卸除使裂隙闭合，然后再重新向封孔段加压，使裂隙重新打开，记裂隙重新打开时的压力为 P_r，则有

$$P_r = 3\sigma_2 - \sigma_1 - P_0 \tag{5-6}$$

式中，P_0 为孔隙水压。通过式(5-5)、式(5-6)在无须知道岩石抗拉强度的情况下可测出 (σ_1, σ_2) 值。对于低渗透岩石来说，以上方法用来测量地应力是可行的。但对于高渗透性煤体来说，随着压裂时间的增加，部分水流渗失产生渗失水压，且渗失水压随时间而变化，因此在用水力压裂法测定煤层内部应力分布时容易产生大的误差。

由于煤层内部层理、切割裂隙、原生微裂隙、孔隙的规模和尺度存在差异，以及这些弱面所在平面与原岩应力场中主应力方向的空间位置不同，压力水侵入的顺序和运动状态也不一样，表现为先从张开度大、联结能力弱的一级弱面开始，然后到二级弱面，最后到分层中原生微裂隙和孔隙中。在渗流状态下，水先沿着规模大的层理或切割裂隙流动，保持渗流工作状态的一个特点是压力水的最大压力不应超过某一极限值，当水注入压力很高时，和渗流时一样，块体并不发生破坏，而表现为水在压力作用下在提高层理或切割的张开度和导液性上表现出该弱面的扩展和延伸。

煤层水力压裂起裂条件受诸多因素控制，除煤体本身的物理力学性质、裂隙尺寸及分布、层理弱面外，地应力大小和方向也是控制水力压裂裂缝起裂压力、起裂位置及裂缝形态的重要参数。煤层中存在的大量天然裂缝，不但使煤体抗拉强度降低，而且改变钻孔周围地应力的大小和方向，影响压裂裂缝的起裂、扩展。而煤的破坏程度不同，煤结构也有所不同，其裂隙分布形态、数量有较大差异，煤的力学性质也会千差万别，因此须对不同破坏类型的煤体分别加以分析。

1) 非破坏煤的起裂条件

非破坏煤体由于很少有次生裂隙存在，在高压水作用时会产生新的裂缝并扩展延伸。考虑到裂隙的普遍性并进行简化，可将压裂过程视为单一裂隙的扩展。

钻孔在高压水的作用下,孔壁发生破裂的过程称为起裂过程。在理论状态下,非破坏煤体钻孔水力压裂起裂时的情况如图 5-1(b)所示。数值模拟结果表明,在没有天然裂隙和人工裂隙的情况下起裂较为困难,起裂压力较高;若在钻孔壁上人为制造裂隙,则起裂压力会降低,且控制了裂隙的起始位置,如图 5-1(c)所示。

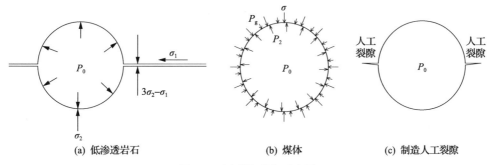

(a) 低渗透岩石　　　　　(b) 煤体　　　　　(c) 制造人工裂隙

图 5-1　压裂孔受力示意图

P_g-煤层瓦斯压力

起裂从人工裂隙开始,将裂隙简化后分析裂隙充水空间端部的受力情况。图 5-1(b)为非破坏煤体裂隙充水后的受力图,煤体与高压水的分界面上分别作用有效水压(出水压力)P_{cs} 和裂隙延展平面上的法向应力 σ。设注入水压(供水压力)为 P_{gs},在实施压裂的同时,大量水通过煤体上的微裂隙、微孔隙向煤体内部渗透,因而产生渗失水压 P_1,如图 5-2 所示。此时有

$$P_{cs} = P_{gs} - P_1 \tag{5-7}$$

$$P_1 = NP_{gs} \tag{5-8}$$

式中,P_1 为渗失水压;P_{cs} 为有效水压;P_{gs} 为注入水压;N 为渗失系数,且 $0<N<1$。

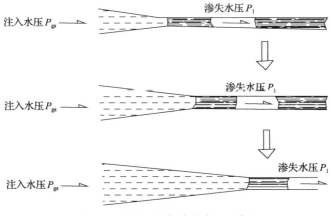

图 5-2　注水压力与渗失水压示意图

高压水在注入煤体时,有一部分水流通过渗流、毛细浸润和水分子扩散作用进入煤体内部,产生渗失水压 P_1。只有注入水压 P_{gs} 大于渗失水压 P_1,才可能满足煤体起裂的条件。在层理或切割裂隙张开度增大的过程中,由高压水形成的张开壁面的切向拉应力增加,当某位置的切向拉应力大于裂隙延展平面上的法向应力、煤体抗张力与煤层瓦斯压力时,裂隙才可以继续扩展。如此反复,直至裂纹扩展达到煤层中的微裂隙时,便完成对煤层的逐级分割作用,如图 5-3 所示。

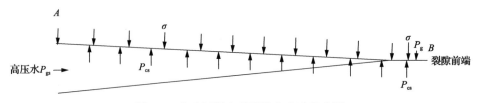

图 5-3 非破坏煤介质裂隙充水后受力图

临界有效水压满足以下条件:

$$P = \sigma + P_g + P_T \tag{5-9}$$

式中,P_g 为煤层瓦斯压力;P_T 为煤体抗拉强度;σ 为法向应力。

σ 在无实测值的情况下可采用式(5-10)计算[304]:

$$\sigma = k\gamma H\left(\lambda_1 \sin\alpha_{pm} + \lambda_2 \sin\beta_{pm} + \sin\theta_{pm}\right) \tag{5-10}$$

式中,α_{pm}、β_{pm}、θ_{pm} 分别为裂隙延展平面与 x、y、z 轴之间的夹角;λ_1 为 x 方向上的侧压系数;λ_2 为 y 方向上的侧向应力系数;γ 为上覆煤岩层的平均容重;H 为煤层的埋藏深度;k 为地层系数,即层理、地层结构等因素对地层的影响系数。

综合以上公式,得到非破坏煤体起裂的基本注入水压临界值:

$$P_{gs} = k\gamma H\left(\lambda_1 \sin\alpha_{pm} + \lambda_2 \sin\beta_{pm} + \sin\theta_{pm}\right) + P_g + P_T + NP_{gs} \tag{5-11}$$

则非破坏煤体起裂的基本注入水压条件为

$$P_{gs} > \frac{k\gamma H\left(\lambda_1 \sin\alpha_{pm} + \lambda_2 \sin\beta_{pm} + \sin\theta_{pm}\right) + P_g + P_T}{1-N} \tag{5-12}$$

2) Ⅱ类破坏煤的起裂条件

Ⅱ类破坏煤总体次生节理面多,且不规则,与原生节理呈网状,尚未失去层状,较有次序,条带明显,有时扭曲、有错动,有挤压特征。Ⅱ类破坏煤整体力学性质有了明显降低，压裂时一般不会在完整煤块上产生新裂缝，而是在原生裂隙或次生裂隙的基础上扩展延伸。

对于Ⅱ类破坏煤，式(5-7)、式(5-8)仍然成立。Ⅱ类破坏煤内部裂隙有两种：一种为内表面被其他物质填充的原生裂隙；第二种为内表面未被填充的次生裂隙。对于前一种，与非破坏煤相比，同样有效水压须克服裂隙延展平面上的法向应力、煤层瓦斯压力、原生裂隙填充物的联结力 F，如图 5-4 所示。

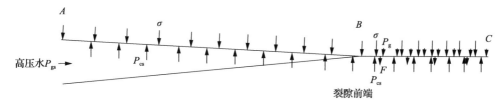

图 5-4　Ⅱ类破坏煤介质裂隙充水后受力图

对有填充介质的裂隙来说，未开裂处的联结力 F 等于裂隙间受水浸润后的内聚力 C_w，即 $F=C_w$。临界有效水压满足以下条件：

$$P_{cs}=\sigma+P_g+C_w \tag{5-13}$$

式中，P_g 为煤层瓦斯压力；C_w 为裂隙间受水浸润后的内聚力；σ 为法向应力。

则Ⅱ类破坏煤体有填充介质的裂隙扩展的基本注入水压条件为

$$P_{gs}>\frac{k\gamma H\left(\lambda_1\sin\alpha_{pm}+\lambda_2\sin\beta_{pm}+\sin\theta_{pm}\right)+P_g+C_w}{1-N} \tag{5-14}$$

对于内表面未被填充的次生裂隙来说，裂隙表面联结力 $F=0$，即

$$P_{gs}>\frac{k\gamma H\left(\lambda_1\sin\alpha_{pm}+\lambda_2\sin\beta_{pm}+\sin\theta_{pm}\right)+P_g}{1-N} \tag{5-15}$$

在Ⅱ类破坏煤体水力压裂措施执行过程中，以上两种情况可能会交替出现，取两种压力中的最大值，可以认为Ⅱ类破坏煤体起裂条件为式(5-14)。

3) Ⅲ～Ⅴ类破坏煤的起裂条件

Ⅲ、Ⅳ、Ⅴ类破坏煤分别属于强烈破坏煤、粉碎煤、全粉煤。煤体呈碎片、碎块、粒状、土状、泥状，层理、节理甚至裂隙均失去意义。对于Ⅲ～Ⅴ类破坏煤的水力压裂，有效水压须克服的力有：最小主应力、煤层瓦斯压力。即临界有效水压满足以下条件：

$$P_{gs}>(\sigma_1+P_g)/(1-N) \tag{5-16}$$

式中，P_g 为煤层瓦斯压力；σ_1 为最大主应力。

5.1.2 不同埋深煤层裂纹扩展方向

断裂力学研究表明，水力压裂所产生的人工裂隙方位总是平行于最大主应力方向，垂直于最小主应力方向。但实验测试表明，煤岩体为非均质各向异性介质，煤岩体垂向抗拉强度与水平抗拉强度存在着一定的差异，裂纹的形态还取决于煤岩体的力学性质，即由地应力和煤岩体的抗拉强度共同组成的挤聚力的大小，即

$$P_z = \gamma H + P_T^z$$
$$P_x = \sigma_X + P_T^x \quad (5\text{-}17)$$
$$P_y = \sigma_V + P_T^y$$

式中，γ 为垂直应力系数；P_z、P_x、P_y 分别为垂直方向 z，水平方向 x、y 上的挤聚力；P_T^z、P_T^x、P_T^y 分别为垂直方向 z，水平方向 x、y 上的抗拉强度；σ_X 为最大水平主应力；σ_V 为最小水平主应力。

压裂时，在储层中形成何种类型的裂隙，取决于地层中的垂直挤聚力和水平挤聚力的相对大小。当 $P_z > P_x > P_y$ 和 $P_z > P_y > P_x$ 时，会形成垂直裂隙，此时裂隙的方位取决于两个水平挤聚力 P_x 和 P_y 的大小。

(1) 当 $P_z > P_x > P_y$ 时，水力压裂产生的裂隙面垂直于 P_y 而平行于 P_x 的方向 [图 5-5(a)]；

(2) 当 $P_z > P_y > P_x$ 时，水力压裂产生的裂隙面垂直于 P_x 而平行于 P_y 的方向 [图 5-5(b)]；

(3) 当 $P_x > P_y > P_z$ 或 $P_y > P_x > P_z$ 时，水平压裂产生的裂隙面将平行于 P_x 和 P_y 的方向且垂直于 P_z 的方向 [图 5-5(c)]。

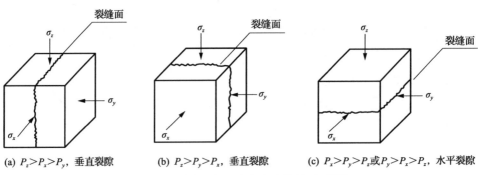

(a) $P_z > P_x > P_y$，垂直裂隙　　(b) $P_z > P_y > P_x$，垂直裂隙　　(c) $P_x > P_y > P_z$ 或 $P_y > P_x > P_z$，水平裂隙

图 5-5　裂隙面与最小主应力的关系图[304]

断层、褶皱和天然裂隙等因存在较大构造应力，且构造应力在地应力中占有很大的比例，对裂隙的形态将产生较大的影响，因而，在对具有这些特征的煤储层进行压裂改造时，必须考虑应力场状态。

王连捷等[305]对我国部分实测地应力资料进行了回归分析，并绘制了实测主应力随埋藏深度变化的关系图(图 5-6)，其回归方程为

$$\sigma_X = 7.36 + 0.0225 Z_{sd}$$

$$\sigma_V = 3.51 + 0.0167 Z_{sd} \qquad (5\text{-}18)$$

$$\sigma_Z = 0.021 Z_{sd}$$

式中，σ_X 为最大水平主应力，MPa；σ_V 为最小水平主应力，MPa；σ_Z 为垂直主应力，MPa；Z_{sd} 为埋藏深度，m。

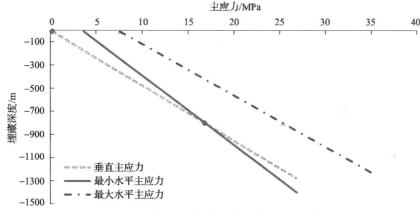

图 5-6　我国实测主应力随埋藏深度的变化

从图 5-6 和式(5-18)可以看出：随埋藏深度增加，大致在 800m 左右，σ_V 与 σ_Z 相等，但在 4000m 深度范围内 σ_X 则大于 σ_Z。

综上所述，在一般情况下埋藏深度小于 800m 的浅部、中部煤体水力压裂时容易产生水平裂纹；埋藏深度大于 800m 的深部煤体水力压裂时容易产生垂直裂纹。在实施水力压裂工程时，若有条件宜先进行三向主应力测定，再进行施工设计。

5.1.3　煤层原生裂隙对裂纹扩展的影响

目前对水力压裂的研究大多是针对石油储层的围岩进行的，理论相对完善，但煤层与石油储层存在本质差别：石油储层大多属于砂岩，均质性好，高压水作

用时产生新的裂缝并扩展延伸；煤层富含有大量原生裂隙，属各向异性，高压水作用时裂纹扩展受原生裂隙影响很大。

为研究原生裂隙对裂纹扩展方向的影响，建立一个尺寸为 20m×20m 的模型，钻孔垂直煤体，侧压系数为 1，各向同性。划分单元格为 200×200，模型顶部加 6MPa 的压力，两侧加 6MPa 的围压。钻孔内初始压力为 8MPa，增量为 1MPa，至 17MPa 时产生裂纹，煤体破坏。图 5-7 为模拟结果，图 5-7(a)～(d) 分别为不同阶段的模拟效果。由图 5-7 可知，在起裂之初就有裂纹向天然裂隙发展的趋势，至图 5-7(d) 裂纹与天然裂隙沟通后即沿天然裂隙发展。

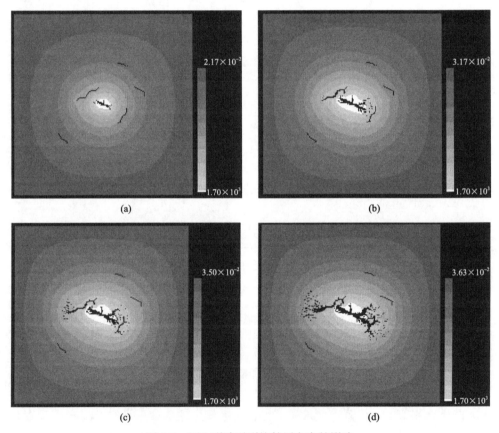

图 5-7 原生裂隙对裂纹扩展方向的影响

5.1.4 煤岩界面的裂纹扩展特征

在位于煤层之上的煤岩分界面一般都有一层较薄的岩层，由碳质泥岩、泥岩互层组成，常夹有煤线，厚度在 0.5m 以下，称为伪顶。伪顶硬度低，与煤层黏结力很弱，开采过程中常随煤塌落。在水力压裂时裂纹极易顺该界面扩展延伸。建立数值模型，以顶、底板中间的顺层钻孔为压裂孔进行模拟试验，结果表明裂纹一旦到达煤层顶底板，即顺二者界面扩展，如图 5-8(a)所示。阳泉矿区曾在水力压裂后采煤时，对砂子分布情况进行过观察，发现许多沿层面贯通的水力压裂裂缝，有的呈"T"字形，有的呈"工"字形[图 5-8(b)]，与图 5-8(a)的模拟结果吻合。

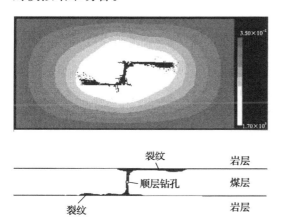 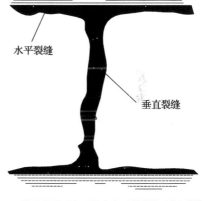

(a) 顺层孔裂纹顺煤岩弱面的扩展　　(b) 巷道掘进时发现的水力压裂裂缝示意图[306]

图 5-8　水力压裂裂缝

"T"字形、"工"字形裂纹处于煤岩层分界面，形成有效的瓦斯流动通道少，增渗效果不理想，在施工中应避免。

5.1.5　控制孔的"松动圈"效应

当裂纹扩展前方有自由面时，压裂更容易。巷道壁、采空区顶(底)板等自由面处失去支撑，失去对抗高压水产生的法向应力，自由面发生失稳破坏，类似于井巷工作面、采空区发生的突水事故。当压裂点距巷道壁较近时，易形成裂缝，溢出高压水，甚至造成片帮或煤壁整体位移而引发事故。

钻孔施工时，在具有初始应力的煤岩体中将柱状煤岩块移除，导致钻孔周围应力重新分布。对于抗压强度较高的坚硬岩石来说，周围岩石处于弹性变形状态并产生应力集中效应；对于力学性能较差的煤体，往往会出现孔周围煤体破坏并产生径向位移，应力重新分布的结果使钻孔周围径向不同距离处应力状态有差别，可将钻孔周围划分为破裂区、塑性区、弹性区和原岩应力区，如图 5-9 所示。

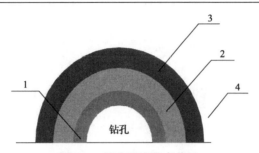

图 5-9 钻孔围岩状态分区
1-破裂区；2-塑性区；3-弹性区；4-原岩应力区

(1) 破裂区：煤体被破坏，靠钻孔周边切向应力所产生的块体之间的摩擦力来保持平衡。

(2) 塑性区：处于破裂区之外，煤体处于塑性状态，并被压缩变形，内部产生新的具有方向性的裂隙弱面。破裂区、塑性区的大小与煤体的物理力学性质、原岩应力分布有密切关系。

(3) 弹性区：煤体处于弹性变形状态，仍以原生裂隙为主，但在应力作用下裂隙弱面的尺寸形状发生一定变化。

(4) 原岩应力区：在弹性区域之外为原岩应力区，该区域可视为未受钻孔影响区域。

以某矿 K_1 煤层为例，钻孔周围应力随距离变化的曲线图如图 5-10 所示。由于钻孔直径尺寸远小于其长度，可视作平面应变问题；煤体属于弹脆体，符合莫尔-库仑准则；钻孔是垂直煤层钻进的，故将煤体看作是均质各向同性体。由图 5-10 可知，应力值为半径 r 的函数。钻孔破裂区范围最小，其次是塑性区，

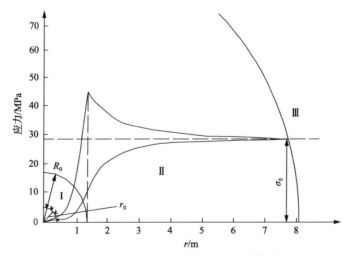

图 5-10 钻孔周围应力分布图[307]
Ⅰ-塑性区；Ⅱ-弹性区；Ⅲ-原岩应力区；r_0-破碎区半径；R_0-塑性区半径；σ_0-原岩应力

而弹性区的有效影响范围为 6.5~7.0m，即钻孔的弹性、塑性次生应力在煤层中的影响半径为 7m，7m 以外可视为原岩应力区。测得煤的弹性应变 ε_e=0.0773%，塑性应变 ε_p=0.156%，可见塑性应变为弹性应变的 2.1 倍，前者远大于后者。塑性区的变形使煤体内应力超过其屈服极限，煤体容易破坏变形，甚至出现塌孔。塑性区范围远小于弹性区。

"松动圈"对于裂纹的引导作用源于两个方面：一是钻孔周围破裂区、塑性区煤体在钻孔施工时受到不同程度的破坏，生成大量次生裂隙；二是破裂区、塑性区应力低于原岩应力，为相对薄弱区域，容易引导裂纹向"松动圈"扩展，并最终沟通。图 5-11 为对钻孔"松动圈"引导效应进行数值模拟的结果。中间钻孔为压裂孔，两侧为控制孔，受控制孔"松动圈"的引导，裂纹向控制孔发展，直至压穿煤体，高压水从控制孔流出。

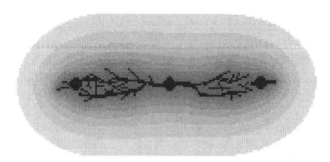

图 5-11　控制孔"松动圈"对裂纹的导向作用

控制孔的工程意义还在于压穿后高压水冲刷出大量煤屑，而裂纹周围煤体位移补充，进一步降低煤体地应力，即"水力疏松"作用。这样即使在压裂过程中不加支撑剂，仍能产生良好的增渗作用；控制孔还可以在压裂后排出积水抽采瓦斯。

5.1.6　非对称孔隙压力的导向作用

对于渗透性煤岩体的水力压裂机理研究方面，美国学者 Bruno 和 Nakagawa[308]利用实验方法研究了孔隙压力对裂纹扩展路径的影响，他在一块岩板上钻了三个呈三角形分布的圆孔[图 5-12(b)]，对其中的一个孔注入恒定油压使该孔周边一定范围内的岩石介质得到饱和，之后在另一个孔施加不断增大的油压，但对第三个孔不加任何干扰，岩板在宏观非对称孔隙压力梯度下产生宏观破坏。Bruno 和 Nakagawa 的实验对孔隙压力影响裂纹扩展路径的原理给予了合理解释。杨天鸿等[309]、刘洪磊等[310]利用渗流耦合数值模型，从模型破坏模式、应力场分布、压裂压力等方面，更加深入地研究了渗透性岩石非对称孔隙压力分布情况下裂纹渐进扩展的力学机制，得到了相同的结论，并在恒定压力孔分别给予不同压力时，研究了起裂压力和失稳压力的变化规律[图 5-12(a)]。

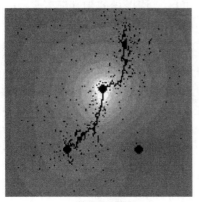
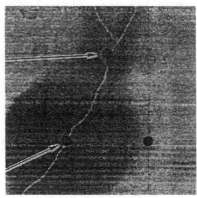

(a) 数值模拟结果　　　　　　　　　　(b) 物理实验结果

图 5-12　非对称孔隙压力下数值模拟与物理实验对比

将上述理论应用于煤层水力压裂的裂纹导向中。在煤层中以压裂孔为中心，四周布置若干辅助压裂孔，在中心孔实施水力压裂时，辅助压裂孔加以恒定、略低的水压力，不仅降低了起裂压力，还起到导向作用，引导裂纹向预设方向扩展。

5.1.7　"点"式定向水力压裂的过程

对整个钻孔段的压裂，其作用初始范围为一个圆柱面[图 5-13(a)]，圆柱长度（即钻孔有效作用段）从几十米到上百米不等，渗失水量大，需要很高的流量供给才能维持足够的水压，因而对压裂系统要求很高。研究表明，低渗透性岩体起裂压力往往大于裂纹维持扩展的压力。当钻孔起裂后若高压水流量不够大，只要有一个裂纹在最薄弱的位置发育，其余裂纹往往处于停滞期，故即使钻孔压裂段很长，产生裂纹的数量并不一定多。从此种意义上说，这种"面"式压裂是低效的。由于压裂时易于在天然裂隙或弱面起裂，而钻孔壁裂隙分布又不可知，则"面"式压裂起裂位置不可控，很难实现定向压裂。

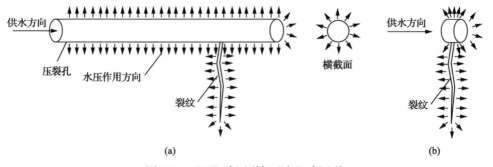

图 5-13　"面"式压裂与"点"式压裂

"点"式压裂工艺用特制的封孔器将水压集中在一点，将压裂作用"面"改为"点"[图 5-13(b)]，然后按一定的顺序依次实施。由于作用点集中，渗失水压降低，有效水压增加，较小的流量即可获得好的压裂效果，也降低了对高压水泵的要求，其体积与质量减小，系统更加简化，更适应井下巷道条件。"点"式压裂起裂位置基本可控，定向压裂也易于实现。

当高压水以一定速度压入煤体，在压裂初期，由于渗失水量较少，压入总量与压裂半径几乎是成正比的。随着裂缝面积的增大渗失水量也增加，压裂半径的增长速度变缓直至停止。对"点"式压裂来说(图 5-14)，设压裂孔与控制孔间距为 H_{kz}，最大压裂半径为 R_{kz}，控制孔控制半径为 r_{kz}。下面分两种情况分析：

(1) $R_{kz} < H_{kz} - r_{kz}$。当裂纹向控制孔方向扩展时，随着渗失量的进一步增加，注入水量与渗失水量趋于平衡时，压裂半径不再增加。若结合式(5-7)、式(5-8)、式(5-12)进行分析，当注入水压不变时，渗失水压 P_1 逐渐增加，有效水压 P_{cs} 逐渐减小，即渗失系数 N 趋近于 1 时，裂纹停止扩展，压裂终止，如图 5-14(a)所示。此时即使保持注入水压，压开裂缝的面积也将不再增加。

(2) $R_{kz} \geqslant H_{kz} - r_{kz}$。提高压入速度，并保持足够压裂水总量时，压开裂缝的面积才能增大。此时假设有两条裂纹(裂纹 1、裂纹 2)同时扩展，其中裂纹 1 达到控制孔控制范围，裂纹 2 向其他方向扩展。当裂纹 1 与控制孔沟通后，高压水开始向控制孔渗透[图 5-14(b)]，渗失系数 N 急剧增大。所需注入水压[式(5-12)中右侧部分]也急剧增大，直至高压水泵提供的泵流量不足以产生两条裂隙所需注入水压，裂纹 2 也停止了扩展，高压水均流向裂纹 1。

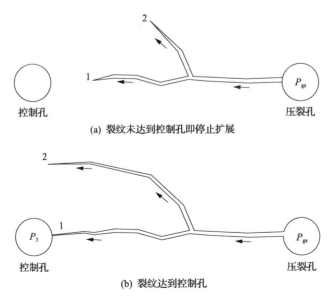

(a) 裂纹未达到控制孔即停止扩展

(b) 裂纹达到控制孔

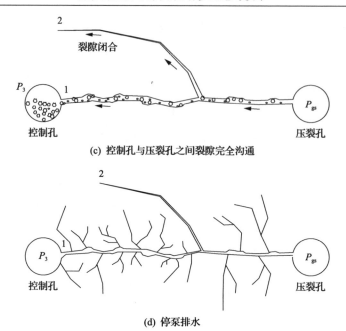

图 5-14 "点"式定向压裂增渗示意图

当来自压裂孔的高压水通过裂纹 1 与控制孔沟通后，控制孔内部水压力 $P_3=0$，则裂纹 1 内的注入水压由静压转化为动压，注入水成为高速水流，裂纹 1 内水静压降低至 P_4，小于裂纹扩展的临界有效水压，即

$$P_4 < k\gamma H\left(\lambda_1 \sin\alpha_{pm} + \lambda_2 \sin\beta_{pm} + \sin\theta_{pm}\right) + P_g + P_T \tag{5-19}$$

则裂纹 1、裂纹 2 开始逐渐闭合，裂纹 1 内高速水流从裂缝面带出大量煤屑，冲出控制孔携带至巷道[图 5-14(c)]，闭合的过程持续进行，煤屑不断被冲出，使裂纹 1 的裂缝面周围煤体发生破坏，产生向裂缝面方向的位移，最终在裂缝面周围形成更多裂隙。当停泵时，裂纹 2 趋于闭合，但由于裂纹 1 周围煤体发生了不可逆的破坏，产生了大量次生裂隙，重复以上过程直至裂纹 1 处向裂缝面处补充的煤体位移减小，裂纹 1 处形成截面足够大的通道，对水流不能产生足够阻力时，有效水压 P_{cs} 变低，压裂终止。该处形成瓦斯流动的通道[图 5-14(d)]。工程应用中，控制孔还可兼用于排水与瓦斯抽采。

5.2 "点"式定向水力压裂数值模拟

高效的计算方法和数学物理模型的深入研究能够更加真实地展现水力压裂过程，以及裂纹在三维空间内的萌生、发展，捕捉破裂过程中岩体应力场和渗透场演化的动态图像,探究水力压裂过程的复杂机制。本节从岩石细观渗流-应力耦合模型入手,将宏观层面的缺陷通过材料细观层面物理属性的非均匀性来体现,考虑复杂应力作用下损伤演化直至宏观破裂失稳过程,采用高效并行有限元数值计算方法对三维大规模单元模型开展水力压裂过程研究,展现不同三维应力状态下裂纹的形成扩展机制。煤矿井下钻孔根据与煤层顶底板角度不同分为顺层钻孔、穿层钻孔,本节分别对其加以研究。

5.2.1 流-固耦合模型并行有限元分析系统简介

受试验条件和设备局限,水力压裂物理试验中无法观测试件内部的应力分布,也不易监测试件起裂压力及裂纹扩展;物理试验采用的试件是相对均质的,无法考虑不同有效应力系数等因素变化对水力压裂试验的影响程度及试件损伤过程中有效应力系数的跟踪传递及演化规律。而 RFPA 系统可以考虑材料破坏过程中水压力跟踪传递及有效应力系数的演化规律。因此,针对上述实验的不足和缺陷,应用力软科技(大连)股份有限公司开发的 RFPA3D 并行软件[227,311],建立三维水力压裂模型进行模拟仿真研究,分析不同参数条件对"点"式水力压裂起裂条件和裂纹扩展的影响规律。通过研究试图将有效应力系数对试件起裂和失稳压力的影响进行量化,全面分析水力压裂破坏机理、有效应力系数的影响规律及裂纹空间展布规律。RFPA3D 中用于描述多孔介质流-固耦合机制的数学模型主要由渗流场、变形场、渗流-应力耦合模型 3 部分组成[312]。渗流场建模采用单相流渗流方程,变形场建模采用线弹性本构方程。

(1)渗流场方程:

$$k_{st}\nabla^2 P = \frac{1}{Q}\frac{\partial P}{\partial t} - \alpha_{kx}\frac{\partial \varepsilon_v}{\partial t} \tag{5-20}$$

(2)变形场平衡方程:

$$G u_{i,jj} + \frac{G}{1-2\nu}u_{j,ji} - \alpha_{kx}P_{,i} + F_i = 0 \tag{5-21}$$

(3)渗流-应力耦合方程:

$$k_{st}(\sigma,P) = k_{st0}e^{-\beta_{oh}(\sigma_{ii}/3-\alpha_{kx}P)} \tag{5-22}$$

式中,k_{st} 为渗透系数;P 为孔隙压力;Q 为 Biot 常数;ε_v 为单元体应变;G 为剪切模量;ν 为泊松比;$u_{i,jj}$ 和 $u_{j,ji}$ 均为位移矢量;F_i 为体力分量;k_{st0} 为初始渗透系数;α_{kx} 为孔隙水压力系数;β_{oh} 为耦合参数,表征应力对渗透系数的影响程度;t 为时间;σ_{ii} 为应力分量;$P_{,i}$ 为孔隙压力分量。

岩石压裂后，其结构发生很大改变，渗透系数与应力耦合方程也要发生相应变化，这一复杂现象目前还没有规律性的认识。但很多学者认为，用应变变化来表征岩石峰后阶段的渗透性演化更为合适，本节计算模型将这一思想引入细观单元体损伤后渗透性的表征上，当单元应力达到莫尔-库仑破坏强度或抗拉强度时，单元弹性模量进行刚度退化处理；同时，假设在空间上，单元体内部出现3个方向等宽度的缝隙，单元破坏后缝隙分布示意图如图5-15所示。得出缝隙宽度为

$$b \approx \frac{\Delta V}{3l^2} \approx \frac{\varepsilon_v V}{3\sqrt[3]{V^2}} = \frac{\varepsilon_v \sqrt[3]{V}}{3} \tag{5-23}$$

式中，b 为缝隙宽度；ΔV 为单元体积变形量；l 为原始单元体棱长；V 为单元体体积。

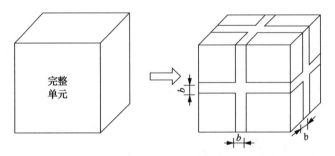

图 5-15　单元破坏后缝隙分布示意图

结合平直单裂隙中水流的线性立方定律，可以推导出损伤后单元的渗透系数 k_d：

$$k_d = \frac{b^2 \rho_l g}{12\mu_l} = \frac{\sqrt[3]{V^2} \rho_l g}{108\mu_l} \varepsilon_v^2 \tag{5-24}$$

式中，μ_l 为液体黏滞系数；g 为重力加速度；ρ_l 为液体密度。

上述模型的数值解法由并行有限元方法实现，并在东北大学的联想深腾1800集群双核系统(32节点)通过计算。为了保证求解的稳定性，有限元求解按松散耦合模式进行，先计算出孔隙水压力分布，然后将其等价为节点载荷求出应力场，渗流场与应力场进行交替迭代求解。在求解过程中采用高效的通信优化策略、内存合理动态分配管理等方法提高有限元并行求解效率，达到了千万自由度以上的解题规模。

如果要较为精确地模拟出三维空间内裂纹扩展规律要求单元规模较大，这是单个个人计算机(PC)机的瓶颈所在。基于大规模科学计算技术的三维RFPA3D采

用并行流-固耦合计算程序,以服务器—客户端的工作模式突破了这一瓶颈。服务器端依托 Linux 操作系统运行 RFPA3D 的流-固耦合计算程序,其计算结构由一个主进程(master)和若干个从进程(slave)组成。主进程是一个控制程序,负责获取全局机器数,进行区域划分和任务调度,还包括接受任务、数据分发、回收结果、输出结果;而每个从进程是一个计算程序,负责完成子任务计算,包括局部初始化、并行计算和模块间的数据通信并把结果返回主进程,程序间的信息传递采用消息传递方式进行,流程图如图 5-16 所示。

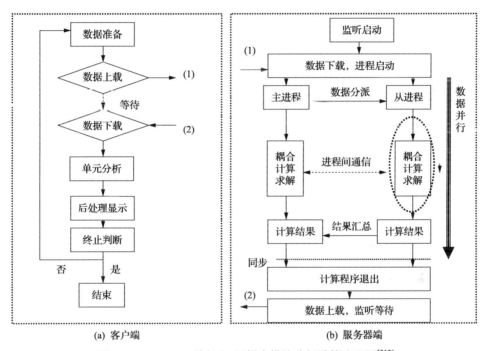

图 5-16 RFPA3D 并行流-固耦合模块分析计算流程图[313]

5.2.2 顺层钻孔"点"式定向水力压裂的 RFPA3D-Flow 模拟

1) 数值模型

试验矿井属高瓦斯矿井,绝对涌出量 78.31m³/min,煤尘爆炸指数为 33.5%~33.9%。试验地点西二采区煤层厚度 2.8m,倾角 14°,透气性差。根据该矿的复杂地质条件,取煤层模型沿走向长度为 30m,高度为 15m,煤层平均厚度为 2.8m,整个模型由覆盖岩层、煤层、底板岩层组成。在两个控制孔中间、压裂孔的一个点上开始压裂。由于二维的模拟结果只能模拟出一个剖面的裂纹扩展演化过程,而对于"点"式压裂来说,其并不能代表其他剖面,所以还是远远不够的。而

RFPA3D 可模拟"点"（压裂点）、"线"（控制孔）、"面"（煤岩层）在一定三维空间关系下裂纹的扩展，呈现立体的、动态裂纹形态，裂纹以裂缝面的形态（或其他不规则形态）出现。

数值模型采用顺层钻孔，煤层位于 X 平面，与 Z 方向垂直，其中压裂孔直径 70mm，模型划分单元为 $100\times100\times100$ 共 1000000 个单元格，模型的实际尺寸为 $60m\times30m\times30m$，如图 5-17 所示。在数值模拟中预先在压裂孔中注入 8MPa 的水，以后注入水压按 1MPa/步增加，通过分步增加水压来模拟压裂孔水压对控制孔的影响。边界条件为：两端水平约束，可垂直移动；四周固定约束；四面隔水。控制孔不加水压。模型计算参数见表 5-1。

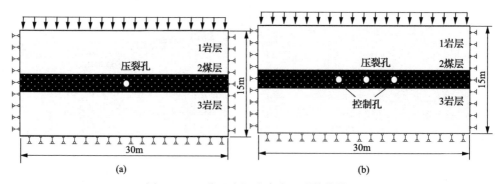

图 5-17 三孔"点"式水力压裂数值模型

表 5-1 模型计算参数表

参数名称	岩层 1、岩层 3	煤层 2
均质度 m	10	6
弹性模量 E_0/GPa	36	16
泊松比 ν	0.25	0.31
抗压强度 P_c/MPa	100	35
抗拉强度 P_T/MPa	10	4
渗透系数 k_{st0}/(m/s)	0.1	0.2
孔隙水压力系数 α	0.3	0.4
孔隙率 n	0.2	0.4

2）模拟结果及分析

图 5-18 为"点"式水力压裂裂纹演化"L"形剖面图，图中红色部分为损伤部位。图 5-19 为垂直坐标为 1.5m 处 XY 平面的裂纹演化图。当注入水压达到 15.5MPa

时，煤体起裂；达到 17.2MPa 时，煤体开始失稳破坏，起初裂纹也呈不规则十字形扩展，但当裂纹扩展到控制孔"松动圈"范围内时，由于"松动圈"内的煤层已经受到钻孔的影响，已经遭到破坏，同时也增加了煤层内部的缺陷和裂隙，煤体强度、地应力均有所降低，这些微裂隙就诱导裂纹向控制孔的方向扩展，而其他方向的裂纹则停止发展。这些裂纹的扩展路径曲折，反映了在实际煤体中裂隙和缺陷的随机分布。由图 5-19、图 5-20 所示不同剖面的裂纹分布情况可知，压裂点两侧裂缝面为两边对称片状，且处于 YZ 平面，验证了 3.2 节的内容，即在图 5-20(a)中 σ_z 大于 σ_x、σ_y，所以裂缝面处于最大主应力方向；由于控制孔的引导作用，裂缝面处于 YZ 平面而不是 XZ 平面。顺层钻孔水力压裂统计数据见表 5-2。

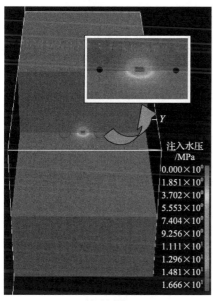
(a) 10-[0]step

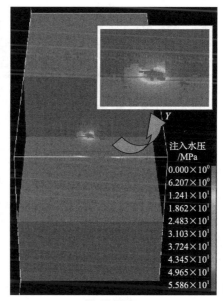
(b) 50-[0]step

图 5-18 "点"式水力压裂裂纹演化"L"形剖面图

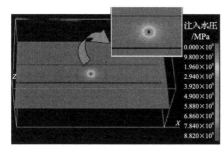
(a) 2-[0]step

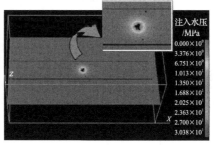
(b) 24-[0]step

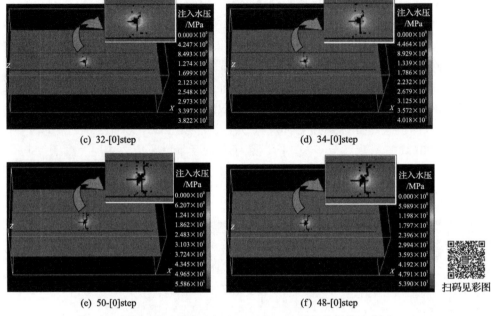

图 5-19 煤层垂直坐标为 1.5m 处 XY 平面的裂纹演化图

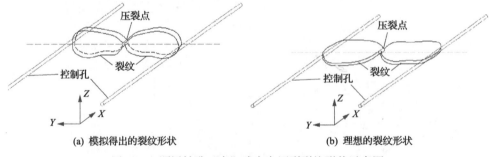

图 5-20 顺层钻孔"点"式定向压裂裂纹形状示意图

表 5-2 顺层钻孔水力压裂数据统计表

内容	起裂压力/MPa	失稳压力/MPa	压裂半径/m	备注
单孔压裂	15.9	17.5	3.5	
三孔(2 个控制孔)	15	17.5	5	控制孔不加水压
三孔(2 个控制孔)	15.5	17.2	5	控制孔不加水压

此次模拟结果中形成的裂缝面很好地与控制孔沟通,其扩展方向也符合现场需要。但由于试验地点地应力状态是 σ_1 为最大主应力,裂缝面角度并不十分理想。增渗效果最好的裂缝面应该为图 5-20(b)所示的水平裂缝面,应处于 XY 平面,

即与煤层平行。

5.2.3 穿层钻孔"点"式定向水力压裂的三维并行模拟研究

穿层钻孔水力压裂三维并行模拟的煤层及物理力学参数与 5.2.2 节相同。采用 5 孔水力压裂，其中 1 个为压裂孔、4 个为控制孔。模型截面长宽均为 20m，压裂孔和辅助压裂孔的直径均为 70mm，控制孔均布在压裂孔周围，距压裂孔距离为 5m。水力压裂数值模型见图 5-21，水力压裂模型参数见表 5-3。

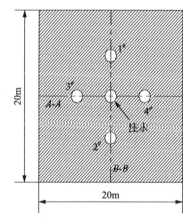

图 5-21 水力压裂数值模型

表 5-3 水力压裂模型参数表

参数名称	数值	参数名称	数值
均质度	6	抗压强度/MPa	35
弹性模量/GPa	16	抗拉强度/MPa	4
泊松比	0.31	渗透系数/(m/s)	0.2
孔隙水压力系数	0.4	孔隙率	0.4

模型受垂直主应力为 9.3MPa，最大水平主应力、最小水平主应力分别为 13.6MPa、8.8MPa。4 个辅助压裂孔均施加 5MPa 的恒定注入水压。图 5-22、图 5-23 分别为煤层垂直坐标为 0.5m 处、垂直坐标为 2.1m 处的裂纹扩展图，图 5-24 为纵向剖面水压演化及损伤分布图。在初始阶段，处于中心的压裂孔内的注入水压为 8MPa，之后注入水压以 1MPa/步的速率增长。当压裂孔内的注入水压为 10.2MPa 时，压裂孔开始起裂。当注入水压为 13.5MPa 时，裂纹开始向辅助压裂孔方向扩展，并最终导致失稳破坏。在裂纹起裂阶段，由于压裂孔和辅助压裂孔的距离较长，辅助压裂孔附近孔隙压力的作用还不足以影响裂纹的扩展，但当裂纹扩展到一定距离以后，其影响逐渐表现出来。

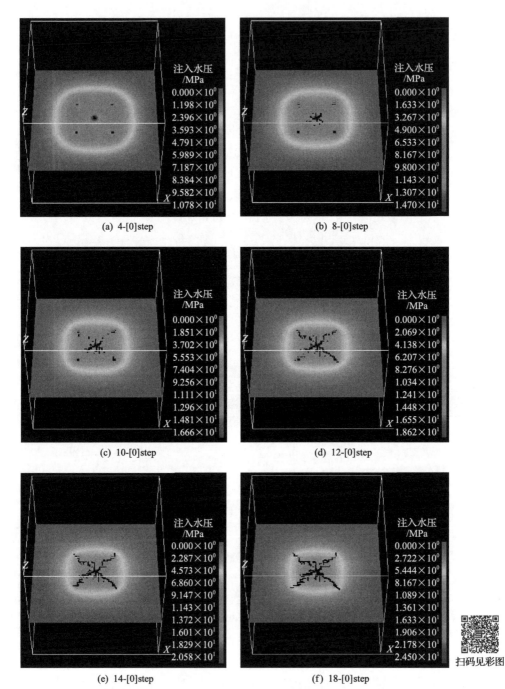

图 5-22 煤层垂直坐标为 0.5m 处注入水压演化图

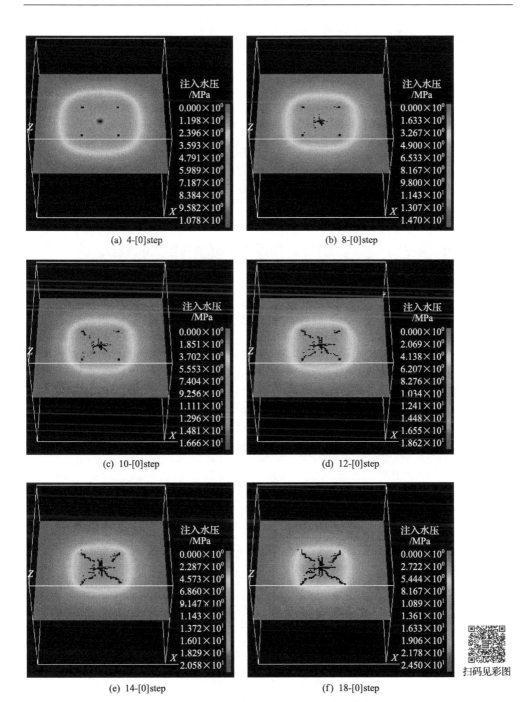

图 5-23 煤层垂直坐标为 2.1m 处裂纹演化图

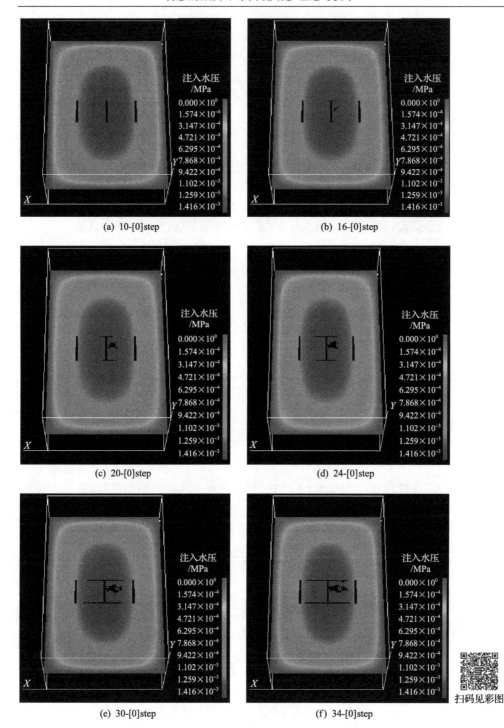

图 5-24 纵向剖面水压演化及损伤分布图

模型介质是具有渗透性的煤体,水力压裂裂纹扩展时由最小主应力引起拉伸破坏,裂纹沿着垂直于最大主拉应力方向扩展,当控制孔中保持恒定水压力时,将在控制孔和压裂孔连线的垂线方向上产生最大拉应力,这样就造成了裂纹的偏向扩展。本节的模拟中也完全体现了这种特点,且辅助压裂孔中的水压力越大,这种影响越显著。

图 5-25(a)为单孔水力压裂裂纹面示意图,裂纹面平行于 Z 轴。由模拟结果可得到以下结论:

第一,压裂孔与辅助压裂孔之间裂纹的指向性非常明显,几乎是填充了压裂孔与辅助压裂孔之间的平面,5 孔间的裂缝面形成了一个截面为"X"形的形体(0.5m 处截面、2.1m 处截面均为"X"形)。裂缝面的发展达到了所有的辅助压裂孔,四条裂纹几乎贯穿了整个煤层全厚,压裂试验效果达到了预期效果。

第二,起裂压力为 10.2MPa,低于单孔压裂的起裂压力 13.5MPa,说明有辅助压裂孔时起裂压力有所降低。

第三,由于本节的模型中压裂孔、辅助压裂孔穿透了煤层顶底板,裂缝面也不可避免地顺煤岩层界面向外扩展,其扩展范围超过了辅助压裂孔的范围。最终形成的裂缝面示意图如图 5-25(b)所示。图 5-25(b)中,裂缝面 5 垂直于水平面(XY 面)的方向,同时平行于压裂孔与垂向应力(Z 向),这是由垂直应力并非最大主应力引起的。

第四,有辅助压裂孔时的裂纹面积远大于单孔水力压裂时的裂纹面积。

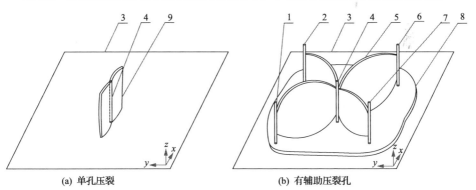

图 5-25 压裂作用效果示意图

1、2、6、7-辅助压裂孔;3-煤层底板与岩层分界面;4-压裂孔;5、9-煤层中裂缝面;8-顺界面的裂缝面

5.3 "点"式定向水力压裂现场工艺

5.3.1 "点"式定向水力压裂的工程意义

传统的水力压裂方式是对整个钻孔的压裂,其水力作用初始范围为一个圆柱

面，圆柱长度（即钻孔有效作用段）从几十米到上百米不等，为保证供水速度大于渗失速度，需要大流量、高压力水泵，设备体积庞大。"点"式定向水力压裂方式由于作用范围较小，不仅压裂效果得到改善，而且较小的流量即可获得较好的压裂效果，从而降低了对水力压裂系统的要求，设备的体积大大减小，压裂工艺趋于简单化，也降低了压裂施工的成本，可以适应井下巷道条件。同时施工与压裂孔平行的控制孔为分段水力压裂增加了自由面及排水的通道，另外可由高压水排出煤钻屑，起到疏松作用。最终使水力压裂孔与控制孔之间的煤体压穿，煤体被破坏后，煤层的卸压范围大、整体卸压充分，有效地缩短了煤层预抽时间，提高了抽采率。对于顺层钻孔或厚煤层（厚度大于3.5m以上）穿层钻孔来说，可利用特制的封孔器将整个钻孔分为数段，每次将压力集中在一点上压裂，如图5-26所示。对于中厚（1.3～3.5m）及薄煤层（1.3m以下）的穿层钻孔压裂，则直接视为"点"式压裂。

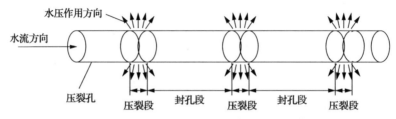

图 5-26 "点"式压裂中对钻孔的分段

5.3.2 顺层钻孔"点"式定向水力压裂工艺

1) 钻孔布置

在实施顺层钻孔"点"式压裂时，可在压裂孔周围一定距离施工平行钻孔作为控制孔（或辅助压裂孔），如图5-27所示。控制孔可用于排水、带出煤屑，且由于压裂孔与控制孔之间形成的损伤区可作为瓦斯渗流的通道，还可将控制孔作为抽放孔使用，提高了抽采率。

每一组钻孔中宜采用2个控制孔（图5-27中的13和10）和1个压裂孔（图5-27中的11），其中图5-27中的13和10控制孔可以两组共用。判断是否压穿的标志：压裂孔大量出水并带出煤屑，注入压力突然大幅降低。布置钻孔时应根据σ_x、σ_y的大小，分以下两种情况：

(1)$\sigma_x = \sigma_y$时（或者二者接近）以及$\sigma_x > \sigma_y$时，加上控制孔的引导作用，裂纹最有可能向X方向扩展，此时宜将钻孔布置在回采工作面两个顺槽，如图5-28(a)所示。

(2)$\sigma_x < \sigma_y$时，裂纹易向Y向扩展，此时若在工作面开切眼布置压裂孔，会取得理想的效果。若在开切眼无施工条件，必须在两个顺槽施工时，宜减小钻孔间

距，如图 5-28(b)所示。

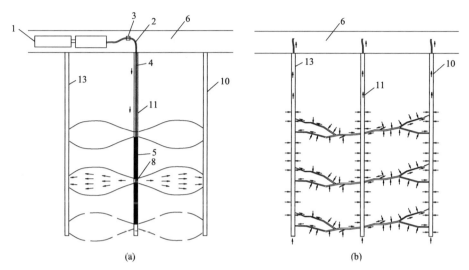

图 5-27 "点"式定向压裂试验钻孔布置

1-高压水力泵站；2-高压胶管；3-卸压阀；4-钢制推杆；5-分段水力压裂封孔器；
6-煤层巷道；8-分水器；10、13-控制孔；11-压裂孔

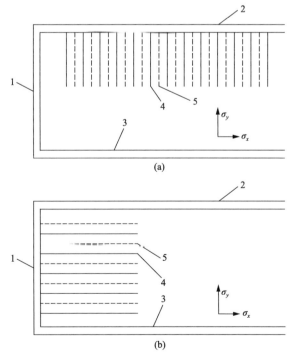

图 5-28 不同地应力时钻孔的布置

1-开切眼；2、3-工作面顺槽；4-压裂孔；5-控制孔

如图 5-29 所示,对于某些厚煤层,需要在每个压裂孔的周围布置 4 个控制孔,以提高压裂效果,压裂孔、控制孔均布置在顺煤层方向。

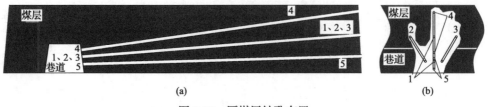

图 5-29　厚煤层钻孔布置
1-压裂孔；2～5-控制孔

2) 系统连接

高压水力泵站通过高压胶管、钢制推杆与分段水力压裂封孔器相连,高压胶管上设有卸压阀,钢制推杆与封孔器放置在压裂孔内,用钢制推杆将封孔器送入压裂孔深部后,由内向外实施"点"式定向压裂,当一个点的压裂完成后,关闭高压供水阀门,封孔胶囊随之收缩,将封孔器回撤一段距离后继续实施压裂,直至压完整个钻孔。"点"式水力压裂系统连接示意图如图 5-30 所示。在进行水力压裂时,在煤层中平行施工控制孔,控制孔与压裂孔间距在 5～20m,控制孔的直径为 45～90mm,压裂孔直径为 45～90mm,压裂结束后,控制孔与压裂孔均作为瓦斯抽放孔。

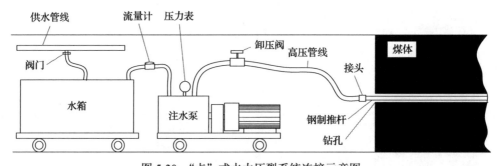

图 5-30　"点"式水力压裂系统连接示意图

对于孔壁较完整的煤层钻孔,分段水力压裂封孔器可由封孔胶囊、分水器、端盖组成,分水器兼有减压、出水、分水的作用。对于孔壁较为破碎的情况可在分水器两侧各设两个封孔胶囊；对于煤层较薄的穿层钻孔只在分水器外侧端连接一个封孔胶囊和端盖即可。

5.3.3　穿层钻孔"点"式定向水力压裂工艺

穿层钻孔是从地面或附近巷道施工煤层法向位置的钻孔,煤矿井下一般从顶

(底)板大巷或底板抽放瓦斯巷向煤层施工压裂孔。相对顺层钻孔来说，若煤层较薄，则煤孔段长度短，可直接视为"点"式压裂，不必采用"点"式压裂封孔器密封；若煤层为厚及特厚煤层，则采用类似顺层钻孔的压裂封孔装置实现"点"式压裂。仍施工若干钻孔作为控制孔，来增加压裂的自由面或者作为辅助压裂孔以实现定向压裂，也可将其作为排出煤屑的通道并作为抽放孔使用。若采用顺层钻孔压裂布置时，裂纹扩展方向容易平行于压裂孔并垂直煤巷，此时压裂效果不理想，可采用穿层钻孔。

1) 钻孔布置

如图 5-31 所示，在煤层底板岩巷向煤层打水力压裂孔时，进入煤层的长度大于煤层厚度的一半以上，压裂孔的岩石段要保持光滑整洁。在压裂孔周围布置 4 个控制孔，控制孔施工时需要进入煤体的长度穿透整个煤层厚度。

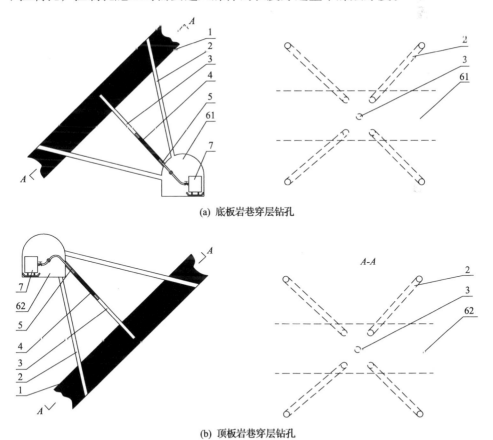

(a) 底板岩巷穿层钻孔

(b) 顶板岩巷穿层钻孔

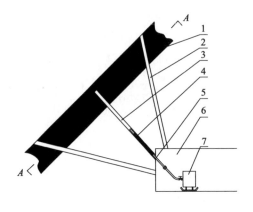
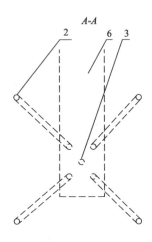

(c) 底板揭煤石门巷道穿层钻孔

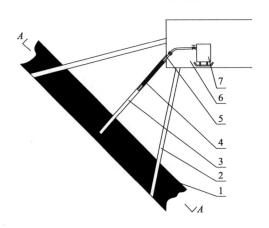
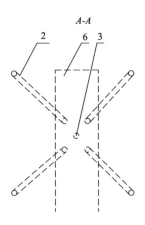

(d) 顶板揭煤石门巷道穿层钻孔

图 5-31 穿层钻孔水力压裂布置

1-煤层；2-控制孔；3-水力压裂孔；4-自封式封孔器；5-水力压裂注水管；
6-石门揭煤工作面；7-高压水泵；61-煤层底板岩巷；62-煤层顶板岩巷

图 5-31(a)、(c)中的布置方式的优点是钻孔积水容易排出，便于抽采瓦斯；图 5-32(b)、(d)中的布置方式的缺点是钻孔积水不易排出，须在压裂后采取专门措施抽出积水。图 5-32(a)、(b)所示的布置方式可顺巷道方向布置多组钻孔，依次进行压裂。除图 5-31 所示的布置方式以外，还有图 5-32 所示的布置方式，其中图 5-32(a)从上层的煤层巷道施工水力压裂孔，图 5-32(b)从下层的煤层巷道施工水力压裂孔，图 5-32(c)从下层底板的岩石平巷施工水力压裂孔。

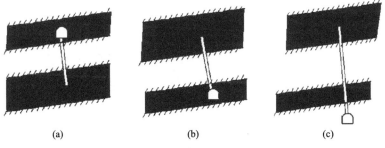

图 5-32　其他巷道施工的水力压裂孔

2) 控制孔与辅助压裂孔的设计

设 X、Y 平面上 x、y 方向水平主应力分别为 σ_x、σ_y。若以最小的钻孔数量、最小的压裂工程量为目的，且要考虑实现最大抽采率，扩大压裂半径，最大范围实现煤层增渗，则布置钻孔时应根据 σ_x、σ_y 的大小，如图 5-33 所示，分三种情况。

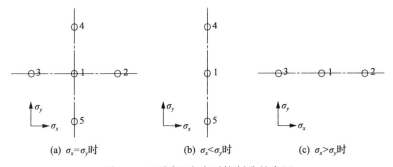

(a) $\sigma_x=\sigma_y$ 时　　　　　(b) $\sigma_x<\sigma_y$ 时　　　　　(c) $\sigma_x>\sigma_y$ 时

图 5-33　不同地应力时控制孔的布置

(1) $\sigma_x=\sigma_y$ 时（或者二者接近），裂纹有可能向 X、Y 平面的任一方向扩展，此时宜采用 3 个控制孔（控制孔 3、4、5），其中控制孔 3 可以两组共用。控制孔不加水压，以"松动圈效应"引导裂纹向四个方向扩展。若 4 个控制孔未全部压穿，可将压裂完毕的钻孔暂时关闭，依次压穿其他控制孔。判断是否压穿的标志：控制孔大量出水并带出煤屑，注入水压突然大幅降低，如图 5-34(a) 所示。

(2) $\sigma_x<\sigma_y$ 时，裂纹易向 Y 方向扩展，此时设计 2 个控制孔（4、5）顺 Y 方向实现 Y 方向裂纹并带出煤屑。为增加压裂半径，增大压裂覆盖面积，每一组压裂孔中在 X 方向增加 2 个辅助压裂孔（2、3），在主压裂孔 1 实施压裂的同时加略低的恒定压力，促使产生 X 方向裂纹，如图 5-34(b) 所示。

(3) $\sigma_x>\sigma_y$ 时，裂纹易向 X 方向扩展，此时只设计 1 个控制孔（3），且该孔可以两组压裂孔共用，以此实现 X 方向产生裂纹并带出煤屑。为增加压裂半径，增大压裂覆盖面积，每一组压裂孔中在 Y 方向增加 2 个辅助压裂孔（4、5），在主压裂孔 1 实施压裂的同时施加一个略低的恒定压力，促使产生 Y 方向裂纹，如图 5-34(c) 所示。

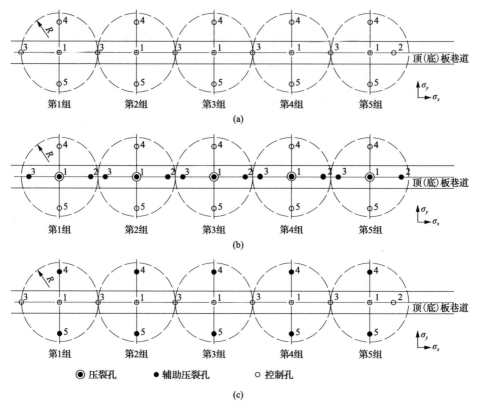

图 5-34 不同应力状态下的多组穿层钻孔

R-压裂半径

3) 防止裂缝面顺煤岩界面扩展的措施

若穿层钻孔压裂时钻孔穿过煤层全厚,就可能出现裂缝面顺着煤岩界面扩展的情况。施工时可使穿层压裂孔进入煤层后距煤层顶板 0.5m 处时停止,煤岩下界面采用密封的方式避免高压水进入,使压裂段处于煤层中间,如图 5-35 所示。

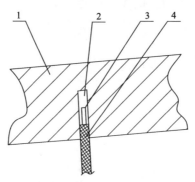

图 5-35 防止裂缝面顺煤岩界面扩展的措施

1-煤层;2-钻孔;3-注水管;4-密封段

5.3.4 "点"式定向水力压裂的选层

根据中煤科工集团沈阳研究院有限公司在红卫和阳泉煤矿进行了水力压裂试验，红卫煤矿压裂后钻孔流量增加了 7～15 倍，而阳泉煤矿没有增长，总结其原因是：①压裂、排水后裂隙重新闭合；②加砂层分布不易控制，无法按设计均匀分布在煤层中间；③砂层太薄，对软煤层来说嵌入煤体起不到支撑作用；④水不易排出，反而堵塞了瓦斯涌动的通道。

对于"点"式定向水力压裂来说，不采用加砂工艺，同样存在裂隙闭合的问题。通过冲刷出部分煤体的方法可产生疏松效果，虽然有部分裂隙闭合，但仍已形成瓦斯流动的通道，排水也更容易。最适合实施"点"式定向水力压裂的煤层条件如下。

(1) 硬度中等。若煤层硬度很高，裂隙被压开后若采用加砂工艺则效果较好，而对于水力压裂来说，高压水能携带出的煤屑较少。对于软煤的压裂，即使大量煤屑被冲出，停止压裂后疏松的煤体被重新压密，仍无法保持裂隙畅通。

(2) 最大主应力为水平应力。根据上面的结论，在一般情况下，埋深小于 800m 的浅部、中部煤体水力压裂时容易产生水平裂纹；埋深大于 800m 的深部煤体水力压裂时容易产生垂直裂纹。而水力压裂时，垂直裂纹应尽量避免，所以在埋深小于 800m 的中部、浅部煤体容易取得较好的压裂效果。

(3) 厚煤层及倾斜、急倾斜煤层。压裂水若无法排出会堵塞瓦斯流动的通道，使压裂作用适得其反。倾斜煤层便于压裂孔排水，厚煤层可以通过调整钻孔角度使排水变得容易。

(4) 存在底板巷道的煤层，排水也比较容易。

5.3.5 注入水压的预测与设计

根据上述内容，注入水压分不同破坏类型分别计算。

1) Ⅰ类非破坏煤

裂隙往往向最大主应力方向扩展，根据非破坏煤体起裂的基本注入水压条件，将法向应力用最小主应力 σ_m 替代，则有

$$P_{gs} > \frac{\sigma_m + P_g + P_T}{1-N} \tag{5-25}$$

式中，σ_m 为最小主应力；P_g 为煤层瓦斯压力；P_T 为煤体抗拉强度；N 为渗失系数。其中 σ_m、P_g、P_T 可以实测，N 值可根据经验在 0～1 选取。

2) Ⅱ类破坏煤

其注入水压条件同样可简化为

$$P_{gs} > \frac{\sigma_m + P_g + C_w}{1-N} \quad (5\text{-}26)$$

式中，C_w 为裂隙间受水浸润后的内聚力，若有条件可在实验室测定。因为 C_w 值远小于 σ_m、P_g，若无条件可忽略，取 $C_w=0$。

3) Ⅲ～Ⅴ类破坏煤

该类煤注入水压公式可转化为

$$P_{gs} > \frac{\sigma_m + P_g}{1-N} \quad (5\text{-}27)$$

以上为不同破坏类型煤体注入水压工程预测方法。在对高压泵进行选型时，宜留有一定备用系数 k_{by}。即泵的最高压力 P_{max} 为

$$P_{max} = k_{by} P_0 \quad (5\text{-}28)$$

统计得出的破裂压力与煤层赋存深度的关系如图 5-36 所示。

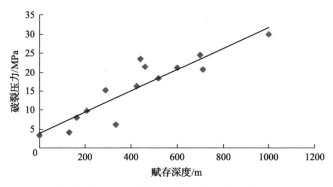

图 5-36 破裂压力与煤层赋存深度的关系

5.3.6 其他参数设计

1) 钻孔直径

钻孔直径基本不影响压裂效果，所以只需满足方便施工、适合封孔器使用即可。若采用水泥砂泵封孔，则封孔段直径应扩大到 75～95mm。

2) 钻孔深度

单向钻孔长度按式(5-29)计算：

$$L_z = L_g - 2S_b \tag{5-29}$$

式中，L_z 为钻孔长度，m；L_g 为工作面长度，m；S_b 为保留煤体宽度，m。式(5-29)主要从安全角度考虑钻孔长度。其中保留煤体宽度一般取 20 m，对于透水性很强的下向孔，可取 $S_b=(0.3\sim0.6)L_g$，该距离是为防止高压水穿透煤层进入巷道引发事故。

3) 钻孔间距

控制孔与压裂孔间距取决于压裂半径。一般二者间距取 5～20m。当压裂液保持一定速度向煤体内压入时，煤层压裂半径与压裂液压入总量的关系如图 5-37 所示。压裂之初，由于水在煤体内的渗失量较小，压裂液压入总量几乎与压裂半径呈正比关系；随着压裂裂缝面积的增大，水在煤体内的渗失量增大，压裂半径的增速明显小于压裂液压入总量的增速；随着水在煤体内的渗失量的进一步增加，压入速度等于渗失速度，二者趋于平衡，最终裂纹终止扩展。此时即使压裂液压入总量再增加，压裂裂缝的面积也不变；只有提高压裂液压入速度，压裂才可以继续扩展。

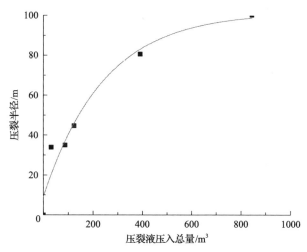

图 5-37 压裂半径与压裂液压入总量的关系

压裂液压入速度为 1·2m³/min

5.3.7 封孔方法

煤层水力压裂封孔要保证压力水不从孔口及其附近的煤壁泄露，就必须使封孔严密、坚固，耐压必须大于注入水压。目前常用的封孔方法为水泥砂浆封孔和封孔器封孔。在进行水力压裂施工时，首先需要密封高压水管与钻孔之间的环形空间，俗称封孔。水力压裂效果如何，很大程度上取决于封孔方法的选择及封孔质量的好坏。常用的煤层注水封孔方法有：水泥砂浆封孔、化学药剂封孔、封孔器封孔。水泥砂浆封孔成本低、对钻孔质量要求不高，但封孔工艺复杂、凝固时间长、需要专用注浆泵，适用于永久性封孔场合。化学药剂封孔一般是采用两种不同液体按一定比例混合在一起后，再注入孔内，待两种药液充分混合并发生化学反应后，体积膨胀充填钻孔后固化并达到一定强度，以达到封孔的目的，同样适用于永久性封孔场合。

1) 水泥砂浆封孔法

对于下向孔，在注水管上焊接一挡盘，挡盘上捆扎少量棉纱等物用以固定注水管和防止漏浆。将注水管插入孔内，挡盘至孔口距离为封孔深度 H_{fk}，如图 5-38(a) 所示。对于上向孔，可在孔口设一木塞或用棉纱封堵，泥浆可用泥浆泵从下部通过注浆管注入钻孔内，注意计算注浆量以免堵塞注水管，如图 5-38(b) 所示。上向孔封孔时也可在孔内增加一根返浆管，其上出口至孔口距离为封孔深度 H_{fk}。

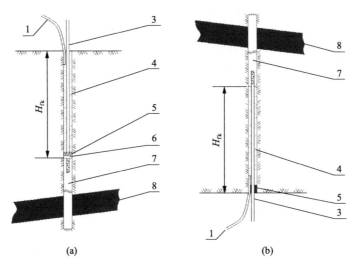

图 5-38 水泥砂浆封孔示意图

1-注浆管；3-压裂水管；4-水泥砂浆；5-棉纱；6-挡盘；7-钻孔；8-煤层

2) 封孔器封孔法

封孔器封孔法的优点是可重复利用封孔器，封孔快。常用的封孔器有自封式封孔器、膨胀式封孔器、螺旋式封孔器。"点"式水力定向压裂采用专用自封式封孔器。

5.3.8 "点"式定向水力压裂典型曲线

在长期的含油层、煤层水力压裂工程实践中积累了大量现场数据。实践表明，力学性质、渗透性、天然裂隙、地应力等因素有所差别，其水压力曲线也各有特点。"点"式定向水力压裂典型曲线如图 5-39 所示。压裂过程大致分为 4 个阶段，如下所述。

(1) 增压阶段，即 OA 段。起裂之前，随着压裂液的注入，注入水压急剧升高，直至达到起裂压力 P_{wf}。

(2) 裂纹扩展阶段，即 AB 段。当注入水压达到起裂压力时，煤体起裂，裂纹向深部扩展，注入水压基本稳定在 P_{wf}。

(3) 煤体疏松阶段，即 BC 段。当压穿煤体时，水流量供给增大，注入水压突然下降，达到压力值 P_s 后保持稳定，这一阶段为带出煤屑、疏松煤体阶段。

(4) 裂隙闭合阶段，即 CD 段。C 点为停泵点，水量为 0 时，水量仍在渗失，裂隙开始闭合，残余的孔隙水压力为 P_d。随着水渗失，注入水压逐渐下降，下降过程与煤岩层渗透性有关。

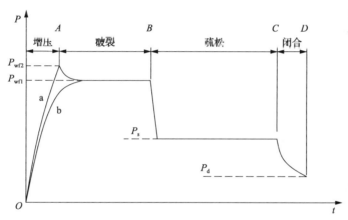

图 5-39 "点"式定向水力压裂典型曲线
a-低渗透性煤体；b-高渗透性煤体；P_{wf1}、P_{wf2}-起裂压力

5.4 "点"式定向水力压裂装备

5.4.1 封孔器

此次研制的"点"式定向水力压裂封孔器是专门与该工艺配套使用的，虽然存在着封孔器价格相对高、需要孔壁光滑的缺点，但是它可以重复使用，具有封孔时间短、操作方便、封孔后可立即注水等优点，并且不需要另外的压力源，是一种自封式封孔器。

1) 原理与结构

如图 5-40(a) 所示，"点"式定向水力压裂封孔器包括接头、封孔胶囊、分水器和端盖，封孔胶囊与分水器之间、封孔胶囊与端盖之间具有相同规格的螺纹连接与密封垫圈，即这几个部分可以随意组合。分水器兼有减压、出水、分水的作用。端盖具有导向作用。分水器的中间部位设置有与减压阀相连的出水口，分水器的内侧端通过接头与封孔胶囊螺纹连接，接头处设置有密封垫圈，封孔胶囊内侧端与端盖螺纹连接在一起。分水器的外侧端通过接头与封孔胶囊螺纹连接，接头处设置有密封垫圈，封孔胶囊通过接头与钢制推杆连接。封孔胶囊的收缩直径为 40~60mm，膨胀直径为 60~80mm，长度为 1~2m。

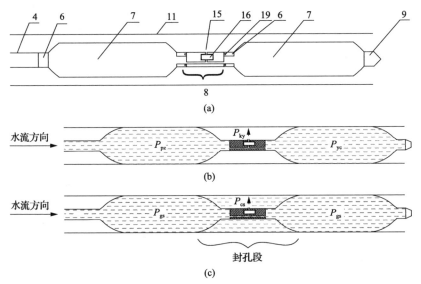

图 5-40 "点"式定向水力压裂封孔器结构及原理图

4-钢制推杆；6-接头；7-封孔胶囊；8-分水器；9-端盖；11-压裂孔；15-出水口；
16-减压阀；19-密封垫圈；P_{ky}-压裂前钻孔压力

两个高压封孔胶囊用注水器连接在一起，其中一个封孔胶囊用端盖堵住，另一个封孔胶囊连接钢制推杆。出水口出水压力 P_{cs} 始终小于封孔胶囊水压力，并保持一个恒定的差值 P_{yc}，且 P_{yc} 大于封孔胶囊膨胀压力 P_{pz}。即各压力满足以下条件：

$$P_{gs} - P_{cs} = P_{yc} > P_{pz} \tag{5-30}$$

式中，P_{yc} 为减压阀压差，MPa；P_{gs} 为供水压力，MPa；P_{cs} 为出水压力，MPa；P_{pz} 为封孔胶囊膨胀压力，MPa。

将封孔器连接完毕后，用多节钢制推杆依次相连送至预定的封孔位置。此时减压阀为关闭状态，如图 5-40(a)所示。启动高压水泵，压力水依次通过高压胶管、减压阀、多节钢制推杆进入膨胀胶管。当水压小于 P_{yc} 时，未达到减压阀的开启压差时，该阀关闭，水压上升到 P_{pz} 时，在水压作用下，胶管膨胀，起到密封作用，如图 5-40(b)所示；压力继续上升到 P_{yc} 时，减压阀开启，压力水通过减压阀从出水口流出，开始进行水力压裂，此时供水压力可以持续增加直至压裂结束，如图 5-40(c)所示。由于减压阀的作用，P_{gs}、P_{cs} 之间总有一个恒定的差值 P_{pz}，该压差使封孔胶囊的压力始终大于压裂压力，保证了高压水不会泄露。当需要停止压裂撤出封孔器时，停泵打开减压阀放水使膨胀胶管内的压力水排出，而减压阀在弹簧作用下关闭，封孔胶囊收缩，两侧水压相等，可以将封孔器回撤进行下一个点的压裂。

2) 各组件的连接

对于孔壁较规则、完整性较好的钻孔，在分水器两侧各安装 1 个封孔胶囊[图 5-41(a)]；孔壁较为破碎时，可在分水器两侧分别连接两个封孔胶囊[图 5-41(b)]。对于煤层较薄的穿层钻孔中使用的分段水力压裂煤层卸压装置，只在分水器外侧连接一个封孔胶囊[图 5-41(c)]。在井下操作时，将封孔胶囊、注水器等连接起来后，用多根水力压裂推杆(图 5-42)相互连接送入钻孔，水力压裂推杆每根长 1.5m，两端采用快速连接设计，拆装较为方便，水力压裂推杆还兼具输送高压水的作用。

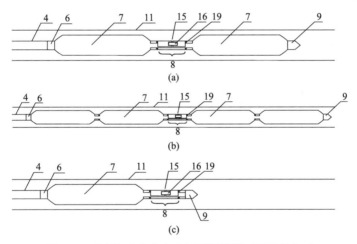

图 5-41 "点"式定向水力压裂封孔器不同连接方式

4-钢制推杆；6-接头；7-封孔胶囊；8-分水器；9-端盖；11-压裂孔；15-出水口；16-减压阀；19-密封垫圈

图 5-42 钢制推杆

3) 封孔胶囊

封孔胶囊实物如图 5-43(a)所示，两端为连接螺纹，用于相互连接；封孔胶囊的膨胀工作压力设计为 $P_{pz}=1\text{MPa}$，膨胀后状态如图 5-43(b)所示。

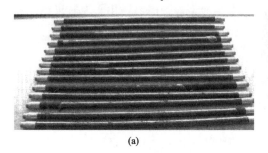
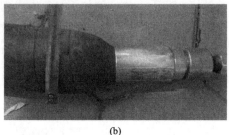

(a)　　　　　　　　　　　　　　(b)

图 5-43　封孔胶囊

4) 注水器

注水器如图 5-44 所示。注水器的作用一是将两个高压密封胶囊用高压水沟通，二是将高压水排出到钻孔；三是其中的减压装置使出水口水压力 P_{cs} 始终小于胶囊水压力，并保持一个恒定的差值 P_{yc}，且 P_{yc} 大于封孔胶囊膨胀压力 P_{pz}，这样才能使胶囊起到密封作用。

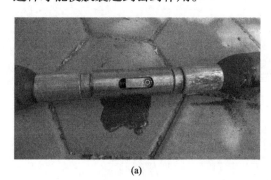
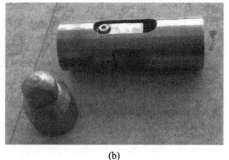

(a)　　　　　　　　　　　　　　(b)

图 5-44　注水器

P_{yc} 值可通过改变弹簧弹力来调整，弹力可根据式(5-31)计算：

$$F_t = P_{yc} \pi r_j^2 \tag{5-31}$$

式中，F_t 为弹簧弹力，10^6 N；P_{yc} 为减压阀压差，MPa；r_j 为进水孔半径，m。当胶囊水压力大于 P_{yc} 时，水开始由出水口泄出。

5) 主要技术参数

"点"式定向水力压裂封孔器主要技术参数见表 5-4。

表 5-4 "点"式定向水力压裂封孔器主要设计参数

序号	1	2	3	4	5	6	7	8	9	10
项目	适用钻孔的直径/mm	供水压力范围 P_{gs}/MPa	出水口水压范围 P_{cs}/MPa	封孔胶囊膨胀压力 P_{pz}/MPa	减压阀压差 P_{yc}/MPa	胶囊收缩直径/mm	不含推杆总长度/mm	封孔深度/m	压裂段长度/mm	不含推杆重量/kg
指标	60	$3<P_{gs}\leq25$	$2<P_{cs}\leq24$	1	1.5	42	3200	5～40	200	8

5.4.2 移动式高压泵站

"点"式定向水力压裂专用移动式高压泵站如图 5-45 所示。泵体采用柱塞泵，主要技术参数见表 5-5。该压裂泵体积较小，由两个泵体、一个液箱组成，可根据实际情况自由组合，适合井下巷道条件；均为矿车底盘，采用移动设计，可利用井巷轨道移动使用，泵站零部件均采用防爆设计。

表 5-5 "点"式定向水力压裂专用移动式高压泵站参数表

名称	公称流量/(L·min)	公称压力/MPa	泵体外形尺寸/(mm×mm×mm)	泵体重量/kg	泵组(带电机)外形尺寸/(mm×mm×mm)	泵组重量/kg	电机功率/kW	电压/V
数值	200	45	1320×1100×1360	1800	3000×1100×1300	3900	185	1140/660

图 5-45 "点"式定向水力压裂专用移动式高压泵站

第6章 水射流与水力压裂联作增渗机理

在井下实施穿层钻孔水力压裂煤体的过程中，煤体物理力学性质、原岩应力分布、煤岩交界面性质、钻孔的布置方式和压裂工艺等众多因素，不仅决定着煤体起裂压力，还影响着裂隙的延伸方向和空间形态，而这些往往是压裂增渗成功的关键。此外，井下钻孔水力压裂增渗作业在作用机理和施工工艺方面还存在诸多不足，如怎样降低煤体起裂压力，实现裂隙的有序、定向扩展与延伸，防止出现应力集中区、增渗空白带和瓦斯富集区等。

根据第3章的研究，采用三维旋转水射流扩孔后，由于钻孔直径扩大，周围煤体塑性区的范围有较大幅度增加，塑性区的等效直径可达钻孔直径的4.28倍。但是，对于扩孔后直径达0.6m的钻孔来说，它所形成的塑性区的等效直径仅能达到2.6m，即使有抽采负压的影响，钻孔的抽采影响半径也很难达到5m以上。因此，非常有必要探求更为有效的煤层增渗方法。

根据作者的初步现场试验，通过三维旋转水射流扩孔与水力压裂相结合的方式对煤层进行卸压、增渗，使钻孔的瓦斯抽采量有了明显提高，但尚未弄清三维旋转水射流扩孔与水力压裂联作增渗的机理。另外，近年来以增加水力裂隙数目、使主裂隙与次生裂隙交织形成裂隙网络为主要特征的体积改造技术，已进入高速发展阶段，多井同步压裂技术是体积改造技术之一。本章研究的水射流扩孔和水力压裂技术与体积改造技术有相似之处。文献[197]表明，实施应力干扰是实现体积改造的关键。要实现控制孔(定向孔)导控压裂，要通过应力干扰形成局部区域的复杂裂隙网络。

基于以上原因，本章对水射流扩孔形成的裂隙的起裂及延伸机制进行了探讨，最后通过数值模拟进行了验证及分析。

6.1 小直径穿层钻孔水力压裂的理论分析

水力压裂技术目前已被广泛应用于现代石油工业、煤矿开采等领域。在煤炭行业，主要用于煤层坚硬顶板的强制放顶和煤层瓦斯强化抽采方面。在煤层增渗方面，人们围绕本煤层水力压裂开展了大量的研究。本章旨在对水射流扩孔前的水力压裂过程进行理论分析，以便于和水射流扩孔后的水力压裂过程进行对比，以期为利用钻孔开展大面积区域增渗提供理论和技术支撑。

本章研究对象为未预置缝槽(或裂隙)、未进行水射流扩孔的60～90mm小直径钻孔，假设钻孔壁没有损伤，不存在天然裂隙。

6.1.1 小直径钻孔水力压裂裂隙的起裂与扩展

煤层是赋存于地层空间内的三维地质体，同时受到三向相互垂直应力的作用，包括最大水平主应力 σ_X、最小水平主应力 σ_Y 和上覆岩层的垂直主应力 σ_Z。前已述及，在煤层内施工钻孔后，钻孔附近的局部应力区域会出现应力集中，应力的分布也会发生改变。为了便于以后的应力分析，基于工程应用做出如下假设[314]：

(1) 穿层钻孔煤层段周围的煤体为均质、各向同性的多孔弹性介质；
(2) 煤体是连续性介质，其内部的裂隙结构不影响它的线弹性状态；
(3) 不考虑压裂液(水)与煤体的各种物理化学作用。

通过穿层钻孔对煤层进行水力压裂前，先在煤岩体中施工钻孔，一般钻孔刚施工至煤层顶板(底板)时即停止打钻，对钻孔的岩石段进行封孔后，泵入高压水对钻孔实施压裂。上述过程中，钻孔附近围岩的应力在原始应力的基础上发生了两次变化，先是无支撑情况下圆孔应力环境发生改变，进而利用高压水压开钻孔。因此，要准确预测水力压裂的起裂位置和方向，就必须掌握钻孔周围的应力分布。

早在1957年Hubbert[314]就提出了一种围岩应力影响下水力压裂的分析方法。对钻孔周围地应力场的分布与破裂压力的计算一般是基于以上假设，这些假定已被广泛接受，它们适用于研究钻孔的施工和地应力场对起裂压力的影响。

1) 钻孔围岩应力分析坐标系的建立

为了能够研究任意角度穿层钻孔煤层段附近的地应力分布，定义了两个直角坐标系和一个柱坐标系，按照图6-1建立坐标系。第一个直角坐标系是以原始地应力的3个主应力方向为3个坐标轴方向的坐标系 σ_Z、σ_X 和 σ_Y，分别表示垂直主应力方向、最大和最小水平主应力方向。另外又建立了两个局部坐标系，分别是钻孔直角坐标系和钻孔柱坐标系。钻孔直角坐标系把钻孔轴线方向作为一个坐标轴，而把与钻孔轴线相垂直平面内的两个正交方向作为另外两个坐标轴，在满足正交的前提下，两个坐标轴的方向可以在与钻孔轴线相垂直的平面内自由选取。还需要引入倾角和偏角这两个角才能全面地描述钻孔的空间形态，其中，倾角记作 ψ，表示钻孔轴线与原始地层的垂直主应力 σ_Z 的较小夹角；偏角记作 β，表示钻孔轴线在水平面内投影线与最小水平主应力 σ_Y 的夹角，即从投影线顺时针旋转到 σ_Y 的角度。因为钻孔形状为圆柱体状，所以采用柱坐标系作为另一个局部坐标系，这使得描述更为简洁。把钻孔轴线定义为垂向，在垂直钻孔轴线的平面内定义径向坐标和环向坐标。r 表示径向，θ 表示局部坐标系中钻孔直角坐标系的 x 轴顺时针旋转到所求应力点的角度。

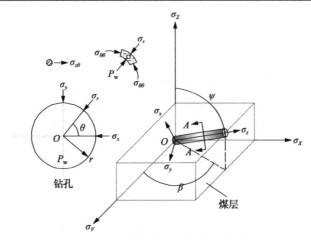

图 6-1 任意角度穿层钻孔周围的应力

$\sigma_{\theta\theta}$-环向正应力；σ_r-径向正应力；σ_x、σ_y、σ_z-x、y、z方向应力

首先，将原始地应力转换到局部的钻孔正交坐标系。按照弹性力学的坐标转换方法，可以得到在钻孔直角坐标系下的各个应力分量：

$$\sigma_x = \left(\sigma_h \cos^2\beta + \sigma_H \sin^2\beta\right)\cos^2\psi + \sigma_v \sin^2\psi \quad (6-1)$$

$$\sigma_y = \sigma_h \sin^2\beta + \sigma_H \cos^2\beta \quad (6-2)$$

$$\sigma_z = \left(\sigma_h \cos^2\beta + \sigma_H \sin^2\beta\right)\sin^2\psi + \sigma_v \cos^2\psi \quad (6-3)$$

$$\tau_{xy} = \frac{1}{2}(\sigma_H - \sigma_h)\sin 2\beta \cos\psi \quad (6-4)$$

$$\tau_{yz} = \frac{1}{2}(\sigma_H - \sigma_h)\sin 2\beta \sin\psi \quad (6-5)$$

$$\tau_{xz} = \frac{1}{2}\left(\sigma_h \cos^2\beta + \sigma_H \sin^2\beta - \sigma_v\right)\sin 2\psi \quad (6-6)$$

式中，τ_{xy}为xy平面上的切应力；τ_{yz}为yz平面上的切应力；τ_{xz}为xz平面上的切应力。

再将局部坐标系下的直角坐标转换到柱坐标系中，表达式为[314]

$$\sigma_r = P_w \quad (6-7)$$

$$\sigma_{\theta\theta} = \sigma_x + \sigma_y - 2(\sigma_x - \sigma_y)\cos 2\theta - P_w - 4\tau_{xy}\sin 2\theta \quad (6-8)$$

$$\sigma_{z\theta} = \sigma_z - 2\nu(\sigma_x - \sigma_y)\cos 2\theta - 4\nu\tau_{xy}\sin 2\theta \quad (6-9)$$

$$\tau_{r\theta} = \tau_{rz} = 0 \tag{6-10}$$

$$\tau_{\theta z} = 2\left(-\tau_{xy}\sin\theta + \tau_{yz}\cos\theta\right) \tag{6-11}$$

式中，$\sigma_{z\theta}$ 为钻孔柱坐标系中的轴向应力；$\tau_{r\theta}$ 为切向 θ 和轴向 z 平面的切应力；$\tau_{\theta z}$ 为径向 r 和切向 θ 平面的切应力；P_w 为压裂液压力，MPa；ν 为泊松比，无量纲。

按照式(6-1)~式(6-11)，代入未受扰动前原始地应力的三向主应力，就可以计算出局部坐标系下任意穿层钻孔孔壁上的应力。

2) 小直径钻孔起裂压力的计算

利用钻孔壁上的应力，就可以对水力压裂的起裂压力进行计算，并判断水力裂隙的方向。这里采用最大拉应力准则来计算破裂压力，当孔壁上任意一点的最大拉应力大于周围煤体的抗张强度时裂隙就会起裂。根据弹性力学理论可以得出，这个最大拉应力一定是一个主应力。

对于任意方向上的钻孔来说，因为钻孔壁只受到钻孔内流体压力的作用，不存在任何剪应力，可以得出 σ_r 既是一个主应力又是一个压应力，这个主应力不会使煤体产生拉应力而起裂。根据弹性力学可以得出另外两个主应力，将三个主应力表示如下：

$$\sigma_1 = \sigma_r \tag{6-12}$$

$$\sigma_2 = \frac{1}{2}\left[(\sigma_{\theta\theta} + \sigma_{z\theta}) + \sqrt{(\sigma_{\theta\theta} - \sigma_{z\theta})^2 + 4\tau_{\theta z}^2}\right] \tag{6-13}$$

$$\sigma_3 = \frac{1}{2}\left[(\sigma_{\theta\theta} + \sigma_{z\theta}) - \sqrt{(\sigma_{\theta\theta} - \sigma_{z\theta})^2 + 4\tau_{\theta z}^2}\right] \tag{6-14}$$

因此，σ_3 就是最大拉应力，并且只有它可能是拉应力。考虑到孔隙压力的影响，作用在孔壁上使裂隙起裂的应力 σ_f 可由式(6-15)计算：

$$\sigma_f = \sigma_3 - P_p \tag{6-15}$$

式中，P_p 为孔隙压力。

从式(6-15)可以看出 σ_f 是 σ_3 的函数，而由式(6-14)可知，σ_3 是 $\sigma_{\theta\theta}$、$\sigma_{z\theta}$ 和 $\tau_{\theta z}$ 的函数，对于一个确定的研究对象，原始地层应力和钻孔都是唯一的，因此由式(6-7)~式(6-11)可知，$\sigma_{\theta\theta}$、$\sigma_{z\theta}$ 和 $\tau_{\theta z}$ 中的变量只有 P_w，因此 σ_f 一定仅是孔内压裂液压力 P_w 的函数。在水力压裂过程中，当 P_w 不断增大到 σ_f 满足的不等式式(6-16)时，裂隙将在穿层钻孔煤层段孔壁的某一个位置上起裂，把这时起裂位

置的角度记作 θ_{cr}，下标 cr 表示 crack：

$$\sigma_{\mathrm{f}} \leqslant -P_{\mathrm{T}} \tag{6-16}$$

式中，P_{T} 为岩石抗张强度。θ_{cr} 可由式(6-17)求得

$$\frac{\mathrm{d}\sigma_{\mathrm{f}}}{\mathrm{d}\theta} = 0 \tag{6-17}$$

求得 θ_{cr} 后，可由式(6-18)计算裂隙的方位角：

$$\gamma' = \frac{1}{2}\tan^{-1}\frac{\tau_{\theta z_{\mathrm{cr}}}}{\sigma_{\theta\theta_{\mathrm{cr}}} - \sigma_{z\theta_{\mathrm{cr}}}} \tag{6-18}$$

式中，$\tau_{\theta z_{\mathrm{cr}}}$ 为裂纹处切应力；$\sigma_{\theta\theta_{\mathrm{cr}}}$ 为裂纹处环向正应力；$\sigma_{z\theta_{\mathrm{cr}}}$ 为裂纹处径向正应力。

由于天然煤体包含有很多裂隙和节理，其抗拉能力很弱，在研究小直径钻孔起裂时可以忽略。同样，一般也将孔隙压力的影响忽略掉。依据上述两个假设，将式(6.15)～式(6.17)联立，就可以得到煤层的破裂准则：

$$P_{\mathrm{w}} \geqslant \sigma_x + \sigma_y - 2(\sigma_x - \sigma_y)\cos 2\theta - 4\tau_{xy}\sin 2\theta - \frac{\tau_{\theta z}^2}{\sigma_{z\theta}} \tag{6-19}$$

裂隙将从 θ_{cr} 位置起裂，将 θ_{cr} 代入式(6-19)，可以得到：

$$P_{\mathrm{wf}} = \sigma_x + \sigma_y - 2(\sigma_x - \sigma_y)\cos 2\theta_{\mathrm{cr}} - 4\tau_{xy}\sin 2\theta_{\mathrm{cr}} - \frac{\tau_{\theta_{\mathrm{cr}}z}^2}{\sigma_{z\theta_{\mathrm{cr}}}} \tag{6-20}$$

式中，P_{wf} 为起裂压力；$\tau_{\theta_{\mathrm{cr}}z}$ 为起裂位置对应的切向 θ 和轴向 z 平面的切应力。

需要指出的是，前面为使计算简便忽略了孔隙压力的影响，但随着煤层埋藏深度的加大，煤层瓦斯压力有升高趋势，对于那些瓦斯压力很高的煤层，瓦斯压力对水力压裂的影响不能被忽略。

6.1.2 小直径钻孔水力压裂裂隙扩展的影响因素

前面在计算穿层钻孔煤层段水力压裂的起裂压力时，仅考虑了三向地应力的作用，并且将煤体视为均质、各向同性的线弹性介质，主要是为了使计算简单。实质上，井下煤体水力压裂的效果受煤体结构特征及物理力学性质、煤层顶底板围岩赋存、三向地应力场等多种因素影响。水压致裂裂隙的发育形态及其展布特征是井下煤层水力压裂目标区域优选的重要指标，以下就影响压裂裂隙发育形态和展布特征的因素进行总结与分析[255, 275, 287]。

1. 煤体结构特征及物理力学性质的影响

1) 孔隙-裂隙的影响

煤是由孔隙-裂隙系统组成的双重孔隙结构介质。裂隙既是煤层瓦斯运移的主要通道，又是水力压裂时高压水最容易流过的通道，天然孔隙-裂隙的存在规模和尺度差异，会对水力压裂裂隙的扩展产生较大的影响。根据水力压裂的力学作用原理，高压水会优先进入张开度较大的层理或裂隙弱面，随后会进入张开度较小的次级裂隙弱面并使其扩展，最后进入煤层的微裂隙。煤体裂隙发育的差异性，也造成了不同结构类型煤体压裂裂隙发育特征的差异性。

包括裂隙的长度、宽度、密度、条数和连通性等在内的煤层原生裂隙发育程度，在一定程度上影响着煤体水力压裂的效果。煤层内发育的宏观裂隙将使煤体强度大大降低，将会造成煤层破裂压力明显降低。天然裂隙对压裂裂隙扩展的影响主要取决于裂隙的长度、宽度和方向。当天然裂隙的方向与最大主应力方向相同或相近时，压裂裂隙将沿原生裂隙起裂并扩展，而此时维持裂隙继续扩展所需要的压力会降低很多；相反，当天然裂隙的方向与最大主应力方向垂直或夹角较大时，压裂裂隙可能会横穿原生裂隙而向前延伸，所需要的水压会很大。

煤层原生孔隙-裂隙发育还会对水力压裂产生一些负面影响。在裂隙系统发育和连通性非常好的煤层，压裂液(水)的滤失现象会十分严重，还会造成裂隙扩展的随机性。为了保证裂隙的继续扩展与延伸，就需要加大注入水量和提高注入压力，否则很难起到预期的压裂效果。但注入水量的增大，会使抽采期间的排液周期延长，从而延长了抽采周期。

2) 煤体的不同破坏类型的影响

不同破坏类型煤体的孔隙-裂隙系统和物理力学特性存在很大差异，造成了它们在水力压裂过程中煤体开裂与扩展的多样性，5.1.1 节针对不同破坏类型煤已进行了论述。

2. 煤层顶底板围岩赋存的影响

由于煤层赋存于一定的地质空间内，其压裂效果还会受到顶底板岩层的物理力学性质、岩层厚度和界面性质的影响。煤层的物理力学性质与常规岩层有很大差别，煤层的弹性模量、抗压强度和抗拉强度都比其顶底板岩层低，而泊松比却高于顶底板岩层。在地应力作用下，煤层更容易发生塑性变形，这对裂隙的发育和延伸有着重要影响。

一般来说，由于距离很近，煤层与顶底板岩层应力差别不大，弹性模量和泊松比的大小是控制裂隙纵向扩展的两个重要因素。线弹性断裂力学研究表明[315,316]，当裂隙尖端附近的应力-应变场的应力强度因子 K 达到临界值 $K_\text{临}$ 时，裂隙将发生失稳扩展。$K_\text{临}$ 又称为断裂韧性，可由试验确定：

$$K_\text{临} = \sqrt{\frac{2E\gamma_\text{b}}{1-\nu^2}} \quad (6\text{-}21)$$

式中，E 为岩石的弹性模量，GPa；ν 为岩石的泊松比；γ_b 为比表面能，J/m²。

根据式(6-21)的计算可知，当煤层的弹性模量 E_1 远大于顶底板岩层的弹性模量 E_2 时，裂隙将向界面逼近从而其端部的应力强度因子 K_1 不断扩大，则煤层内的裂隙越接近交界面越容易扩展，直至穿过交界面而延伸到顶底板岩层中；反之，则裂隙会终止于交界面。一般可按照以下4种情况对煤层水力压裂裂隙能否进入顶底板岩层进行预测。

1) 煤层破裂压力明显大于顶底板岩层破裂压力

在压裂的初始阶段，裂隙在煤层中发育并延伸。随着压裂的继续，因为顶底板岩层破裂压力小于煤层破裂压力，裂隙将很容易穿越煤层而进入顶底板中。

2) 煤层破裂压力与顶底板岩层破裂压力差别不大

当注入压力达到煤层破裂压力时，同时达到了顶底板岩层破裂压力，随着压裂的继续，裂隙将突破顶底板岩层的限制而垂向发展。

3) 煤层破裂压力明显小于顶底板岩层破裂压力

当煤层破裂压力明显小于顶板岩层破裂压裂时，裂隙将只在煤层中发育并延伸，很难进入顶底板岩层。在这种情况下，可以认为裂隙的发育高度仅局限于煤层厚度。

4) 煤层与顶底板岩层交界面性质的影响

煤层与顶底板岩层交界面的性质对煤层水力压裂裂隙的扩展也有较大影响，界面连接性能越弱，裂隙扩展越容易在界面终止；反之，则裂隙容易穿越煤层而进入顶底板中。事实上，无论交界面两边煤、岩层的相对性质如何，均可能发生压裂液沿界面扩展的现象。最终联结能力强的界面将使裂隙穿过界面扩展，从而进入弹性模量较小的顶底板岩层中。显然，如果煤、岩层交界面处存在着天然裂隙，不论这些裂隙是否与界面连通，都可能使该顶底板岩层对裂隙延伸的阻挡作用减小。

煤层瓦斯的运移将会使煤层内的吸附瓦斯进入新形成的裂隙内，因此，只要裂隙比较发育，不管是煤层内还是顶底板岩层中，都会使瓦斯抽采向着有利的方向发展。

3. 三向地应力场的影响

在地层中,煤、岩层处于垂直主应力(σ_Z)和两个水平主应力(σ_X、σ_V)的三向应力状态下。作用在煤岩单元体上的垂向主应力多来自上覆岩层的重力,一部分水平主应力是由垂向主应力系数产生的,还有一部分水平主应力来自构造应力,两个水平主应力一般不相等。一般在构造稳定的区域内垂向主应力大于水平主应力,而在构造活动较强烈的区域内垂向主应力往往小于水平主应力。

大量断裂力学研究表明,对于没有天然裂隙的各向同性介质,水力压裂所产生的垂直裂隙的方位总是平行于最大水平主应力方向,并垂直于最小水平主应力方向。实际上,由于煤岩体的非均质性和各向异性,以及煤岩体的水平抗张强度与垂向抗张强度的差异,水力压裂裂隙的形态还取决于煤岩力学性质。因此,挤聚力的大小是由地应力与煤岩体的抗张强度共同决定的:

$$\begin{cases} P_z = \gamma H + P_T^z \\ P_x = \sigma_X + P_T^x \\ P_y = \sigma_V + P_T^y \end{cases} \quad (6\text{-}22)$$

式中,P_x、P_y、P_z分别为垂直方向z,水平方向x、y上的挤聚力,MPa;P_T^z、P_T^x、P_T^y分别为垂直方向z,水平方向x、y的抗拉强度,MPa;γ为上覆岩层容重,kg/m³;H为煤岩埋藏深度,m;σ_X、σ_V均为水平主应力,MPa。

地层中垂直挤聚力与水平挤聚力的相对大小,决定了水力压裂时煤层中会形成什么类型的裂隙,具体如下:

当$P_z > P_x > P_y$时,水力压裂产生的张性裂隙面将垂直于P_y而平行于P_x的方向;

当$P_z > P_y > P_x$时,水力压裂产生的张性裂隙面将垂直于P_x而平行于P_y的方向;

当$P_x > P_y > P_z$或$P_y > P_x > P_z$时,水力压裂产生的张性裂隙面将平行于P_x和P_y的方向且垂直于P_z的方向。

在现实地层条件下,煤层水力压裂所形成的裂隙很难像上述几种情况那样,严格地形成垂直裂隙或水平裂隙,这是由于压裂所形成裂隙的形态既与煤层本身的裂隙发育特征、物理力学性质和顶底板围岩组合特征有关,还受到煤层所处的地应力场和地质构造发育程度等因素的影响,此时就有可能产生复杂的裂隙系统。例如,对于倾斜钻孔,由于在其周围有剪应力和离面应力的作用,水力压裂裂隙起裂后先是与孔的轴线呈一定角度,随后裂隙扩展方向将发生旋转和扭曲,最终沿着与最小主应力垂直的方向扩展[144]。如果裂隙沿着天然裂隙或非优选的方向起裂，在其扩展过程中往往发生旋转或扭转，如图 6-2、图 6-3 所示。

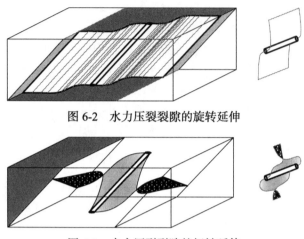

图 6-2　水力压裂裂隙的旋转延伸

图 6-3　水力压裂裂隙的扭转延伸

6.2　水射流扩孔后定向压裂裂隙的起裂机理

在煤层常规水力压裂过程中，随着水力压裂裂隙的产生、扩展与延伸，高压水向裂隙前方和两侧渗透，将引起裂隙附近煤体中孔隙水和瓦斯压力的变化，并形成孔隙压力梯度，造成游离态瓦斯由孔隙(瓦斯)压力高的区域向孔隙(瓦斯)压力低的区域运移。首先，水力压裂裂隙的扩展受地应力及煤体孔隙-裂隙系统的影响，使裂隙的扩展表现出时间和空间上的不均衡性，容易造成瓦斯运移通道堵塞，甚至圈闭瓦斯形成局部瓦斯富集区域。其次，水力压裂还会引起煤体中应力的重新分布，在局部区域(特别是水压致裂的边界附近)产生应力集中，这不但会影响煤体的渗透性、降低瓦斯抽采能力，还会给突出煤层的煤与瓦斯突出防治造成困难，甚至在采掘期间诱导突出。最后，若不能实现对压裂过程的有效控制，还有可能破坏煤层顶板岩层，造成支护困难。

要实现定向水力致裂，必须通过技术手段改变钻孔或裂隙周围煤岩体的应力分布，使裂隙朝着预期的方向扩展。针对这一问题，王魅军等[121]、李全贵等[155]、黄炳香[272]、富向[317]、王志军等[318]开展了大量的研究，并提出了多种定向控制压裂技术。对于楔形槽导控和环形槽导控来说，它们降低了煤层起裂压力，并实现了裂隙起裂和初期扩展方向的控制。但是，在裂隙扩展的中、后期，地应力场的作用可能使裂隙发生转向或扭转，造成裂隙不能按预期的方向延伸。另外，没能消除应力集中区和瓦斯富集区的出现，且在松软和高地应力煤层中开槽困难。定向孔(或控制孔)导控虽然能达到消除应力集中的目的，但是煤层起裂压力和常规孔区别不大，且控制孔基本布置在最大主应力或最小主应力方向上，尚未对控制孔的最优布置方式进行深入研究。采用水射流形成的定向缝导向压裂，既可以降低起裂压力，又可以实现对裂纹起裂与延展方向的控制，但是在高地应力和松软煤层中，要利用水射流形成预定方位的定向缝十分困难，并且也未能对控制孔的最优布置方式进行深入研究。

前已述及，水射流和水力压裂单项增渗技术都有其优势和自身的局限性，采用综合增渗技术能够使这两种增渗手段优势互补、取长补短，但如何合理配置各种工艺参数才能达到增渗目标仍需深入研究。基于这一目的，开展了穿层钻孔水射流扩孔后定向水力压裂裂隙的起裂、控制孔对裂隙发展的导控等方面的理论和数值模拟方面的研究、分析及验证。

6.2.1　水射流扩孔对水力压裂裂隙扩展的影响

为了研究采用水射流扩孔后裂纹在钻孔附近的延伸方向，需要对穿层钻孔煤层段附近的应力进行分析。图 6-4 为 3.7.3 节当穿层钻孔的煤层段扩孔直径达 0.6m 时在水平截面上的应力云图。从图 6-4 中可以看出，由于最大水平主应力与最小水平主应力的差值较大，钻孔附近应力分布明显呈以 X 轴为长轴的扁平椭圆状分布。在 Y 轴方向上，所形成的应力梯度较大，且钻孔两侧各存在 1 个应力集中区域。将图 6-4 中平面上 $X=0$ 时 Y 轴正方向上各点的水平主应力 σ_{XX}、$Y=0$ 时 X 轴正方向上各点的水平主应力 σ_{YY} 绘制成如图 6-5 所示曲线。从图 6-5 可以看出，

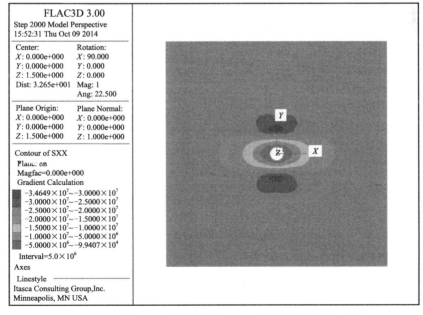

扫码见彩图

图 6-4　扩孔直径达 0.6m 时围岩水平应力云图

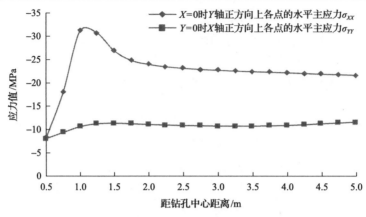

图 6-5 钻孔不同方向正应力对比曲线

Y 轴正方向上的水平主应力 σ_{XX} 明显大于 X 轴正方向的水平主应力 σ_{YY}。水力压裂煤层是克服挤聚力使煤层张裂，所形成裂隙的两个缝面的移动方向必然与最弱挤聚力方向相反，所以寻求压裂位置处最小挤聚力方向是确定压裂裂隙延伸方向的关键[319]。对钻孔进行水力压裂时，初期水将最先进入钻孔周边的微小裂隙等各级弱面并沿着它们扩展，待这些裂隙充满后其内水压逐渐升高。在 Y 轴正方向上要将裂隙压开需要克服 σ_{XX}，而在 X 轴正方向上要将裂隙压开需要克服 σ_{YY}，由于 σ_{XX} 比 σ_{YY} 大很多，裂隙在 X 轴正方向上更容易扩展，即裂隙更容易沿最大主应力方向扩展。

前面的研究结果表明，钻孔直径的扩大使塑性区的范围大幅度增加，因而在钻孔周边产生了较多的次生裂隙。在钻孔水力压裂初期，这些次生裂隙为水力压裂裂隙的扩展提供了更多弱面，增加了高压水通过这些弱面与周边的孔隙、裂隙沟通并进一步延伸的概率。

6.2.2 水射流扩孔后控制孔的定向导控作用机理

煤岩介质的非均质性及孔隙结构分布使水力压裂作用下煤岩的破裂过程变得十分复杂。水力压裂裂隙的扩展，不仅受裂隙尖端局部孔隙水压的影响，还会受到孔隙压力梯度在宏观分布上的影响。

根据弹性力学理论和岩石破裂准则，裂隙总是沿垂直于最小水平主应力的方向起裂，所以，钻孔周围应力场的分布决定了其水力压裂裂隙的起裂与延伸。在本章所研究的穿层钻孔定向水力压裂条件下，需要先后或同步对多个钻孔进行水力压裂。先后对多个穿层钻孔进行水力压裂时，不同钻孔裂隙的产生存在先后顺序。先压裂隙形成后，将使钻孔及裂隙周围区域内孔隙压力重新分布，这会对后压裂孔的裂隙扩展形成诱导应力，改变后压裂孔裂隙周围的应力场，导致这些裂隙的扩展与延伸方向发生改变[320,321]。即使是多个钻孔同步压裂，由于煤岩介质的不均质性，裂隙的产生有先后顺序，这样先形成的裂隙也会对后产生的裂隙产生诱导作用。

为了求解裂隙的诱导应力，以均质、各向同性的二维应变模型为基础，建立了如图 6-6 所示的几何模型：平板中央有一直线状裂隙(可看作短半轴→0 的椭圆的极限情形，图 6-7)，长为 $2a$，裂隙穿透板厚，作用于裂隙面上的张力为 $-P$。把裂纹的长度方向看作高度方向，即把 x-y 平面转换为 x-z 平面，则可得到图 6-7 所示的二维垂直裂隙所诱导的应力场。

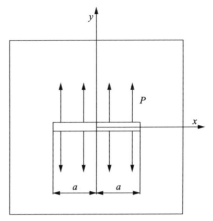

图 6-6 直线状裂纹的平面模型

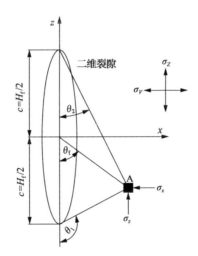

图 6-7 钻孔 x-z 方向正应力

θ_f -研究单元与裂隙中心连线和 z 轴方向的夹角； θ_1 -研究单元与裂隙下边界连线和 z 轴方向的夹角； θ_2 -研究单元与裂隙上边界连线和 z 轴方向的夹角； H_f -裂隙高度

利用上面的模型研究早期压裂裂隙的诱导应力是平面应变问题，根据弹性力学理论，利用傅里叶(Fourier)变换、贝塞尔(Bessel)函数和 Titchmarsh-Busbridge 对偶积分方程的解，得到二维垂直裂隙的诱导应力[322]：

$$\sigma_{x诱导} = P\frac{r}{c}\left(\frac{c^2}{r_1 r_2}\right)^{1.5} \sin\theta_f \sin\frac{3}{2}(\theta_1+\theta_2) + P\left[\frac{r}{(r_1 r_2)^{0.5}}\cos\left(\theta_f - \frac{1}{2}\theta_1 - \frac{1}{2}\theta_2\right) - 1\right]$$

(6-23)

$$\sigma_{z\text{诱导}} = -P\frac{r}{c}\left(\frac{c^2}{r_1 r_2}\right)^{1.5}\sin\theta_f \sin\frac{3}{2}(\theta_1+\theta_2) + P\left[\frac{r}{(r_1 r_2)^{0.5}}\cos\left(\theta_f - \frac{1}{2}\theta_1 - \frac{1}{2}\theta_2\right) - 1\right]$$
(6-24)

$$\tau_{xz\text{诱导}} = -P\frac{r}{c}\left(\frac{c^2}{r_1 r_2}\right)^{1.5}\sin\theta_f \cos\frac{3}{2}(\theta_1+\theta_2) \tag{6-25}$$

式中，c 为裂隙半高；r_1 为研究单元与裂隙下边界距离；r_2 为研究单元与裂隙上边界距离；r 为研究单元与裂隙中心距离；P 为裂隙面上的压力，MPa；$\sigma_{x\text{诱导}}$、$\sigma_{z\text{诱导}}$ 为 x、z 方向上的诱导应力，MPa；$\tau_{xz\text{诱导}}$ 为 x-z 平面上的诱导剪应力。

由胡克定律得

$$\sigma_{y\text{诱导}} = \mu(\sigma_{x\text{诱导}} + \sigma_{z\text{诱导}}) \tag{6-26}$$

式中，$\sigma_{y\text{诱导}}$ 为 y 方向上的诱导应力，MPa。

同时各参数间存在如下几何关系：

$$\begin{cases} r = \sqrt{x^2 + y^2} \\ r_1 = \sqrt{x^2 + (y+c)^2} \\ r_2 = \sqrt{x^2 + (y-c)^2} \end{cases} \tag{6-27}$$

$$\begin{cases} \theta_f = \tan^{-1}\left(\dfrac{x}{y}\right) \\ \theta_1 = \tan^{-1}\left(\dfrac{x}{-y-c}\right) \\ \theta_2 = \tan^{-1}\left(\dfrac{x}{c-y}\right) \end{cases} \tag{6-28}$$

利用式(6-23)~式(6-28)可计算裂隙诱导应力大小。从式(6-23)~式(6-28)可以看出：

(1) 由于水力裂隙能在地层中产生诱导应力场，原始的应力场上又附加了诱导应力场。而裂隙在垂直于缝面方向所产生的诱导应力最大，在裂隙延伸方向上所产生的诱导应力最小。因此，有可能使初始的最小主应力大于原来的最大主应力而改变初始的应力状态，从而造成裂隙扩展方向的改变，使其更易于与天然裂隙沟通形成网状裂隙结构。所以，合理地布置控制孔，并对其中一部分钻孔先进行压裂，先期压裂裂隙能够对后期压裂裂隙的扩展起到一定的控制作用。

(2) 在 3 个方向所形成的诱导应力的大小都与先形成裂隙内的静压力呈正比关系，只要这个静压力足够大，就有可能实现对周围后期压裂裂隙转向的控制。

(3) 水力压裂裂隙对诱导应力大小的影响主要受钻孔间距离的控制，诱导应力的大小随着距裂隙面或者钻孔距离的增大而迅速降低，到达一定距离后，地应力场仍为初始状态。因此，钻孔应力分布的影响必须在有限距离之内。这也为穿层钻孔定向压裂时各钻孔之间的布置关系提供了理论基础。

6.3 三维旋转水射流与水力压裂联作增渗数值分析

水力压裂煤体后的瓦斯抽采效果主要受压裂裂隙发育形态的影响。裂隙越长、越密集，裂隙扩展范围越大，煤层的渗透率越高，瓦斯抽采率也越高。然而，在煤矿井下开展穿层钻孔水力压裂煤体的过程中，正如本章前面所讨论的，许多因素会对水力压裂的效果产生影响，其中最主要的因素是地应力。水射流扩孔会引起钻孔围岩应力重新分布，而在多孔压裂期间，先产生的裂隙会对后期裂隙的发育产生诱导应力，并改变裂隙周围应力场的分布。在实际水力压裂相关的理论计算中，很难全面考虑如此众多的影响因素，采用数值模拟方法，尽可能多地考虑现场情况，是使预测与分析结果接近水力压裂工程实际的一种途径。

本节将根据前面的研究成果，结合丁集煤矿的现场工程技术条件，采用 RFPA2D-Flow 数值模拟软件，建立相应的物理模型和数值模型，深入研究高压水射流扩孔对穿层钻孔压裂的影响，分析不同钻孔布置方式和不同压裂方式对水压致裂的导向、控制作用，以及不同条件下裂隙的起裂、扩展与延伸特征，为现场实施水力压裂技术提供思路。

6.3.1 模拟软件简介

一般来说，岩石属于非均质性的材料，采用岩石的本构关系理论很难描述岩石变形破坏的完整过程和破坏机理。随着岩石破坏机理研究的不断深入，人们开始尝试从岩石的细观结构上寻求其破坏机理。岩石受力后内部结构的损伤和裂纹的产生造成岩石力学性质弱化的观点被广为接受。非连续体变形与破裂渗流耦合分析软件——RFPA2D-Flow 能够对裂纹萌生、扩展过程中渗透率的演化规律和渗流-应力耦合机制等基本渗流特性进行数值模拟分析，也能用于水利工程中岩体流-固耦合问题的计算与分析。例如，其能用于进行各类坝体渗流场、孔隙压力场、微震时空展布等特征的计算分析，承压水煤层开采等工程中的突水等突发性地质灾害的预测预报[238,323,324]。

RFPA2D-Flow 基于如下的基本假设：①岩石介质是具有残余强度的弹脆性材

料,在加载与卸载过程中,它的力学行为符合弹性损伤理论;②岩石材料介质中的流体遵循 Biot 渗流理论;③把莫尔-库仑准则和最大拉伸强度准则作为损伤阈值来对单元开展损伤判断;④为了引入材料的非均质特性,按照韦布尔(Weibull)分布给材料细观结构的力学参数赋值;⑤用负指数方程来描述在弹性状态下材料的"应力-渗透系数关系",材料破坏后的渗透系数明显增大[325-327]。在RFPA2D-Flow 中,用弹性有限元法来计算与分析研究对象的应力场和位移场。假定组成材料的各个细观单元的力学性质(如弹性模量、抗压强度及泊松比等)满足某个弹性损伤的本构关系,材料越均匀,细观单元体尺寸取得越常规,这种弹-脆性的性质就越明显。在一个统一的变形场中,除了载荷不均或形态不光滑等结构因素形成应力集中之外,细观单元体强度的不均匀性是微破裂不断产生的主要原因[328]。

作为该分析软件的力学基础,RFPA2D-Flow 中描述多孔介质流-固耦合机制的数学模型主要由渗流场、变形场、渗流与变形耦合模型 3 部分组成。渗流场建模采用单相流渗流方程,变形场建模采用线弹性本构方程。RFPA2D-Flow 中的各模型如下:

平衡方程:

$$\frac{\partial \sigma_{ij}}{\partial x_{ij}}+\rho X_j = 0 \quad (6\text{-}29)$$

式中,σ_{ij} 为正应力之和;ρ 为流体密度。

几何方程:

$$\varepsilon_{ij} = \frac{1}{2}\left(u_{i,j}+u_{j,i}\right) \quad (6\text{-}30)$$

式中,$u_{i,j}$、$u_{j,i}$ 为 ij 方向上的位移分量;ε_{ij} 正应变。

本构方程:

$$\sigma'_{ij} = \sigma_{ij}-\alpha p \delta_{ij} = \lambda \delta_{ij}\varepsilon_v + 2G\varepsilon_{ij} \quad (6\text{-}31)$$

式中,ε_v 为体应变;p 为孔隙水压力;δ_{ij} 为克罗内克(Kronecker)常量的分量;G 为剪切模量;λ 为拉梅常数。

渗流方程:

$$k\nabla^2 p = \frac{1}{Q}\frac{\partial p}{\partial t}-\alpha\frac{\partial \varepsilon_v}{\partial t} \quad (6\text{-}32)$$

式中,Q 为 Biot 常数;∇^2 为拉普拉斯算子。

渗流-应力耦合方程:

$$k(\sigma,p)=\zeta k_0 \exp\left[-\beta_{oh}\left(\frac{\sigma_{ij}/3-\alpha p}{H}\right)\right] \tag{6-33}$$

式中，k、k_0 分别为渗透系数和渗透系数初值；p 为孔隙水压力；ζ、α、β_{oh} 分别为渗透系数突跳倍率、孔隙水压力系数、耦合系数(应力敏感因子)，可由实验确定。

6.3.2 物理模型

为了研究高压水射流扩孔对穿层钻孔压裂的影响，分析不同钻孔布置方式和不同压裂方式对水压致裂的导向、控制作用，以及不同条件下裂隙的起裂、扩展与延伸规律，以丁集煤矿 11-2 运输大巷向上方打穿层钻孔至 11-2 煤层的工程条件为基础，来建立物理模型。11-2 煤层的平均厚度为 2.49m，煤层倾角 0°～3°，为近水平煤层，煤层埋深在 900～910m。煤层段的钻孔直径为 113mm、倾角多在 40°以上，钻孔长度一般超过 40m。每组试验钻孔包括一个水射流扩孔钻孔和 3～6 个控制兼效果考察钻孔。根据工程条件，建立了如图 6-8 所示的物理模型。

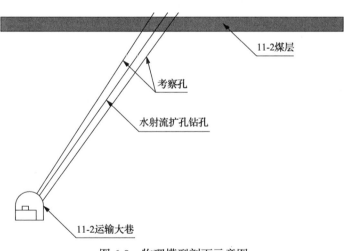

图 6-8 物理模型剖面示意图

6.3.3 数值分析方案

本章采用 RFPA2D-Flow 来分析穿层钻孔水射流扩孔与水力压裂联合作用下裂隙的起裂与扩展规律。在前述现场工程条件下，具体数值分析方案如下。

(1)水压力加载的步数对钻孔压裂的影响；
(2)扩孔钻孔半径大小对水力压裂效果的影响；
(3)不同钻孔布置方式对水力压裂的影响。

其中钻孔布置方式可以分为两大类，如下所述。

1) 中心孔单独压裂

每组共布置 5 个钻孔，从中心钻孔进行压裂，可分为 5 个钻孔均为小孔、5 个钻孔均为大孔、中心孔为小孔而周边孔为大孔和中心孔为大孔而周边孔为小孔 4 种情况分别进行模拟。

2) 周边孔同步压裂

每组共布置 5 个钻孔，从周边的 4 个钻孔同步进行压裂，可分为 5 个钻孔均为小孔、5 个钻孔均为大孔、中心孔为小孔而周边孔为大孔和中心孔为大孔而周边孔为小孔 4 种情况分别进行模拟。

6.3.4 数值模拟结果分析

根据现场的物理模型，利用 RFPA2D-Flow 模拟软件来建立数值模型。该地点煤层的埋深为 900m，垂直主应力 σ_Z =22.5MPa；由于该矿没有试验地点的水平应力实测数据，取参考文献[329]中相同埋深处的地应力数据，分别取最大、最小水平主应力 σ_X =32MPa、σ_V =10MPa。由于钻孔倾角在 40°以上、钻孔长度超过 40m 且钻孔孔径远小于钻孔深度，可取平行于煤层的一个平面，将该平面内钻孔的投影近似认为是圆形。考虑煤层介质的非均质性，将煤层视为均质度 m=2 的不均匀介质。煤为孔隙介质，煤层的孔隙中存在瓦斯，具有一定的瓦斯压力，实测的瓦斯压力为 1.36MPa；认为模型边界不受钻孔水压的渗流影响，渗流边界设置为 0；强度准则按照莫尔-库仑准则，模拟中的流-固耦合采用幂函数耦合方程，流-固耦合本构方程为 $\sigma'_{ij} = \sigma_{ij} - \alpha p \delta_{ij} = \lambda \delta_{ij} \varepsilon_v + 2G\varepsilon_{ij}$。试验过程中采用分步增加钻孔水压力的方法来模拟水力致裂过程，基本模拟参数如表 6-1 所示。

表 6-1 水射流扩孔与水力压裂联作增渗的数值模拟参数

模拟量	参数值	模拟量	参数值
强度/MPa	30	强度均质度	2
弹性模量/MPa	8800	弹性模量均质度	2
泊松比	0.25	泊松比均质度	100
自重/(N/mm³)	0.000013	自重均质度	100
拉压比	10	内摩擦角/(°)	30
最大拉应变系数	1.5	最大压应变系数	200
瓦斯压力/MPa	1.36	残余强度/%	0.1
渗透系数/(m/D)	0.1	孔隙水压力系数	0.32
初始钻孔压力/MPa	5.0	钻孔水压增量/(MPa/步)	0.5

模拟计算结果中可提供的数据有：剪应力、声发射(AE)、孔隙水压力和水压力等值线图等。声发射图像中的信号形状所表示的含义如下：黑色圆圈代表累计声发射，白色圆圈代表当前步声发射，圆圈的大小表示声发射能量的大小；声发射点表示煤岩破裂。

为了实现数值模拟所生成的图片中钻孔的可见性，将钻孔半径用单元格数目来表征，如常规钻孔的半径为 r_1=3 单元格。由于不同工程条件下水射流扩孔的孔径不一定相同，为全面了解扩孔作业对煤层水力压裂的影响，进行不同孔径扩孔钻孔的数值模拟时，结合工程实际和数值模型的尺寸，设置扩孔半径分别为 r_1=4 单元格、r_1=5 单元格、r_1=6 单元格。

1. 水压力加载的步数对钻孔压裂的影响

根据前面的研究，在穿层钻孔施工完成后，钻孔的施工会引起钻孔周围岩体应力状态的重新分布，而应力状态的改变会直接影响到钻孔的起裂及裂隙的延伸。钻孔周围岩体应力状态的重新分布既受钻孔周边原始应力场的影响，还与钻孔施工完成后应力平衡时间有关系，因此，在开展水力压裂前，应考虑钻孔的应力-应变对压裂的影响。

在现场工程实践中，钻孔施工完成后，还需要经过封孔、连接管路等压裂前期准备，经常出现第 1 天完成钻孔施工，第 2 天甚至隔几天才开始进行压裂作业，这段时间内钻孔周围的应力状态已发生改变，其周围已经不是原始应力场了。因此，作者认为在钻孔水力压裂模拟过程中，应该考虑应力重新分布的影响。针对这一问题，查阅了大量的围绕"通过钻孔进行煤层水力压裂"问题开展数值模拟分析的文献，但是这些文献基本都是开孔完成即开始加载水压力，至今尚未发现钻孔开孔后让程序运行几步，待周边应力平衡一段时间后，再给钻孔施加水压力的报道。基于此，作者进行了开孔后直接加载水压力和开孔后让程序运行几步再加载水压力的对比模拟。

为了尽可能消除边界效应，建立模型尺寸为 200×200 单元格的二维平面应变模型，表示 20m×20m 的平面煤层区域，并保持前面设定的其他参数不变，单孔压裂数值模型如图 6-9 所示，水压力加载步数对起裂压力的影响的数值模拟结果见图 6-10。图 6-10(a)是在完孔后直接加载水压力 5.0MPa，每步增加水压力 0.5MPa 的模拟结果，图 6-10(b)是在完孔后让程序运行 5 步，待周边应力经过这 5 步的平衡过程后，再加载水压力 5.0MPa，每步增加水压力 0.5MPa 的模拟结果。通过图 6-10 的对比可以发现，在其他条件相同时，完孔后让程序运行几步，待周边应力经过一个平衡过程后，再给钻孔施加水压力，钻孔的起裂压力明显降低。因此，不同的水压力加载步数使钻孔水力压裂裂隙的起裂压力有很大的差异，在数值模拟中应充分认识应力平衡过程对裂隙起裂的影响。

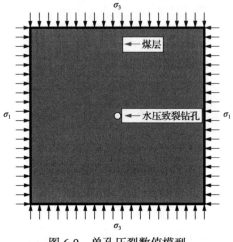

图 6-9 单孔压裂数值模型

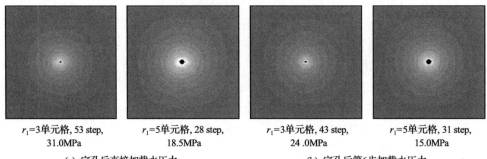

(a) 完孔后直接加载水压力　　　　　　(b) 完孔后第6步加载水压力

图 6-10 水压力加载步数对起裂压力的影响的数值模拟

至于在完孔后第几步加载水压力，作者也进行了一些尝试。通过模拟发现，在钻孔完孔后，只要不终止程序，钻孔周边应力的平衡过程就一直进行下去，一直平衡到模型边界位置，按照弹性力学的理论，这种应力状态的发展趋势是可以接受的。但在实际工程应用中，若只施工一个直径约 0.6m 的穿层钻孔，就能影响一个 20m×20m 的平面煤层区域，这是不可想象的。经过多次尝试，作者发现完孔后在第 6 步开始加载水压力，所得的钻孔起裂压力与工程实际比较接近。因此，在后面的模拟中，均采用完孔后在第 6 步开始加载水压力（每步增加水压力 0.5MPa）的方式来进行数值模拟分析。

2. 扩孔钻孔半径大小对水力压裂效果的影响

采用三维旋转水射流扩孔后，钻孔半径扩大了许多倍，它对煤层水力压裂的影响体现在起裂压力、裂纹的扩展方向与扩展范围等。丁集煤矿试验结果表明，穿层钻孔煤层段的开孔孔径为 113mm，经过扩孔作业后，钻孔的平均当量直径扩大为原来的 5.2 倍,达到了 587.6mm。除钻孔半径外,保持其他参数不变,仍采用图 6-9 所示的数值模型进行水射流扩孔后对穿层钻孔煤层段的水力压裂的数值模拟,以下进行了常规钻孔与不同半径扩孔钻孔数值模拟结果的对比。

1) 常规钻孔($r_1 = 3$ 单元格)水力压裂

常规钻孔水力压裂的过程主要经历了以下几个阶段,如图 6-11 所示。

应力平衡阶段:在第 1step 时施工常规钻孔,煤层在地应力作用下产生了用白色圆圈标识的声发射信号,代表煤层局部出现微小的剪切破裂,如图 6-11(a)所示。待程序运行 5step 后,煤层累计声发射信号如图 6-11(b)所示。

应力累积阶段:第 6step 时开始施加水压力,初始水压力为 5.0MPa,每步增

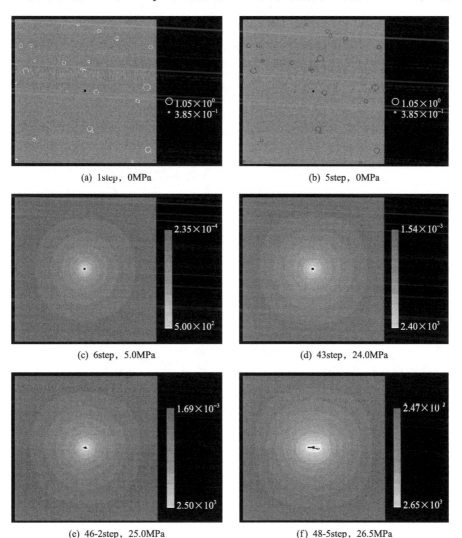

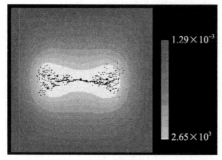

(g) 48-15step, 26.5MPa

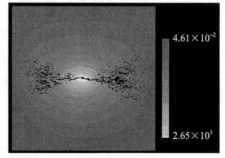

(h) 48-16step, 26.5MPa

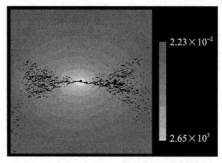

(i) 48-17step, 26.5MPa

图 6-11　常规钻孔（$r_1=3$ 单元格）水力压裂过程

加水压力 0.5MPa，如图 6-11(c) 所示。在钻孔水压力作用下，高压水逐渐向周围渗透，钻孔水压力等值线图呈现以钻孔为圆心的圆环。圆环的亮度越高，代表的水压力越大。离钻孔（即水压力圆环的圆心）越近，水压力越大；圆环的宽度越小，其水力梯度越大。随着模拟的进行，水压力不断增大。

裂纹萌生及扩展阶段：第 43step 时，水压力增大到 24.0MPa，钻孔左侧尖端裂纹萌生，如图 6-11(d) 所示，说明该煤层常规钻孔水力压裂的起裂压力为 24.0MPa。第 46-2step 时，钻孔水压力增大到 25.0MPa，钻孔两侧均有尖端裂纹萌生，如图 6-11(e) 所示，此后进入裂纹稳定扩展阶段。

裂隙的形成阶段：第 48-5step 时，钻孔水压力为 26.5MPa，原先沿着最大主应力方向扩展的主裂纹开始出现分支裂纹，如图 6-11(f) 所示，主裂纹在钻孔两侧基本对称发展。在主裂纹的分支裂纹出现之前（即主裂纹从钻孔处开始扩展至裂纹分叉点，主裂纹的单侧延伸长度约为 0.6m；若加上钻孔部分，则主裂纹的总长度约为 1.6m。此后裂隙进入稳定扩展阶段。

裂隙的稳定扩展阶段：第 48-15step 时，钻孔中心高水压力区面积增大，即将形成新的水力压裂裂隙，如图 6-11(g) 所示。第 48-16step 时，形成新的水力压裂裂隙，部分水压力释放，钻孔中心高水压力区的面积减小，如图 6-11(h) 所示。最后分支裂纹不断增多，水力压裂裂隙不断增大直至到达边界，模拟结束如图

6-11(i)所示。

总体来说,最终所形成的水力压裂裂隙左右基本对称,分布相对均匀,裂纹形状呈平躺的沙漏形。此后的模拟一直进行步中步(step in step)计算,水压力不再增大,此时水力压裂裂隙进入稳定扩展阶段,其稳定扩展压力为 26.5MPa。

2) 不同扩孔半径钻孔水力压裂

为了与现场扩孔及压裂过程相吻合,在模拟过程中先开挖常规钻孔(r_1=3 单元格),让程序运行 5step,待周边应力经过这 5step 的平衡后,再开挖扩孔钻孔,再过 5step 后,开始加载水压力。以 r_1=5 单元格的扩孔钻孔为例,具体步骤如下。

(1) 建立基本的网格模型,完成煤层的各项物理力学参数赋值。

(2) 给模拟的煤层加入边界条件,包括力边界和渗流边界:①开挖常规钻孔,初始水压力 $p_{w0}=0$,$\Delta p=0$(Δp 为每步加水压力),step=0~5;②进行扩孔,扩孔半径 r_1=5 单元格,初始水压力 $p_{w0}=0$,$\Delta p=0$,step=6~10;③向扩孔钻孔 r_1=5 单元格加载水压力,初始水压力 $p_{w0}=5.0$ MPa,$\Delta p - 0.5$ MPa,step=11~100。

观察水压力等值线图和应力变化图,注意裂纹的萌生和扩展过程,记录起裂压力大小和起裂位置;记录水力压裂裂隙在煤层中的扩展情况及扩展范围。

A. r_1=5 单元格的扩孔钻孔水力压裂

r_1=5 单元格的扩孔钻孔水力压裂数值模拟结果见图 6-12。第 1step 开挖常规钻孔,煤层在地应力作用下产生了白色的声发射信号,如图 6-12(a)所示。第 10step

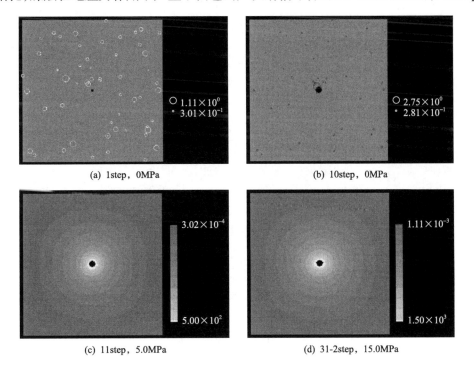

(a) 1step,0MPa

(b) 10step,0MPa

(c) 11step,5.0MPa

(d) 31-2step,15.0MPa

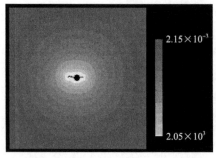
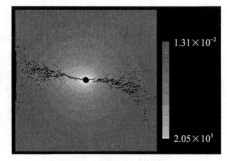

(e) 42-4step, 20.5MPa　　　　　　　(f) 42-23step, 20.5MPa

图 6-12　$r_1=5$ 单元格的扩孔钻孔水力压裂过程

时,煤层内的累计声发射信号如图 6-12(b)所示。第 11step 时,向钻孔施加 5.0MPa 的水压力,高压水在水压力的作用下均匀地向四周渗透,钻孔水压力等值线图呈同心圆环状,如图 6-12(c)所示。第 31-2step 时,钻孔水压力增大到 15.0MPa,钻孔左右两侧尖端分支裂纹萌生,如图 6-12(d)所示。第 42-4step 时,随着水压力的继续增大,裂纹不断沿着最大主应力的方向扩展,钻孔两侧的主裂纹基本对称,如图 6-12(e)所示。沿着最大主应力方向扩展的主裂隙长度约为 3.3m(含钻孔)。随后,分支裂纹不断增多,煤层压裂范围不断扩大,裂纹的分布整体像用绳子系起来的一束草的样子,如图 6-12(f)所示。最后,裂纹的稳定扩展压力为 20.5MPa。

整体来看,扩孔至 $r_1=5$ 单元格后进行压裂,最终形成的水力压裂裂隙分布左右基本对称,裂纹形状呈束草状。与常规钻孔($r_1=3$ 单元格)水力压裂相比,钻孔起裂压力低,裂隙在最大主应力方向有更大的扩展范围和潜力,主裂隙的长度比较长,但分支裂隙更靠近主裂隙、分布相对集中,在相同的水压力下所产生裂隙的密度大。

B. $r_1=4$ 单元格的扩孔钻孔水力压裂

$r_1=4$ 单元格的扩孔钻孔水力压裂数值模拟过程与 $r_1=5$ 单元格的扩孔钻孔类似,具体见图 6-13。第 11step 时,施加水压力 5.0MPa,如图 6-13(a)所示。第 33step 时,水压力达到 16.0MPa,钻孔左侧尖端裂纹萌生,如图 6-13(b)所示。第 43-4step 时,水压力达到 21.0MPa,可以看见明显的分支裂纹出现,如图 6-13(c)所示;此时水力压裂主裂隙的单侧扩展长度为 1.0m,水力压裂主裂隙的长度约为 3.0m(含钻孔)。随后分支裂纹进一步向两侧扩展,范围不断变大,直至模拟运行到第 43-21step 时,全部的水力压裂裂隙在煤层内充分扩展,如图 6-13(d)所示,模拟结束。

C. $r_1=6$ 单元格的扩孔钻孔水力压裂

$r_1=6$ 单元格的扩孔钻孔水力压裂数值模拟过程也与 $r_1=5$ 单元格的扩孔钻孔类似,具体见图 6-14。第 11step 时,施加水压力 5.0MPa,如图 6-14(a)所示。第 22step 时,水压力增加到 10.5MPa 时,钻孔两侧尖端裂纹萌生,如图 6-14(b)所示。

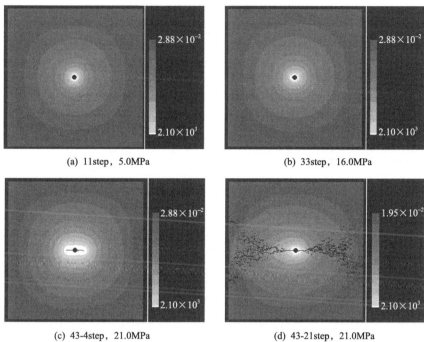

图 6-13 $r_1=4$ 单元格的扩孔钻孔水力压裂过程

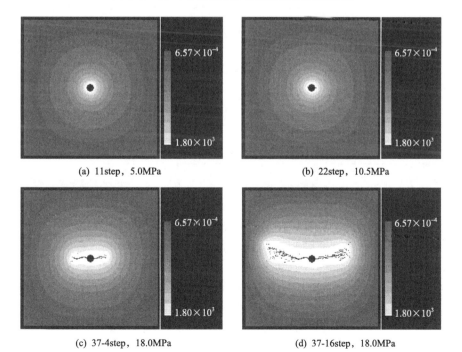

图 6-14 $r_1=6$ 单元格的扩孔钻孔水力压裂过程

第 37-4step 时，水压力增加到 18.0MPa 时，水力压裂主裂隙出现微量的分支裂纹，如图 6-14(c)所示。此时单侧水力压裂主裂隙的长度为 1.5m，水力压裂主裂隙的长度约为 4.3m(含钻孔)。随着水压力进一步增加，主裂隙基本向左右两侧扩展，同时伴随有大量的分支裂纹不断向最大主应力方向延伸，如图 6-14(d)所示。水力压裂裂隙的稳定扩展压力为 18.0MPa。水力压裂裂隙稳定扩展后期，水压力等值线图周期性地出现"大范围高水压力区-水力压裂裂隙扩展-部分水压力释放-中心高水压力区范围减小-高压水向四周渗透-大范围高水压区"的现象，这是水力压裂裂隙稳定扩展的特征。

3) 扩孔钻孔半径大小对水力压裂效果影响的数值模拟结果分析

将数值模拟生成的数据进行整理后，汇总至表 6-2 和表 6-3。

表 6-2 钻孔半径对水力压裂效果的影响 1

压裂工艺	钻孔半径/单元格	尖端裂纹萌生破裂		初现分支裂纹		稳定扩展压力/MPa
		压力/MPa	模拟步/step	压力/MPa	模拟步/step	
常规钻孔压裂	3	24.0	43	26.5	48-5	26.5
扩孔钻孔压裂	4	16.0	33	21.0	43-4	21.0
	5	15.0	31-2	20.5	42-4	20.5
	6	10.5	22	18.0	37-4	18.0

表 6-3 钻孔半径对水力压裂效果的影响 2

压裂工艺	钻孔半径/单元格	单侧主裂隙长度/m	平均范围角/(°)	裂纹分布密度	裂纹分布形状
常规钻孔压裂	3	0.6	71.7	均匀分布	平躺的沙漏
扩孔钻孔压裂	4	1.0	64.0	较均匀分布	束草状
	5	1.2	58.7	比较集中	束草状
	6	1.5	46.7	十分集中	束草状

对表 6-2 和表 6-3 中数据的进行分析得出受钻孔半径大小的影响，煤层水力压裂相关参数的变化趋势，如图 6-15 所示。

根据表 6-2、表 6-3 和图 6-15 的分析结果，可以得出如下结论。

A. 扩孔钻孔半径对煤层水力压裂的破裂压力的影响

常规钻孔水力压裂的起裂压力为 24.0MPa，实施高压旋转射流扩孔后再进行水力压裂，其起裂压力分别降到了 16.0MPa(r_1=4 单元格)、15.0MPa(r_1=5 单元格)和 10.5MPa(r_1=6 单元格)，最大降低了 13.5MPa，降幅达 56.25%。这说明：在相同的地应力作用下，对钻孔实施高压旋转水射流扩孔后，能明显降低煤层的起裂压力；且随着孔径的扩大，起裂压力越来越低。井下煤层水力压裂属于高压作业，降低煤层破裂所需的水压力，能够降低压裂工艺对设备与施工的要求，提高压裂效率。

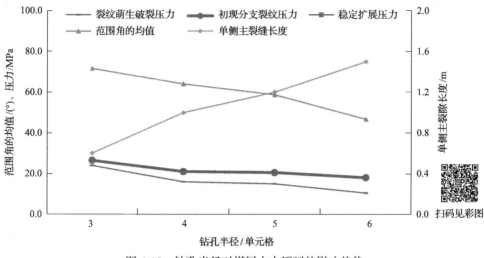

图 6-15　钻孔半径对煤层水力压裂的影响趋势

B. 扩孔半径对煤层水力压裂裂隙初现分支压力的影响

常规钻孔水力压裂裂隙初现分支裂纹时的压力为 26.5MPa，而扩孔钻孔压裂裂隙初现分支裂纹的压力最小为 18.0MPa、最大为 21.0MPa。显然，旋转射流扩孔能够使煤层水力压裂初现分支裂纹时的压力降低，且扩孔钻孔半径越大，初现分支裂纹的压力越小。水力压裂主裂隙初现分支裂纹，代表着整个裂隙网络开始向垂直于最大主应力的方向张开，从而增大压裂的影响范围并提高煤层透气性。

C. 扩孔钻孔半径对水力压裂主裂隙长度的影响

由于前面的水力压裂主裂隙全长包含了钻孔直径，不能直接用来表征钻孔半径对水力压裂主裂隙本身扩展长度的影响，用单侧主裂隙长度来进行比较。随着钻孔半径的增大，单侧主裂隙长度不断增大，由常规钻孔的 0.6m 增加为扩孔钻孔（r_1=6 单元格时）的 1.5m，增大为原来的 2.5 倍，说明了高压旋转射流扩孔能够增大水力压裂裂隙在最大主应力方向上的扩展程度。

D. 扩孔钻孔半径对煤层水力压裂裂隙稳定扩展压力的影响

随着钻孔半径的增大，水力压裂裂隙稳定扩展压力不断降低，由常规钻孔的 26.5MPa 降低到扩孔钻孔（r_1-6 单元格时）的 18.0MPa，降幅达 32.1%。水力压裂裂隙的稳定扩展压力表征裂隙在水压作用下形成大范围压裂区域的难易程度，降低水力压裂裂隙稳定扩展压力能够大幅提高水力压裂的有效范围。

E. 扩孔钻孔半径对煤层水力压裂裂隙范围角的影响

在理论上，水力压裂裂隙一般沿着与最大主应力平行的方向扩展。但在实际压裂过程中，由于煤体节理裂隙的存在和煤体物理力学性质的不均匀性，水力压裂裂隙并没有完全沿着最大主应力方向扩展，而是有所扩散。以钻孔单侧水力压裂裂隙为研究对象，这里把分支裂纹扩展的边界与水力压裂主裂隙的夹角称为水力压裂裂隙的扩展角,把水力压裂裂隙扩展的上下两个边界之间的夹角称为水力压裂裂隙扩展的范围角,把裂隙分叉点与钻孔之间的距离称为单侧主裂隙长度,把两侧分叉点之间的距离称为主裂隙全部长度,如图 6-16 所示。扩展角越大,说明水力压裂裂隙在最小主应力方向上扩展的范围越大;水力压裂主裂隙的长度越长,说明水力压裂裂隙在最大主应力方向上延伸的范围越大。常规钻孔水力压裂和扩孔钻孔水力压裂裂隙的扩展角和范围角如图 6-17 所示。

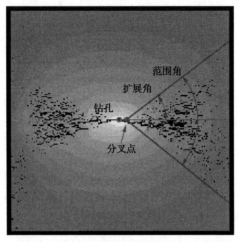

图 6-16 水力压裂裂隙的扩展角与范围角

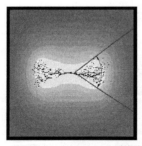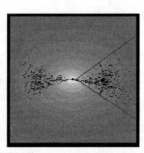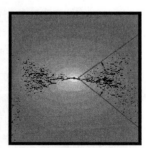

(a) 常规钻孔压裂(48-15 step,48-16 step,48-17 step)

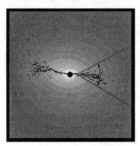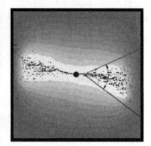

(b) 扩孔钻孔(r_1=5单元格)压裂(42-20 step,42-21 step,42-22 step)

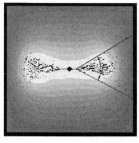
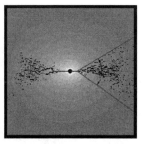
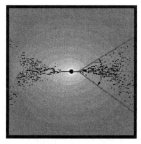

(c) 扩孔钻孔(r_1=4单元格)压裂(43-17 step，43-18 step，43-19 step)

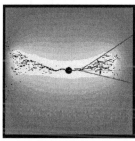

(d) 扩孔钻孔(r_1=6单元格)压裂(37-17 step，37-18 step，37-19 step)

图 6-17　煤层水力压裂裂隙扩展的扩展角与范围角

将图像导入 AutoCAD 中，实测的不同阶段水力压裂裂隙扩展的范围角见表 6-4。

表 6-4　不同半径钻孔水力压裂不同模拟时步下的裂隙范围角

压裂工艺	模拟步/范围角	模拟步/范围角	模拟步/范围角	范围角均值/(°)
常规钻孔压裂 (r_1=3 单元格)	48-15 step 70°	48-16 step 70°	48-17 step 75°	71.7
扩孔钻孔压裂 (r_1=5 单元格)	42-20 step 57°	42-21 step 57°	42-22 step 62°	58.7
扩孔钻孔压裂 (r_1=4 单元格)	43-17 step 59°	43-18 step 66°	43-19 step 67°	64.0
扩孔钻孔压裂 (r_1=6 单元格)	37-17 step 36°	37-18 step 47°	37-19 step 57°	46.7

从表 6-4 可以看出，在裂纹初现分支裂纹并基本稳定后的不同时期，r_1=3 单元格、5 单元格时，裂隙扩展的范围角在裂隙稳定扩展阶段基本保持稳定；r_1=6 单元格时裂隙扩展的范围角增加明显，平均每分步增加约 10°。

随着钻孔扩孔半径的增大，水力压裂裂隙扩展的范围角不断减小。这可以说明钻孔半径的增大改变了钻孔周边煤体的应力分布，在一定程度上抑制了钻孔周围应力场对水力压裂裂隙往最小主应力方向上的扩展，这与本章 6.2.1 节所得出的扩孔钻孔周边的应力分析结果一致。扩孔半径越大，裂隙扩展的范围角越小，也说明了钻孔扩孔后，与常规钻孔压裂相比更多的水量沿着主应力方向流动，间接证明了沿着主应力方向形成的连通裂隙的数量多。另外还证明，对钻孔进行扩孔能够诱导水力压裂裂隙沿着最大主应力方向的扩展，且延伸距离较长，也就是说，钻孔半径的扩大所引起的周边煤体应力场分布的改变对裂隙发展起到了导控作用。

当扩孔半径较大时，水力压裂裂隙扩展的范围角在初期较小，但后期会快速增大并接近小半径钻孔水力压裂后期所形成的扩展角。这说明，随着注水压力的逐步升高，待水压力大到足以克服钻孔周围应力场对水力压裂裂隙向最小主应力方向上扩展的抑制作用后，水力压裂裂隙向最小主应力方向上扩展的潜力就会发挥出来。

与前面主裂隙延伸长度随钻孔半径变化的研究结果结合起来看，随着扩孔钻孔半径的增大，水力压裂主裂隙长度不断增大，当主裂隙扩展到一定长度时，在其前端开始初现分支裂纹，初期分支裂纹沿最小主应力方向上扩展的范围较小，后期随着水压力的继续增大，分支裂纹所形成的扩展范围角迅速增大，在最小主应力方向较大范围内产生了裂隙。在钻孔抽采瓦斯期间，虽然靠近钻孔的区域内只有主裂隙，沿最小主应力方向（即各模拟结果图中主裂隙的上、下方）上形成的裂隙较少，但由于主裂隙内流动阻力小，主裂隙两侧沿最小主应力方向的瓦斯在抽采负压的作用下将进入主裂隙，在主裂隙上下将形成一定范围的抽采有效影响区域。而在远离钻孔方向的主裂隙前端分支裂纹发育的区域，虽然离钻孔较远，瓦斯流动阻力略高，但其裂隙发育程度高、分布广，因此也会形成一定范围的抽采有效影响区域。这两部分抽采有效影响区域相结合，就达到了钻孔扩孔并压裂后大范围的煤层增渗和瓦斯增抽效果。

综上所述，随着扩孔钻孔半径的增大，煤层水力压裂的裂纹萌生破裂压力、水力压裂主裂隙初现分支裂纹压力和水力压裂裂隙稳定扩展压力都将降低，水力压裂主裂隙长度增大，水力压裂裂隙扩展的范围角初期较小后期迅速增大。以上这些变化，都使钻孔水力压裂朝着有利的方向发展，也将促进水射流扩孔与压裂联作增渗作业完成后瓦斯抽采率的提高。

3. 不同钻孔布置方式对水力压裂的影响

本章将本部分分为了两大类共 8 种情况进行模拟，主要观察不同钻孔布置方式下水力压裂时的水力压裂裂隙裂纹扩展范围、密集程度及钻孔的导向作用，以期为煤层增渗工艺提供有益的参考。

为了使钻孔布置方式描述简单明了，本章对各种模拟情况进行编号，以 r_2=3X-3 为例，r_2 表示该模拟期间最终完孔半径，其中第一个数字"3"表示为中心孔半径，尺寸为 3 单元格；第二个数字"3"表示周边孔的半径，尺寸为 3 单元格；"X"跟在第一个数字"3"后面表示中心孔压裂，跟在第二个数字后边表示周边孔压裂。同时，对模型中的四个周边孔进行编号，编号规则如下：以中心孔圆心为原点、以图中朝右为 X 轴正方向、以图中向上为 Y 轴正方向，建立平面直角坐标系，把周边孔所在的象限号作为该钻孔的编号，如第一象限内的周边孔编号为 1 号周边孔(Z1)。

针对定向孔与压裂孔的相对位置怎样布置比较合理这一问题，作者进行了调研与分析。根据采用控制孔(定向孔)开展定向压裂方面的文献，控制孔的布置方式主要分为 2 类，如图 6-18 所示。文献[155]将定向孔布置在压裂孔的连心线上，压裂孔距定向孔 8m，如图 6-18(a)所示；文献[319][图 6-18(b)]将控制孔布置在穿过压裂孔且与最大主应力方向或最小主应力方向平行的直线上，控制孔与压裂孔的距离为 9m；文献[317][图 6-18(c)]中钻孔的布置方式与文献[318]类似，但控制孔与压裂孔的距离仅为 5m。虽然这两类布置方式都能达到消除应力集中的目的，但是裂隙的发育多数在最大主应力方向上，仅有图 6-18(c)的一小部分裂隙沿着最小主应力方向发育，再者，控制孔与压裂孔的距离较短，因此，未能充分发挥控制孔(定向孔)的诱导作用。另外，由于图 6-18 中的 3 个图分别是声发射图、剪应力分布图和水头分布图，很难比较其裂隙发育密度，但从各文献中控制孔导控压裂与常规钻孔压裂结果的对比来看，裂隙发育的密集程度差别不是很明显。

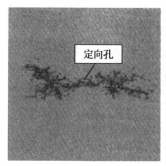 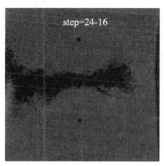 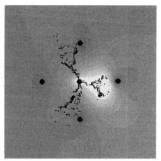

(a) 声发射图[155]　　　　　(b) 剪应力分布图[316]　　　　　(c) 水头分布图[317]

图 6-18　控制孔导控定向水力压裂示意图

基于以上原因，在上述文献研究的基础上，经过多次在钻孔不同布置方式下进行数值模拟的尝试，提出了另一种定向孔与压裂孔的布置方式，希望能起到抛砖引玉的作用，以下部分将详细介绍。

1) 中心孔单独压裂

每组共布置 5 个钻孔，可分为：5 个钻孔均为小孔、5 个钻孔均为大孔、中心孔为小孔而周边孔为大孔及中心孔为大孔而周边孔为小孔 4 种情况。设置中心孔为了水力压裂孔，周边孔为控制孔。为了尽可能消除边界效应，建立 200×250 单元格的二维平面应变模型，代表的煤层范围为 40m×50m，计算模型如图 6-19 所示。虽然采用水射流扩孔能够有效降低煤层的起裂压力和裂隙稳定扩展压力，但综合考虑水力压裂主裂隙的扩展和范围角的因素，这里取扩孔半径 $r_1=5$ 单元格作为多孔联合布置下的扩孔钻孔代表。在图 6-19 中，周边孔沿最大主应力方向上的间距为 24m，沿最小主应力方向上的间距为 12m，周边孔与中心孔的距离约 13.5m。其他相关物理力学参数见表 6-1。

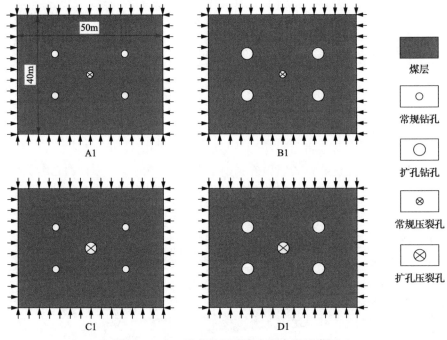

图 6-19　中心孔单独压裂孔布置方案示意图

A. 中间为常规钻孔，四周为常规钻孔，$r_2=3X-3$

第 1step 施工常规钻孔，中间和四周均为常规钻孔，煤层在地应力作用下产生的声发射信号为白色的，代表剪切破裂，如图 6-20(a) 所示。

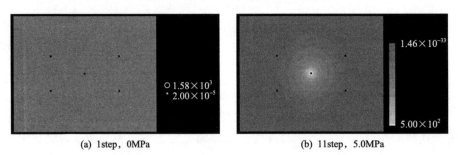

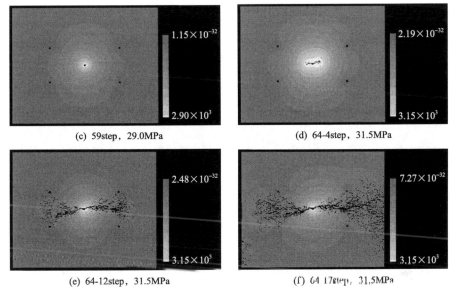

图 6-20 r_2=3X-3 中心孔单独压裂的水压力等值线图

为了与前面有扩孔情况下的模拟有可比性，至第 11step 时，向中心孔施加 5.0MPa 的初始水压力，如图 6-20(b)所示。水压力等值线图在钻孔中心呈圆环状，在周边孔附近向中心有凹陷，中心孔的水并没有渗透至周边孔的范围。以后每步增加水压力 0.5MPa。随着应力的不断累积，第 59step 时，水压力增加到 29.0MPa，中心孔左侧尖端裂纹萌生，如图 6-20(c)所示，说明此模拟条件下水力压裂的起裂压力为 29.0MPa(高于常规钻孔单孔压裂时 24.0MPa 的起裂压力)。第 64-4step 时，钻孔水压力增加到 31.5MPa，水力压裂主裂隙初现分支裂纹，如图 6-20(d)所示。随后，进入钻孔水压力不再增加而水力压裂裂隙也能继续扩展的稳定扩展阶段，水力压裂裂隙稳定扩展压力为 31.5MPa。

第 64-12step 时，水力压裂裂隙连通周边孔，形成大面积裂隙，中心孔附近高水压得到部分释放，高水压区域面积减小，如图 6-20(e)所示。第 64-17step 时，由于受持续的钻孔高水压作用，加上最大主应力中心区的水的渗透冲刷作用，主裂隙张开度明显增大，如图 6-20(f)所示。

B. 中间为常规钻孔，四周为扩孔钻孔，r_2=3X-5

第 1step 施工常规钻孔；第 6step 时，将周边孔扩成半径 r_2=5 单元格的扩孔钻孔，如图 6-21(a)所示。第 11step 时，向中心孔施加 5.0MPa 的初始水压力，如图 6-21(b)所示。以后每步增加水压力 0.5MPa。第 57-1 step 时，水压力增加到 28.0MPa，中心孔左侧尖端裂纹萌生，如图 6-21(c)所示，说明此模拟条件下水力压裂的起裂压力为 28.0MPa(比 r_2=3X-3 时略低)。第 62-5step 时，钻孔水压力增加到 30.5MPa，水力压裂主裂隙初现分支裂纹，如图 6-21(d) 所示。此后，进入钻孔水压力不再增加而水力压裂裂隙也能继续扩展的稳定扩展阶段，水力压裂裂隙稳定扩展压力为 30.5MPa（比 r_2=3X-3 时略低）。

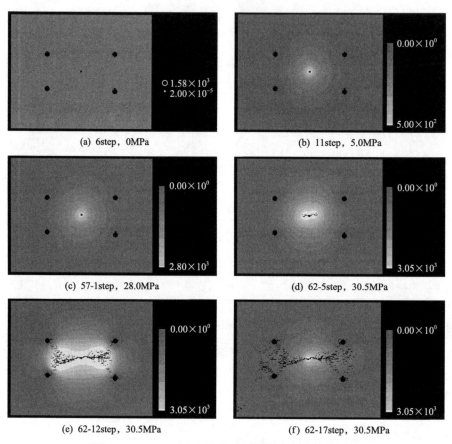

图 6-21　r_2=3X-5 中心孔单独压裂的水压力等值线图

第 62-12step 时，钻孔中心高水压区域面积增大，水力压裂裂隙即将与周边孔连通，如图 6-21(e) 所示。第 62-17step 时，水力压裂裂隙连通周边孔，形成大面积裂隙，中心孔附近高水压得到部分释放，高水压区域面积减小，如图 6-21(f) 所示。随后水力压裂裂隙继续在主应力方向周边向外扩散。

C. 中间为扩孔钻孔，四周为常规钻孔，r_2=5X-3

第 1step 施工常规钻孔；第 6step 时，将中心孔扩成半径 r_2=5 单元格的扩孔钻孔，如图 6-22(a) 所示。第 11step 时，向中心孔施加 5.0MPa 的初始水压力，如图 6-22(b) 所示。以后每步增加水压力 0.5MPa。第 31step 时，水压力增加到 15.0MPa（与扩孔钻孔单孔压裂时的起裂压力相同），中心孔两侧尖端裂纹萌生，如图 6-22(c)所示，随后尖端裂纹不断扩展形成水力压裂主裂隙。第 44-5step 时，钻孔水压力增加到 21.5MPa，水力压裂主裂隙初现分支裂纹，如图 6-22(d)所示。此后，进入钻孔水压力不再增加而水力压裂裂隙也能继续扩展的稳定扩展阶段，水力压裂裂隙稳定扩展压力为 21.5MPa。

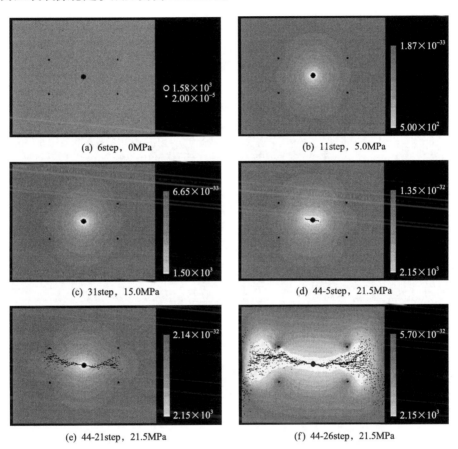

图 6-22 $r_2=5X$-3 中心孔单独压裂的水压力等值线图

第 44-21step 时，裂隙扩展至周边孔并与周边孔连通，如图 6-22(e)所示。第 44-26step，水力压裂裂隙影响范围已超过周边孔，形成大面积水力压裂裂隙并继续在主应力方向周边向外扩散，如图 6-22(f)所示。

D. 中间为扩孔钻孔，四周为扩孔钻孔 $r_2=5X$-5

第 1step 施工常规钻孔；第 6step 时，将周边孔和中心孔均扩成半径 $r_2=5$ 单元格的扩孔钻孔，如图 6-23(a)所示。第 11step 时，向中心孔施加 5.0MPa 的初始水压力，如图 6-23(b)所示。以后每步增加水压力 0.5MPa。第 22step 时，水压力增加到 10.5MPa(低于扩孔钻孔单孔压裂时的起裂压力 15.0MPa)，中心孔右侧尖端裂纹萌生，如图 6-23(c) 所示。随后水压力增加到 10.5MPa，中心孔两侧尖端裂纹萌生，然后尖端裂纹不断扩展形成水力压裂主裂隙。第 43-9step 时，钻孔水压力增加到 21.0MPa，水力压裂主裂隙初现分支裂纹，如图 6-23(d) 所示。此后，进入钻孔水压力不再增加而水力压裂裂隙也能继续扩展的稳定扩展阶段，水力压裂裂隙稳定扩展压力为 21.0MPa。

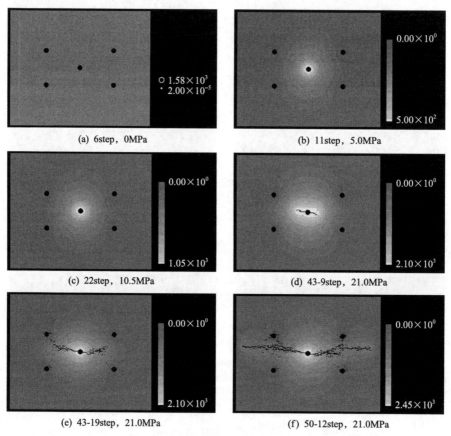

图 6-23　r_2=5X-5 中心孔单独压裂的水压力等值线图

第 43-19step 时，水力压裂宏观裂纹与周边孔连通，中心孔附近高水压区水压力部分释放，如图 6-23(e) 所示。第 50-12step，水力压裂裂隙的影响已经超过周边孔，形成大面积水力压裂裂隙并继续在主应力周边向外扩散，如图 6-23(f) 所示。

2) 周边孔同步压裂

设置中心孔为控制孔，周边孔为压裂孔。为尽可能消除边界效应，建立模型尺寸为 200×400 单元格的二维平面应变模型，代表 40m×80m 的煤层范围，计算模型如图 6-24 所示。仍然取扩孔半径 r_2=5 单元格作为多孔联合布置下的扩孔钻孔代表，钻孔间距与中心孔单独压裂时相同。其他物理力学参数见表 6-1。

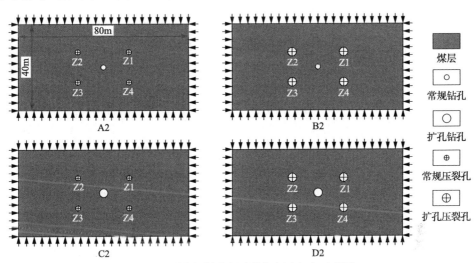

图 6-24　周边孔同步压裂孔布置方案示意图

A. 中间为常规钻孔，四周为常规钻孔，r_2=3-3X

第 1step 施工常规钻孔，中间孔和周边孔均为常规钻孔，煤层在地应力作用下产生的声发射信号为白色，代表剪切破裂，如图 6-25(a)所示。第 10step 时，煤层内的累计声发射信号变化如图 6-25(b)所示。

第 11step 时，向周边孔施加 5.0MPa 的初始水压力，以后每步增加 0.5MPa 水压力。水压力等值线将所有的钻孔包裹在内，中心孔附近的水压力为 0MPa，如图 6-25(c)所示。随着钻孔周围应力的不断累积，第 44step 时，水压力增加到 21.5MPa，Z1 钻孔两侧尖端裂纹萌生(低于常规钻孔单孔压裂时的 24.0MPa)，如图 6-25(e)所示。第 50step 时，水压力继续增大至 24.5MPa，Z1 钻孔的尖端裂隙

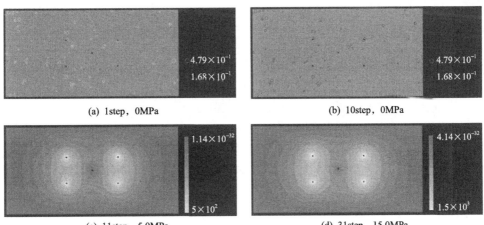

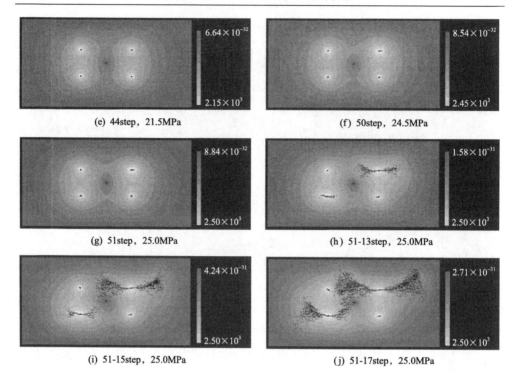

图 6-25　r_2=3-3X 周边孔同步压裂的水压力等值线图

沿着最大主应力方向扩展形成水力压裂主裂隙，同时 Z3、Z4 钻孔尖端裂纹萌生，如图 6-25(f)所示。说明多孔同时压裂时，虽然钻孔水压力同步增长，但是不同钻孔受各自附近煤层的物理力学性质影响，其破裂压力各不相同。第 51step 时，钻孔水压力增加到 25.0MPa，Z1 和 Z3 钻孔水力压裂主裂隙初现分支裂纹，模拟进入长时分步计算，如图 6-25(g)所示。此后，进入钻孔水压力不再增加而水力压裂裂隙也能继续扩展的稳定扩展阶段。

第 51-13step 时，Z1 和 Z3 钻孔周边的水力压裂裂隙扩展至一定规模，同时 Z2 和 Z4 钻孔的裂纹扩展不明显，如图 6-25(h)所示。第 51-15step，这两个钻孔进一步扩展并通过中心孔连通，如图 6-25(i)所示；第 51-17step 时，可以明显看到水力压裂裂隙扩展的不同步现象，Z1 和 Z3 钻孔的水力压裂裂隙得到优先和充分的扩展，而 Z2 和 Z4 钻孔水力压裂裂隙扩展不明显，如图 6-25(j)所示。

B. 中间为常规钻孔，四周为扩孔钻孔，r_2=3-5X

第 1step 施工常规钻孔，中间孔和周边孔均为常规钻孔。第 6step 时将周边孔扩孔成 r_2=5 单元格的扩孔钻孔。继续运行 5step 后观察各个钻孔周边的声发射变化。第 11step 时，向周边孔施加 5.0MPa 的初始水压力，以后每步增加 0.5MPa 水压力。水压力等值线将所有的钻孔包裹在内，中心孔附近的水压力为 0MPa，如

图 6-26(c)所示。当水压力增加到 11.0MPa 时,除 Z2 钻孔外,其他 3 个钻孔都出现尖端裂纹萌生(低于扩孔钻孔单孔压裂时的起裂压力 15.0MPa),如图 6-26(d)所示。与 r_2=3-3X 水力压裂时相比,钻孔的破裂压力降低了 10.5MPa。当钻孔水压力增加到 18.5MPa 时,Z3 钻孔优先扩展,初现分支裂纹;Z4 钻孔紧随其后,出现沿着最大主应力方向的主裂纹;Z1 和 Z2 钻孔的裂纹扩展不明显,如图 6-26(e)所示。当水压力增加到 19.0MPa 时,Z4 钻孔和 Z3 钻孔优先扩展,同时 Z1 钻孔和 Z2 钻孔几乎停止了扩展。此后模拟进入长时分步计算,进入钻孔水压力不再增加而水力压裂裂隙也能继续扩展的稳定扩展阶段。

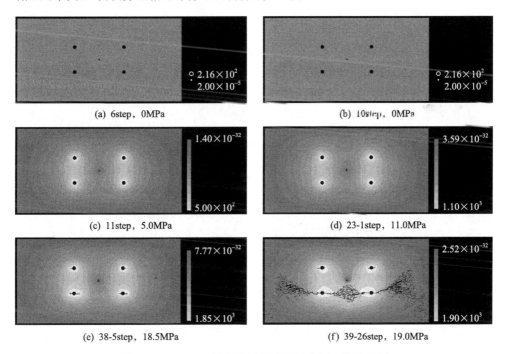

图 6-26 r_2=3-5X 周边孔同步压裂的水压力等值线图

第 39-26step,Z3 和 Z4 钻孔控制的区域煤层基本全被压裂开,裂纹密度均匀,范围大,如图 6-26(f)所示。可以明显看到水力压裂裂隙扩展的不同步现象,Z3 和 Z4 钻孔的水力压裂裂隙得到优先和充分地扩展,而 Z1 和 Z2 钻孔水力压裂裂隙扩展不明显,在现场实施期间,另外两个钻孔需要考虑分别进行压裂。

C. 中间为扩孔钻孔,四周为常规钻孔,r_2=5-3X

第 1step 施工常规钻孔,中间孔和周边孔均为常规钻孔。第 6step 时将中心孔扩孔成 r_2=5 单元格的扩孔钻孔,如图 6-27(a)所示。继续运行 5step 后观察各个钻孔周边的声发射变化,如图 6-27(b)所示。第 11step 时,向周边孔施加 5.0MPa 的初始水压力,如图 6-27(c)所示。以后每步增加 0.5MPa 水压力。随后钻孔水压力不断增大，钻孔周围应力不断累积。当水压力增加到 25.0MPa(略低于常规钻孔单孔压裂时的起裂压力 26.5MPa)，除 Z1 钻孔外，其他 3 个钻孔均有尖端裂纹萌生，如图 6-27(d)所示。随后水压力继续增大至 26.0MPa，4 个钻孔均有尖端裂纹萌生。接着，Z2 钻孔初现分支裂纹，Z3 和 Z4 钻孔分支裂纹沿着最大主应力方向扩展形成水力压裂主裂隙，Z1 钻孔的裂纹萌生扩展不明显，如图 6-27(e)所示。此后进入长时分步计算，进入水压力不再增加而水力压裂裂隙也能继续扩展的稳定扩展阶段。

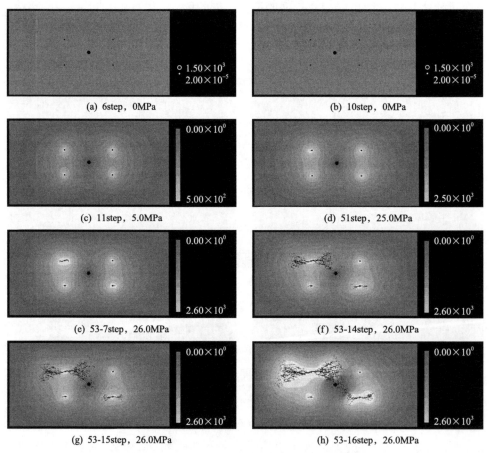

图 6-27　r_2=5-3X 周边孔同步压裂的水压力等值线图

第 53-14step，Z2 钻孔裂隙与中心孔连通，部分高水压区的水压力得到释放，如图 6-27(f)所示。第 53-15step，Z2 钻孔裂隙和 Z4 钻孔裂隙通过中心观察孔连通，如图 6-27(g)所示；第 53-16step，连通后的裂纹继续向周边扩展，如图 6-27(h)所示。可以明显看到水力压裂裂隙扩展的不同步现象，Z2 和 Z4 钻孔的水力压裂裂隙得到优先和充分地扩展，而 Z1 和 Z3 钻孔水力压裂裂隙扩展不明显，在现场实施期间，需要考虑分别进行压裂。

D. 中间为扩孔钻孔，四周为扩孔钻孔，r_2=5-5X

第 1step 施工常规钻孔，中间孔和周边孔均为常规钻孔。第 6step 时将中心孔和周边孔扩成 r_2=5 单元格的扩孔钻孔，如图 6-28(a)所示。继续运行 5step 后观察各个钻孔周边的声发射变化，如图 6-28(b)所示。第 11step 时，向周边孔施加 5.0MPa 的初始水压力，每步增加 0.5MPa 水压力。水压力等值线将所有的钻孔包裹在内，中心孔附近水压力为 0MPa，如图 6-28(c)所示。当水压力增加到 10.5MPa(低于扩孔钻孔单孔压裂时的起裂压力 15.0MPa)，Z4 钻孔尖端裂纹萌生；随后水压力继续增大至 15.0MPa，4 个钻孔均出现了尖端裂纹萌生。当钻孔水压力增加到 18.0MPa 时，各个钻孔分支裂纹沿着最大主应力方向扩展形成 4 个水力压裂主裂隙，部分主裂隙初现分支裂纹，其中 Z4 钻孔的裂纹扩展不明显，如图 6-28(d)所示。此后模拟进入长时分步计算，即进入钻孔水压力不再增加而水力压裂裂隙也能继续扩展的稳定扩展阶段。

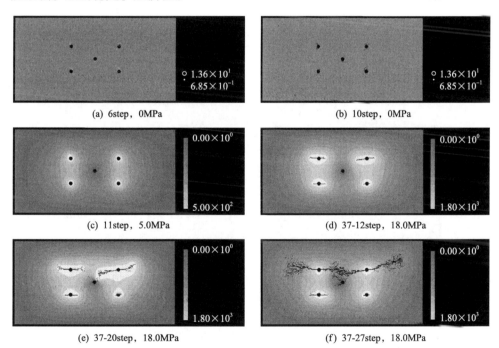

图 6-28 r_2=5-5X 周边孔同步压裂的水压力等值线图

第 37-20step，Z1 和 Z2 钻孔裂隙继续扩展并与中间观察孔连通，如图 6-28(e)所示。第 37-27step，Z1 和 Z2 钻孔裂隙群的主裂隙宽度变大，如图 6-28(f)所示，由于高压水的渗透和冲刷作用，极大地增加了煤层的渗透率，有利于后期的瓦斯抽采。

可以明显看到水力压裂裂隙扩展的不同步现象，Z1 和 Z2 钻孔的水力压裂裂隙得到优先和充分扩展，而 Z3 和 Z4 钻孔水力压裂裂隙扩展不明显。在现场实施期间，Z3 和 Z4 两个钻孔需要考虑分别进行压裂。

对于周边孔同步压裂，周边孔为常规钻孔的布置方式容易形成某两个对角孔连通扩展而另外两个对角孔扩展不明显的情况，周边孔为扩孔钻孔布置方式容易形成两平行（最大主应力方向）孔连通扩展而另外两个平行孔扩展不明显的情况。在现场应用期间，对于裂纹扩展不明显的钻孔，需要分别进行压裂。

3）不同钻孔布置方式下水力压裂模拟结果分析

不同钻孔布置方式下的水力压裂模拟结果中，水力压裂裂隙扩展至数值模型边界时的裂隙形态汇总见图 6-29 和图 6-30。不同钻孔布置方式下的水力压裂模拟结果中钻孔尖端裂纹萌生破裂压力、初现分支裂纹及稳定扩展压力的变化见表 6-5。

从不同钻孔布置方式下水力压裂模拟可以得出如下结论。

A. 从模拟过程中所施加水压力的情况来分析

在 3X-3 布置方式下，所有钻孔均为常规钻孔，其起裂、初现分支裂纹及稳定扩展压力都比常规钻孔单独压裂时高，这与文献[318]所得出的结果有所不同。分

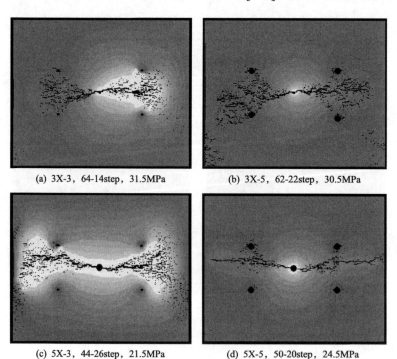

图 6-29　中心孔压裂的水力压裂裂隙扩展至模型边界时的裂隙形态

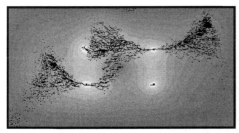
(a) 3-3X, 51-18step, 25.0MPa

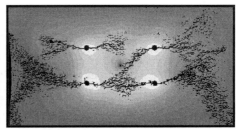
(b) 3-5X, 39-48step, 19.0MPa

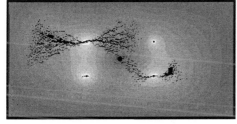
(c) 5-3X, 53-17step, 26MPa

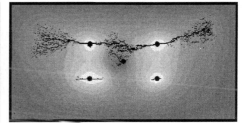
(d) 5-5X, 37-28step, 18.0MPa

图 6-30　周边孔压裂的水力压裂裂隙扩展至模型边界时的裂隙形态

表 6-5　不同钻孔布置方式下的水力压裂模拟结果中钻孔起裂、
初现分支裂纹及稳定扩展压力的变化　　　　（单位：MPa）

钻孔布置	尖端裂纹萌生破裂压力	初现分支裂纹压力	稳定扩展压力
3X-3	29.0	31.5	31.5
3X-5	28.0	30.5	30.5
5X-3	15.0	21.5	21.5
5X-5	10.5	21.0	24.5
3-3X	21.5	24.5	25
3-5X	11.0	18.5	19.0
5-3X	25.0	26.0	26.0
5-5X	10.5	18.0	18.0

析认为，可能是由于本章模拟期间，考虑了钻孔施工对其周围煤岩体应力分布的影响，模拟中在加载水压力之前让程序先运行了 10 step，使压裂孔周围的应力经历了一个重新分布的过程，导致压裂孔周围的应力高于其原始应力。

在 3-3X 布置方式下，所有钻孔也都是常规钻孔，但其尖端裂纹萌生、初现分支裂纹及稳定扩展的压力都比 3X-3 布置方式略低，这说明相同条件下，中心孔受其他钻孔施工所引起的应力分布作用要大于周边孔。在 5X-5 和 5-5X 这两种布置方式下，所有钻孔都是扩孔钻孔，它们尖端裂纹萌生、初现分支裂纹及稳定扩展的压力都比其他布置方式小很多，这正说明对钻孔进行扩孔能够降低煤层起裂压力。

B. 从防止出现应力集中的角度来分析

从防止出现应力集中的角度来看，中心孔单独压裂比周边孔同步压裂要好，特别是中心孔为小孔、周边孔为扩孔钻孔时，压裂裂隙的扩展范围基本位于图 6-29 和图 6-30 中上排和下排钻孔之间，这对于防止图 6-29 和图 6-30 中的上、下方出现应力集中十分有利，并且由于裂隙沿主应力方向延伸的长度相对较短，即使出现应力集中，也容易确定应力集中的范围。而对于周边孔同步压裂来说，由于其在外围扩展的范围较大，可能会出现与单孔压裂类似的应力集中区和瓦斯富集区。

C. 从对裂隙扩展导控作用的角度来分析

从图 6-29 中的 3X-3、3X-5 这两种布置方式下水力压裂的最终效果图中能明显看出周边的控制孔对裂隙发展的导控作用。在压裂初始阶段，钻孔主要受地应力的控制作用，待裂隙发展至距周边孔一定距离后，在周边孔的控制作用下，裂隙最终扩展的范围角就是裂隙分叉点与周边孔的连线。图 6-30 中的 5-5X 布置方式下，Z1 钻孔右下方的裂隙和 Z2 钻孔左下方的裂隙汇集在一起向中心孔方向扩展，而在 Z1 钻孔和 Z2 钻孔连心线上方裂隙的发育要少许多。

在图 6-30 中的 3-3X、3-5X 和 5-3X 这 3 种布置方式下水力压裂的最终效果图中均能明显地看出先形成的裂隙对后发育裂隙的诱导作用。在 3-3X 布置方式下，Z1 钻孔先形成了裂隙，Z3 钻孔右上方的裂隙明显偏离了原来的延伸方向而向着 Z1 钻孔左下方的裂隙方向延伸，且大部分裂隙偏离了中心孔方向，Z3 钻孔右下方发育的裂隙非常少；在 3-5X 布置方式下，Z3 和 Z4 钻孔先形成了裂隙，Z1 钻孔左下方的裂隙明显偏离了原延伸方向而向着 Z3 和 Z4 钻孔裂隙搭接的部位延伸，绝大部分裂隙偏离了中心孔方向，Z1 钻孔左上方基本没有裂隙发育；在 5-3X 布置方式下，Z2 钻孔先形成了裂隙，Z4 钻孔左上方的裂隙明显偏离了原延伸方向而向着中心孔和 Z2 钻孔右下方的裂隙方向延伸，而 Z4 钻孔左下方基本没有裂隙发育，这是 Z2 钻孔的裂隙和中心孔共同产生诱导作用的结果。以上这 3 种情况是对前面 6.2.2 节关于早期压裂裂隙的诱导应力理论计算的验证，充分说明了诱导应力是客观存在的。

D. 从裂隙发育的范围和密集程度来分析

从图 6-29 中很容易看出，无论是从裂隙的扩展范围还是从密集程度来看，3X-5 这种布置方式最具有优势。对于图 6-30 而言，无疑 3-5X 这种布置方式更好。这两种布置方式的共同点是都是常规钻孔与扩孔钻孔搭配布置，且周边孔都是位于经过中心孔且与地应力方向平行的直线两侧，并且关于直线呈对称分布。不同点是 3X-5 是中心孔单独压裂的结果，而 3-5X 是周边孔同步压裂的结果。作者认为，若从防治煤与瓦斯突出、节约能源、简化施工工艺和降低钻孔封孔费用角度考虑，应选择 3X-5 这种布置方式；若仅从增加煤层瓦斯抽采率角度来考虑，由于其裂隙发育范围最大，应优先采用 3-5X 这种布置方式。对于特殊条件下钻孔的布置，应结合前面的模拟结果因地制宜地进行选择，如在穿层钻孔为下向孔的条件下，由于钻孔扩孔期间排渣困难，最好选用 3-3X 这种布置方式。

  煤体内裂隙的变化必然造成煤层渗透系数的改变，经过 3X-5 和 3-5X 这两种布置方式下的增渗作业后，煤层的渗透系数变化见图 6-31 和图 6-32。从这两个图中可以看出，原始地应力条件下的煤层渗透系数很小，有的地方的渗透系数接近 0，

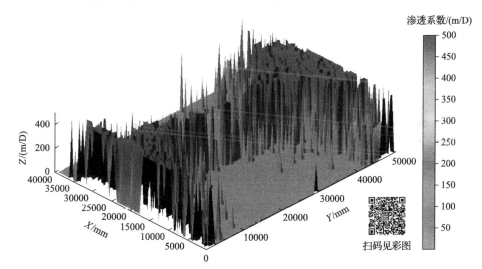

图 6-31 3X-5，44-26 step 的煤层渗透系数变化表面图

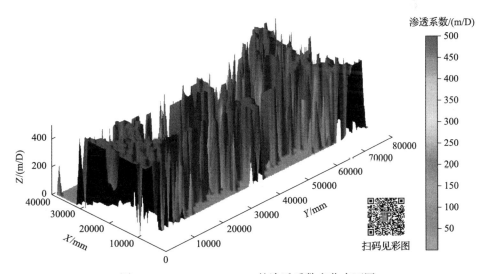

图 6-32 3-5X，39-48 step 的渗透系数变化表面图

经过上述增渗作业之后,煤层的渗透系数有了明显提高,有的甚至达到近 500m/D,且前面的数值模拟结果图 6-29(b) 和图 6-30(b) 的煤层裂隙发育区域与图 6-31 和图 6-32 的煤层渗透系数比较高的范围吻合。这说明了三维旋转水射流与水力压裂联作煤层增渗技术能够扩大裂隙的分布范围,从而提高有效作用区域内煤体的透气性能。

第7章 三维旋转水射流扩孔(割缝)装备研制及地面联机试验

前面章节研究了高压旋转水射流喷嘴的设计、实验室试验,但要实施井下煤层钻孔的冲割煤体作业,还需要开展喷嘴的试制和现场工业性试验用喷嘴的加工等工作,需要有一整套与之配套的井下移动高压水力泵站系统为喷嘴作业提供动力,并通过各种调节机构控制水射流的强度及冲割煤(岩)体的范围。

7.1 煤矿现场用喷嘴的设计原理

1) 喷嘴直径确定

根据数值模拟结果和试验得出高压旋转水射流喷嘴的最优结构参数,本章设计了 5 种高压旋转水射流扩孔喷嘴组合,并进行了试制。

喷嘴压降和流量的关系公式:

$$\Delta P = \frac{0.081 \rho Q^2}{C^2 d_{ne}^4} \tag{7-1}$$

式中,ΔP 为喷嘴压降,MPa;Q 为通过喷嘴的流量,m³/s;ρ 为流体密度,g/cm³;d_{ne} 为喷嘴当量直径,cm;C 为喷嘴流量系数,与喷嘴结构有关,此处取 0.9~0.95。

按现场试验泵压 31.5MPa、流量 3.3m³/s,可计算出喷嘴的当量直径 d_{ne} 为 4.36mm。喷嘴当量直径与喷嘴直径公式:

$$d_{ne} = \sqrt{\sum_{i=1}^{z} d_i^2} \tag{7-2}$$

式中,d_i 为第 i 个喷嘴直径,cm;z 为喷嘴个数。

经计算可知,在现场试验用泵压、流量条件下,可供直径为 2.5mm 的 3 个喷嘴或直径为 3.0mm 的 2 个喷嘴安装在喷头上来进行现场水射流扩孔。考虑到现场应用时的泵压和流量会有所变化,共加工了 5 种不同直径的喷嘴。

2) 射流速度与射流打击力计算

高压水射流使煤岩体破坏的力称为高压水射流打击力,它主要是由水射流流量、射流压力和高压水的密度决定的。包括压力、流量和流速在内的射流流束的状态参数一般不随时间的变化而变化，射流的流动也符合连续性原则，能用连续性动量方程来计算。

根据动量方程的冲量与动量相等这一平衡条件，得出式(7-3)：

$$F\mathrm{d}t = \mathrm{d}(mv) \tag{7-3}$$

式中，F 为压力；v 为速度。

将 mv 用 I 来代替，式(7-3)可改写为

$$\sum F - \sum I = 0 \tag{7-4}$$

若用 F_s 来表示射流打击力，其值可表示为

$$F_s = I = Q\rho_s v_s \tag{7-5}$$

或：

$$F_s = \rho_s A_s v_s^2 \tag{7-6}$$

式中，F_s、I 为射流打击力，N；m 为液流质量流量，kg/s；v_s 为喷嘴出口处射流速度，m/s；Q 为通过喷嘴的流量，m³/s；A_s 为喷嘴出口处截面积，m²；ρ_s 为水的密度，kg/m³。

喷嘴出口动压力 P_d 为

$$P_d = \frac{\rho_s v_s^2}{2} \tag{7-7}$$

式中，P_d 为射流在喷嘴出口处的动压力，Pa。将式(7-7)转化为 v_s 的函数之后有

$$v_s = \sqrt{\frac{2P_d}{\rho_s}} \tag{7-8}$$

联立式(7-8)和式(7-5)，就能得出与喷嘴出口动压力、流量和水的密度相关的射流打击力计算公式：

$$F_s = Q\sqrt{2\rho_s P_d} \tag{7-9}$$

从式(7-9)可以看出，射流打击力与流量 Q、喷嘴出口动压力 P_d 均成正比。要提高水射流破岩效率，就必须提高射流流量与喷嘴出口动压力。

以 3mm 喷嘴为例，在泵压 31.5MPa、流量 3.3m³/s 时，可计算出喷嘴出口处射流流速 v_s 为 251m/s，射流打击力 F_s 为 828.3kN。当换作 3 个 1.7mm 的喷嘴时，由于喷嘴的当量直径相等，各喷嘴的出口动压力不变，而流量变为原来的 1/3，射流打击力也因而变为原来的 1/3。

7.2 组合高压旋转水射流喷头及喷嘴

在实验室内、淹没条件下且喷距很小(40mm)的情况下，采用单喷嘴冲孔的最大扩孔直径仅为184mm。考虑到在现场应用过程中喷嘴可能处于淹没状态或半淹没状态，且煤岩的硬度变化很大，通过单喷嘴扩孔难以实现扩孔直径大于300mm的要求。因此，本章设计了由喷头和喷嘴配合组成的组合喷射机构，把原来的单一扩孔喷嘴改为安装在喷头侧面的2个或3个小直径喷嘴而使喷距变小，从而提高了水射流扩孔的能力。

1) 多喷嘴喷头的设计及加工

喷头是指设有一个或多个喷嘴(或嘴孔)并由此形成水射流的部件。喷头的特点为：第一，是由多个喷嘴和座体构成的组合体；第二，利用喷嘴能量转换原理来工作；第三，能完成包括打击、旋转、自动给进和多方位喷射等多种功能。

本章设计了2种喷头，一种是在1个喷头的侧面依次错位安装3个喷嘴，另一种是在1个喷头的侧面错位安装2个喷嘴并在顶部安装1个喷嘴或加丝堵。在现场试验时，一般将喷头安装在钻杆的最前端，依靠钻机的扭矩和给进力带动喷头在旋转的同时沿轴向行进。为使喷头在钻孔内进退自如，在保证实现喷射功能的前提下，尽量减小喷头直径，同时把喷头前端设计成具有锥度或圆角化，以减小行进过程中的阻力。所研制的两种喷头的结构见图7-1。

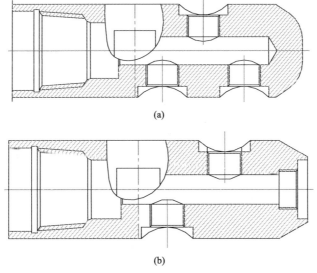

图 7-1 三喷嘴喷头结构图

多喷嘴喷头加工完成后，首先对喷头的强度、扭矩等参数进行校核，以确保喷头的加工质量能满足设计和现场应用要求。经计算和校核，选用高硬材质来加工现场试验用的喷头，实物见图 7-2。

图 7-2　三喷嘴喷头实物图

2) 多喷嘴喷头配套喷嘴的研制

首先根据泵的压力、流量计算出喷嘴当量直径，其次根据式(7-2)计算出喷头配套的喷嘴直径。根据前期试验得出的最优参数 $L=2d$（L 为喷嘴长度，d 为喷嘴直径），共设计出 5 种喷嘴和与之配套的叶轮，具体参数见表 7-1，喷嘴设计见图 7-1，实物图见图 7-2 和图 7-3。

表 7-1　三喷嘴喷头配套旋转水射流喷嘴参数

名称	尺寸/mm	数量/个
扩孔喷嘴	$d=1.8$，$L=3.6$	9
	$d=2.0$，$L=4.0$	9
	$d=2.3$，$L=4.6$	9
	$d=2.5$，$L=5.0$	18
	$d=3.0$，$L=5.0$	12

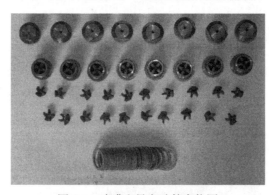

图 7-3　喷嘴和导向叶轮实物图

喷嘴加工技术要求：流道内表面粗糙度为0.8，其余表面粗糙度为7.2；调质HB217-255；磷化。叶轮加工技术要求：材料为38CrMoAl；四头螺纹（矩形），右旋；叶片大端沿轴向修尖；氮化硬度值≥1100，氮化层厚度≥0.8mm。

在高压泵能力不变且能达到破煤扩孔要求的条件下，应尽量选用较大直径的喷嘴，以增加单个喷嘴的破岩面积和破碎深度。

7.3 螺旋辅助排渣高压钻杆

在井下实施水力冲孔、扩孔、割缝和钻进等水力化冲割煤体措施时，特别是在深孔条件下，由于钻孔直径有限，水力冲割煤体时所产生的煤水混合物和释放出的瓦斯要排出孔外，只能经由钻杆和孔壁之间狭窄的环形自由空间。在作业初期，由于孔内煤量较少，排渣还算流畅，随着冲割作业过程的持续进行，大量的煤水混合物不断产生，如此局促的空间势必造成排渣困难，再加上塌孔等因素的影响，经常出现堵孔等现象，严重时可能出现夹钻及钻杆无法取出孔外等现象。如何解决水力冲割煤体作业期间的排渣问题一直是水力化煤层增渗技术大范围推广的关键所在。

要解决排渣问题主要有两种途径：一是改变水射流冲击落煤的粒径。现场作业对象——煤体的硬度不一，冲割煤体期间冲击破碎落煤与煤块自行脱离煤体同时存在，因此这一途径很难实现。二是改变煤水混合物的排出方式。这种解决途径多从改变钻杆的结构入手，本书正是从这一途径入手来解决排渣问题的。

对于高压水射流专用钻杆而言，除了需要解决排渣问题，解决钻杆的高压密封问题也十分重要。密封不严而造成高压流体泄漏不但会影响喷嘴破煤岩的效率，还可能伤及作业人员。普通矿用钻杆多采用锥螺纹的过盈配合或钻杆公、母接头连接的端面进行密封。仅靠锥螺纹密封的钻杆承受水压较低，且钻杆的磨损会降低其密封能力。依靠钻杆公接头和母接头进行端面密封时，一般在端面加密封圈或组合垫片，通过挤压来实现密封，但密封圈或组合垫片在受挤压后容易变形失效，频繁更换密封圈等会使施工效率降低、成本增加。因此，作者对高压水射流钻杆的密封也进行了研究。

1) 钻杆的排渣设计

本书采用了协同排渣的方法来解决排渣问题，即以流体排渣为主、机械排渣为辅的协同作用排渣方法。借鉴螺旋输送技术和螺旋钻进的理念，在高压钻杆的外壁焊接螺旋叶片。当钻杆旋转时，水射流冲割出的煤屑受到螺旋叶片的搅动，不断使煤屑扬起和落下并与水流混合，同时螺旋叶片与钻孔之间的摩擦不断磨削煤屑而形成较小颗粒的煤屑，在这双重作用下形成了较小的煤屑颗粒并与水流充分混合，在回水和螺旋输送作用下被带出钻孔。

2) 钻杆高压密封的设计

按照密封原理的不同,高压密封可以分为自紧密封和强制密封两类。

依靠连接件(如螺栓等)的预紧力,强制密封可以保证压力容器的顶盖、密封元件和圆筒体端部之间具有一定的接触压力,从而达到密封的目的。

随着压力容器内压力的升高,密封元件与顶盖、圆筒体端部之间的接触压力也会增加,自紧密封正是利用这一点来实现密封作用。其特点是容器内的压力越高,在接触面处密封元件的压紧力就会越大,其密封性能也会越好。按照密封元件的变形方式,自紧密封可以分为径向自紧密封与轴向自紧密封。考虑到水射流扩孔过程中钻杆需要旋转、给进等运动,钻杆间的密封选择自紧密封方式,即钻杆公接头的外锥密封螺纹与相邻钻杆母接头的内锥密封螺纹旋紧连接形成螺纹密封;钻杆公接头的外锥密封螺纹段端面与相邻钻杆母接头的内锥密封螺纹段端面挤压密封胶圈形成轴向密封;钻杆母接头最外侧的大直径内周面与相邻钻杆公接头第二个环形凹槽内的 O 形密封圈及环形凹槽附近公接头的外表面形成径向密封。高压旋转水射流钻杆接头示意图详见图 7-4。

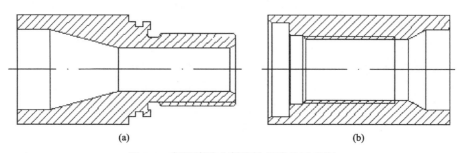

图 7-4　高压旋转水射流钻杆接头示意图

3) 高压旋转水射流钻杆强度的校核

在螺旋钻杆旋转过程中,除了输送高压流体与传递扭矩外,还要通过刮切来排出钻孔内的煤屑,以保证扩孔作业过程顺利进行。所以,螺旋钻杆除了便于排粉、辅助排渣和实现耐高压密封外,还要有足够的抗扭强度。

因为钻杆需要输送压力高达 45MPa 的高压水,所以要对钻杆接头和钻杆壁的强度及厚度等进行校核。把钻杆截面看作受均匀内压力作用的圆筒,根据弹性力学理论,钻杆内壁任一点的应力为

$$\sigma_r = -\frac{\dfrac{r_2^2}{r^2}-1}{\dfrac{r_2^2}{r_1^2}-1}P \tag{7-10}$$

$$\sigma_\theta = \frac{\dfrac{r_2^2}{r^2}+1}{\dfrac{r_2^2}{r_1^2}-1}P \tag{7-11}$$

式中，σ_r、σ_θ 分别为径向应力和切向应力，MPa；r_1、r_2 分别为钻杆的内、外半径，mm；P 为水压力，MPa。

从式(7-10)、式(7-11)可以看出，径向应力与切向应力的最大值均发生在钻杆的内壁处，即钻杆半径 $r=r_1$，所以：

$$\sigma_{r\max} = -P \tag{7-12}$$

$$\sigma_{\theta\max} = \frac{r_2^2+r_1^2}{r_2^2-r_1^2}P \tag{7-13}$$

式中，$\sigma_{r\max}$、$\sigma_{\theta\max}$ 分别为径向应力最大值和切向应力最大值。

若最大泵压为 45MPa，钻杆及其接头的材料选用 STM-R780 钢材，按照强度理论校核，取安全系数 $\mu=4$，则只要钻杆壁厚 $\delta>5.42$mm 就能满足强度要求。本章取的钻杆壁厚为 8.25mm，钻杆公、母接头紧固后，最薄处壁厚为 19.25mm，钻杆之间采用轴向密封、螺纹密封和径向密封来实现钻杆耐压达到 63MPa。钻杆杆体分别以摩擦焊的形式与公接头、母接头焊接。摩擦焊接是在压力作用下，使相对运动的待焊材料相互之间产生摩擦，造成界面及其附近温度升高来使其达到热塑性状态，在顶锻力作用下，材料将会发生塑性变形和流动，通过界面元素的扩散和再结晶冶金反应最终完成焊接，从而达到提高接头与杆体之间的机械强度、增大扭矩的目的。高压水射流钻杆实物见图 7-5。

图 7-5 高压水射流钻杆实物图

7.4 回转式高压旋转接头

现场试验期间，高压泵与钻杆之间采用钢丝编织高压胶管连接，实现高压水的连续输送，但由于钻杆要不断旋转而高压胶管却不能连续旋转，必须用高压旋转接头来实现二者之间的连接。由于旋转接头内部的旋转轴和外部的壳体之间会发生相对运动，必须通过密封来阻止内部流体经由运动面间隙产生泄漏。按结构形式的不同，密封可以分为密封件密封、填料密封和间隙密封等。目前多采用密封件或组合密封件作为输送高压水的旋转密封，但它们有两个缺点：一是对介质的清洁度要求较高，一般不能含 0.02mm 以上的固体颗粒，否则会造成密封面或密封件损坏，甚至不能转动而失效；二是结构复杂，体积较大。由于填料密封属于无泄漏密封，旋转期间的摩擦阻力很大，不宜用于水射流扩孔作业。间隙密封是有泄漏的，密封间隙数量级一般在 0.01mm，要求供液系统具有很高的过滤精度。

通过对国内外高压旋转接头的生产厂家的调研，设计并加工出了一种回转式高压旋转接头，见图 7-6。该旋转接头采用旋转密封形式，其耐压、耐磨及耐温性能均符合现场水力化作业的需求，在 300r/min 条件下，能够输送压力为 31.5MPa 的高压水，满足高压旋转水射流扩孔作业的要求。

(a)

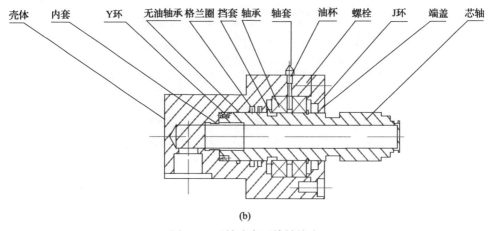

(b)

图 7-6 回转式高压旋转接头

7.5 高压水泵及配套装置

1) 高压水泵

在高压水泵选型之前,首先对国内外煤矿在应用高压水射流设备进行冲蚀、割缝、钻孔及水力压裂作业中所用高压水泵的压力、流量进行了调研,调研结果见表7-2。可以看出,高压水泵的压力在16～80MPa,流量在30～250L/min。根据调研结果、高压旋转水射流喷嘴的实验室试验结果和现场工业性试验用高压旋转水射流喷嘴的设计参数,结合我国煤层的实际情况,选择天津市聚能高压泵有限公司生产的3ZBG型煤矿专用泵,见图7-7。

表7-2 用于进行冲蚀、割缝、钻孔及水力压裂的设备能力统计

序号	数据来源	实施单位	实验地点	压力/MPa	流量/(L/min)
1	高压水射流对煤的冲蚀机理的研究	中煤科工集团重庆研究院有限公司	不详	19	不详
2	煤泥的高压水射流粉碎试验研究	中国矿业大学(北京)	不详	48	不详
3	自进式水射流钻进技术在煤层气开发中的应用	河南理工大学	黑水矿、达特布鲁克矿	80	36.5(正)、78.8(反)
4	高压磨料射流割缝技术及其在防突工程中的应用	中国矿业大学	不详	50	30～80
5	高压水射流在煤矿生产中的应用	山西能源学院	我国部分矿井	30	不详
6	水力冲割煤层卸压抽采瓦斯技术的研究	中煤科工集团沈阳研究院有限公司	赵各庄矿	17	133
7	水力压裂在综采二分层顶煤大块治理中的应用	辽宁天宝能源股份有限公司虎台煤业分公司	辽宁天宝能源股份有限公司虎台煤业分公司	17	135
8	高压水射流扩孔技术的研究	中煤科工集团重庆研究院有限公司	松藻打通二矿	25	50～75
9	高压旋转水射流防治煤矿冲击地压试验研究	辽宁工程技术大学	未知	>75	>200
10	高压水射流在掘进机上的应用	J.Straughan	BENTICK煤矿	69	54
11	水力冲孔技术在严重突出煤层中的应用	河南理工大学	九里山矿	16	41.67
12	封闭型煤层裂隙地应力场控制水压致裂特性	西安科技大学矿山压力研究所	渭北煤田	16	75

续表

序号	数据来源	实施单位	实验地点	压力/MPa	流量/(L/min)
13	高压水射流割缝防突技术研究与应用	平顶山天安十二矿	平顶山十二矿	30	45
14	高压水射流技术在煤矿预抽防突中的实验研究	重庆大学	四川芙蓉白胶煤矿	30	不详
15	高压水射流在煤层中钻孔技术的发展	重庆大学机械工程学院	German Greek 煤矿	65	160
16	高压磨料射流割缝技术及其在防突工程中的应用	中国矿业大学	平顶山十二矿	30	0.4
17	高压水射流钻孔技术	中煤科工集团重庆研究院有限公司	淮南新庄孜矿	31.5	250
18	钻孔中煤体割缝的高压水射流装置设计及试验	重庆大学	不详	30	不详

图 7-7　3ZBG 型煤矿专用泵

3ZBG 型煤矿专用泵是为煤矿井下注浆而设计的产品，其液力端采用三体组合式泵头，拆卸方便。动力端采用整体滚动轴承传动。润滑方式采用飞溅式润滑，可 24h 连续运转，无须冷却。该泵液力端装有安全阀、节流阀，自成系统，可调节节流阀以适用不同的流量。该泵的主要技术参数如表 7-3 所示。

2) 起动器

高压水泵配套电机的功率较大，为了降低它起动期间对电网的冲击、防止高压水泵高压端迅速升压，选用浙江浦东矿用设备有限公司生产的 QJR-120/660(380)Z 型矿用隔爆兼本质安全型交流真空软/直起动器来控制水泵作业，见图 7-8，其主要技术参数见表 7-4。该起动器采用先进的电力电子控制技术，通过控制电动机的起动电压和起动电流的上升实现对电动机的控制。一方面可以使高压水泵免受电动机起动过程中过大的加速转矩应力，另一方面可以使供电系统免受过大起动电流冲击,减轻了作用在被传送物体上的机械应力,减小了工作机械和传送装置的零部件磨损,从而达到了减少维护、提高工作安全度和延长设备的使用寿命的目的。该起动器与甲烷超限断电仪配套使用,可实现在作业环境瓦斯浓度超限时自动断电。

表 7-3 3ZBG 型煤矿专用泵技术参数

参数	参数值
型式	3ZBG 型三连柱塞泵
工作压力/MPa	41~47
整机尺寸/(mm×mm×mm)	3350×1670×1350
柱塞直径/mm	60
流量/(m³/h)	6.3~7
整机质量/kg	3600
配套电机	煤矿井下用隔爆型三相异步电动机,产地为山西防爆电机(集团)有限公司,电机型号为YBK2-280M-4,电机功率为90kW,锁定电压为380/660V,绝缘等级为F,工作方式为S_1,配套电缆为MYP-0.38/0.66 -3×70-1×25mm² 型煤矿用移动屏蔽橡套软电缆
配套胶管	钢丝编织高压胶管,内径为19mm,工作压力为50MPa,带煤安标志

图 7-8 QJR-120/660(380)Z 型矿用隔爆兼本质安全型交流真空软/直起动器

表 7-4 QJR-120/660(380)Z 型矿用隔爆兼本质安全型交流真空软/直起动器的主要技术参数

名称	交流真空软/直起动器
型号	QJR-120/660(380)Z 型
额定电压/V	660/380
本安参数 U_k/V	19.7(有效值)
额定电流/A	120
本安参数 I_d/mA	≤112(有效值)

3) 断电仪及甲烷传感器

为了保证井下移动高压水力泵站系统在作业环境内瓦斯浓度超限时能立即停止作业，配备了双路遥测甲烷超限断电仪和甲烷传感器，其技术参数见表7-5、表7-6，实物图见图7-9、图7-10。采用甲烷传感器对作业环境内风流中的甲烷含量进行连续监测、显示和超限报警，同时输出信号，为甲烷超限断电仪提供监测数据。甲烷超限断电仪能够可靠地对井下甲烷浓度进行检测、显示报警。瓦斯浓度超过预先设定值后，甲烷超限断电仪会自动切断矿用隔爆兼本质安全型交流真空软/直起动器的电路，从而停止高压水泵作业，防止由于电器失爆引起井下瓦斯爆炸事故。

表 7-5 DJYS-1 型双路遥测甲烷超限断电仪技术参数

技术参数	参数值
型号	DJYS-1 型双路遥测甲烷超限断电仪
防爆标志	Exd[ib]I
额定供电电压/V	AC 127、380、660（任选）
整机功率/W	≤60
模拟量信号频率/Hz	200～1000
输出本安电源	2 路，每路 DC 18V
传感器至主机距离/km	≤1.5
主机断电接点容量	AC 60V，5A
报警点	0.50%～1.50%CH_4
断点	0.50%～2.00%CH_4
解锁点	0.50%～1.00%CH_4
本安参数	DC≤18.9V，I_d≤200mA

表 7-6 CGY-1（0%～4%CH_4）型甲烷传感器技术参数

技术参数	参数值
型号	CGY-1 型甲烷传感器
防爆标志	ExibdI
工作电压/V	DC10～20
工作电流/mA	≤110
输出信号频率/Hz	200～1000
测量范围	0%～4%CH_4
报警点	0.5% CH_4、1.0% CH_4、1.5%CH_4
遥控接收距离/m	0～5

图 7-9　DJYS-1 型双路遥测甲烷超限断电仪　　图 7-10　CGY-1 型甲烷传感器

7.6　井下高压水射流作业远程监测与控制系统

为使实施水力化作业人员远离危险源，保障人身安全和作业过程安全可控，实现对井下水力化作业环境、高压水力系统等进行远程监测与控制，以及出现异常时自动断电等功能，研制了煤矿井下高压水射流作业远程监测与控制系统，见图 7-11。

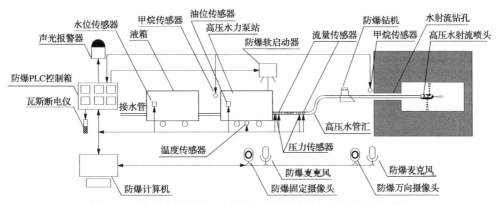

图 7-11　煤矿井下高压水射流作业远程监测与控制系统示意图
PLC-可编程逻辑控制器

煤矿井下高压水射流作业远程监测与控制系统，通过控制模块来控制执行模块、监视模块和数据采集模块。数据采集模块采集压力、水位、油位、温度、甲烷浓度等数据传至控制模块，实现监控及超限报警或断电功能。监视模块监测作业过程和环境安全状况，同时实现实时监测、存储、工况识别、数据传输，翔实、准确地记录水射流或水力压裂作业参数并自动生成数据表及相关曲线，提高了井下水力化作业的自动化程度，降低了人员作业强度和安全风险。

7.7 井下高压旋转水射流扩孔（割缝）系统

7.7.1 井下高压旋转水射流扩孔（割缝）系统的组成

煤矿井下高压旋转水射流扩孔（割缝）系统是一个装有水射流喷嘴的流体能量释放系统。它可以通过喷嘴把流体的压力能转换为速度能并形成射流束，其构成如图 7-12 所示。将这些装置、设备及仪表等根据各自的功能顺序连接起来，供水、供电后即可形成井下高压旋转水射流扩孔（割缝）系统。

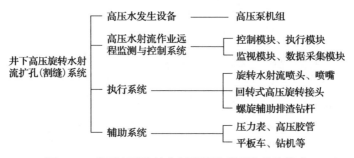

图 7-12 井下高压旋转水射流扩孔（割缝）系统构成

7.7.2 系统研制期间取得的专利

作者在开展以上研究工作期间，围绕穿层钻孔高压旋转水射流扩孔与水力压裂问题，结合所开展的研究工作，申请了 5 项发明专利和 3 项实用新型专利（表 7-7），这些专利获得受理或授权，也说明了本书内容的新颖性、创造性与实用性。

7.7.3 井下移动高压水力泵站系统样机地面联机调试

井下环境比较复杂，巷道顶板淋水、硬物碰撞等情况时有发生，为防止高压水力泵站系统中电器元件及压力表被撞坏或由于淋水侵蚀破损，在整个泵体的外面加装了防护罩。在防护罩加工时，在电机附近采用钢丝网结构，使电机运转过程中产生的热量易于散失；为了使泵的低压进水及高压排水管路便于连接，在这两处预留出口。研制的高压水力泵站系统重达 3600kg，加上各种配套装置的总质量在 4t 以上，为使其在井下巷道内便于搬运，设计在底座上安装两对轨距为 600mm、直径为 350mm 的铸钢矿车轮，两对矿车轮轴距为 1500mm。这样就可以使该设备利用井下轨道移动,成为井下移动高压水力泵站系统。试制完成的井下移动高压水力泵站系统样机见图 7-13。

表 7-7 系统开发期间获得的专利

序号	申请号	名称	专利号	法律状态	专利类型
1	CN201210043595.X	煤层预裂爆破与水力压裂联作增透方法	CN102635388A	实质审查的生效	
2	CN201210043632.7	导向槽定向水力压穿增透及消突方法	CN102619552A	实质审查的生效	
3	CN201110136401.6	三维旋转水射流煤层扩孔系统及扩孔与压裂增透方法	CN102213077A	实质审查的生效	发明专利
4	CN 201310587413.X	多功能水射流喷头及使用方法	CN103590748A	实质审查的生效	
5	CN201410436483.X	煤矿井下水力化增透作业远程监测与控制系统及监控方法	CN201410436483.X	受理	
6	CN201120169253.3	三维旋转水射流煤层扩孔系统	ZL201120169253.3	授权/有效	
7	CN201220271196.4	用于水力化措施的螺旋辅助排渣高压钻杆	ZL201220271196.4	授权/有效	实用新型专利
8	CN201320735292.4	多功能水射流喷头	ZL2013 2 0735292.4	授权/有效	

图 7-13 井下移动高压水力泵站系统样机

为确保所研制的井下高压旋转水射流扩孔(割缝)系统在井下安全、可靠、稳定地运转,研制完成后,在地面进行了多次联机调试,以试验高压水泵的增压能力、高压水射流作业远程监测与控制系统的监控能力、各种传感器的灵敏度及可靠性和螺旋辅助排渣高压钻杆、回转式旋转接头是否产生泄漏等。在地面联机试验时,高压水泵的压力最高达到 45MPa,除了由于高压钻杆接头处螺纹损坏出现过高压水泄漏外,其余部件未见异常。地面联机调试过程如图 7-14 和图 7-15 所示。

图 7-14　井下移动高压水力泵站系统样机地面联机调试

图 7-15　联机调试期间喷头水射流喷射效果

第8章　三维旋转水射流与水力压裂联作增渗技术在瓦斯抽采中的应用

三维旋转水射流技术与水力压裂技术是低透气性煤层瓦斯抽采和防治煤与瓦斯突出的关键技术，作者将它们结合起来，先对每组中的一个或几个钻孔进行高压水射流扩孔，然后选择合适的钻孔进行水力压裂，综合提高煤层的卸压、增渗效果。因此，本书为单一低透气性煤层的瓦斯抽采及突出煤层的消突提供了一种新的理念与技术途径。

本章将利用前面的研究成果，在 4 个煤矿分别开展水射流扩孔、控制孔导控定向水力压裂和两种不同钻孔布置方式下水射流扩孔与水力压裂联作对煤层增渗的现场应用，并对实施增渗作业区域的煤层进行瓦斯抽采及效果考察，以检验三维旋转水射流扩孔装备在井下有围岩应力条件下的破煤扩孔能力，并对比验证不同煤层增渗方式的增渗效果。

8.1　三维旋转水射流与水力压裂联作增渗工艺

煤矿井下三维旋转水射流与水力压裂联作增渗工艺主要包括：钻孔布置工艺、三维旋转水射流扩孔工艺、封孔工艺和水力压裂工艺等。此外，为了验证各种增渗技术的应用效果，还应包括增渗效果考察方法。

钻孔布置工艺应根据前面的研究结果和现场应用地点的煤层赋存、地应力分布及巷道布置等实际情况来进行设计。本章利用穿层钻孔开展煤层水力压裂的三个试验地点都不具备地应力测定的条件，且有的地点是上向钻孔，有的地点是下向钻孔，因此，试验期间只能根据煤层赋存和巷道布置情况分别制定钻孔布置工艺，并结合不同试验地点的现场应用分别进行介绍。

压裂孔的封孔方式可分为封孔器封孔和填料封孔两类。由于在水力压裂期间的水压可达到 30MPa 以上，目前煤矿应用的封孔器多数达不到这一要求，并且封孔器容易损坏。高分子封堵材料封堵效果较好，但成本较高。因此，为降低试验成本，并保证压裂作业顺利进行，本章的压裂孔均采用水泥砂浆封孔。用注浆泵在一定压力下将水泥砂浆注入钻孔，不只起到封孔作用，随着水泥浆进入钻孔封孔段的岩体内，还能封堵岩体内的裂隙，避免压裂期间压裂液的泄露，能够防止压裂液滤失所造成的钻孔内压裂液压力不足而难以将煤体压裂。

在开展现场应用试验时，本书所研制的煤矿井下高压水射流作业远程监测与控制系统尚未取得矿用产品安全标志证书,所以未能在现场进行试验应用。基于以上原因,这里只对三维旋转水射流扩孔工艺和煤层水力压裂工艺进行简要介绍。

8.2 三维旋转水射流扩孔与水力压裂联作增渗工艺流程

丁集煤矿试验期间的三维旋转水射流扩孔与水力压裂联作增渗试验设施布置示意图如图8-1所示,以下将结合图8-1介绍其工艺流程。

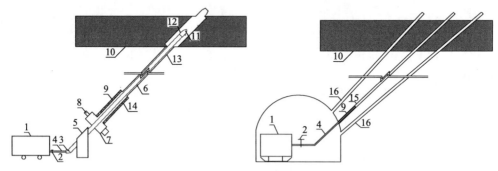

图 8-1 现场试验设施布置示意图

1-高压水泵;2-卸压阀;3-旋转接头;4-高压胶管;5-钻机;6-高压水射流钻杆;7-钻孔防喷装置;8-接抽采管路;9-封孔材料;10-煤层;11-水射流喷头;12-喷嘴;13-扩孔钻孔;14-套管;15-压裂孔;16-控制孔

(1)在顶板岩巷内按照钻孔设计施工各组穿层钻孔,钻孔施工至煤层顶板5.0m,以确保穿过整个煤层。施工过程中,详细记录钻孔实测方位角及倾角、钻孔内煤岩分布、施工过程中的瓦斯动力现象(如夹钻、顶钻、响煤炮、喷孔)等数据。钻孔施工到设计位置后,用清水清洗钻孔内的煤岩碎屑。

(2)对于每组钻孔,按照从下到上的顺序对预定钻孔进行扩孔。在扩孔期间用钻机作为钻杆及喷头的给进动力。根据钻孔开孔位置、实测的钻孔方位角和倾角将钻机固定好,先整平夯实基础,钻机四角采用丝杠与压车柱联合稳固,并系上防倒绳。在孔口安设防喷装置,使其排渣端向下并将抽放端接入瓦斯抽采系统。用液压油管将钻机操作台引出,使其远离孔口。扩孔前检查钻机各紧固件和油管接头是否有异常,并稳钻试运转。

(3)检查喷头、喷嘴及钻杆是否通畅,若有杂物应用水清洗干净。用钻机带动螺旋辅助排渣钻杆,将装有喷嘴的喷头送入钻孔煤层段上端。

(4)将由高压水泵、旋转接头、高压水射流钻杆、喷头和喷嘴、卸压阀及高压胶管总成等组成的水射流扩孔系统连接起来,并检查系统连接的正确性及各接头是否完好。

(5)高压水泵电动机初次用及重新接线或更换操作人员后,开泵前应该打开液箱出液口,然后点动电机,观察其转动方向是否正确。将无关人员撤离现场,高压水泵与作业钻孔之间禁止其他作业。打开瓦斯抽采系统及高压泵进水管，设专人看管液箱。

(6) 准备就绪后，所有人员远离孔口，发出开泵信号，泵操作者得到信号后方可开泵。启动泵，打开放气栓堵，放出高压腔内的空气，空转 10~15min 后逐渐加载，在无异常时方可投入使用。起初将压力调至 5MPa，检查管路、喷头、喷嘴、钻孔是否有泄露与堵塞现象。确认无误后，将高压水泵调至试验压力（开始先升至 10MPa，观察孔口情况，如没有煤屑冲出，逐渐调高压力，直至煤岩碎屑均匀、稳定排出）。扩孔期间，泵操作者需密切观察设备及作业人员，一旦发生泄漏或得到停泵信号，立即关闭高压水泵，待故障排除后方可再次开启高压水泵，重复上述开泵流程。作业期间，任何人不得再对紧固件、连接件进行紧固或调节，有必要时应停机卸压。

(7) 扩孔开始后，要时刻注意孔口情况。用钻机带动钻杆旋转，待孔内返水时才能缓慢给进。调节溢流阀使水压逐渐上升，待上升至预定压力后，利用喷嘴产生的高压旋转水射流对孔内煤体进行旋转切割。将钻机给进速度调至最小，使喷头在一个给进行程内多次往复运动直至煤岩碎屑排出量明显减少时，再外退钻杆进行下一段扩孔。若扩孔过程中出现无返渣或不返水等现象，应迅速停泵、卸压，然后处理孔内问题。在孔口附近瓦斯浓度达到 0.8%时，应停止作业，待瓦斯浓度降到 0.3%以下时再重新开泵，防止巷道内瓦斯浓度超限。

(8) 每完成一根钻杆长度的煤层段扩孔后，应停泵、卸压，待系统压力释放后卸掉一根钻杆，再对下一段煤层进行扩孔作业，多次重复以上过程，直至煤层段全部扩孔完毕。然后，降低水压、清洗钻孔。扩孔期间做好出煤量的计量与记录，应达到出煤量不小于 0.5t/m。扩孔结束后，停泵、断开电源并释放系统压力。

(9) 在预定压裂的钻孔内，置入 2in[①]钢管至煤层顶板，钢管之间采用螺纹连接，最外端钢管预先焊好高压接头。然后用注浆泵注入膨胀水泥对各压裂孔进行封孔，待凝时间 72h 以上，方可开始压裂试验。

(10) 将高压水泵、卸压阀、高压胶管总成、高压接头与事先置入的钢管牢固连接，形成水力压裂系统，并检查管路与各个接头连接的完好性。

(11) 所有人员撤至安全地点，高压系统可能影响到的区域禁止其他作业，打开进水管并设专人看管液箱，准备开始水力压裂。准备就绪后，作业人员应在力便观察压裂状况的前提下尽量远离，防止压裂过程高压水喷出伤人。按照前述程序开启高压水泵。初始压力调为 5MPa，检查管路，确认无误后，将压力逐步提升至 10MPa 并保持 10min，若周围钻孔均没有水流出，可按每次加压 3MPa 并维持 10min 的方式，直至有钻孔有水流出，然后保持该压力直至水流变清，关闭孔

---

① 1in=2.54cm。

口安设的卸压阀。保持压力 10min，观察是否有其他钻孔出水，若再没有钻孔出水，再按每次加压 3MPa 并维持 10min 的方式，直至其他钻孔有水涌出。重复以上过程，直至压裂孔周边除个别控制孔未见水流出外，其余的多数钻孔均能出水时，压裂作业结束。压裂期间应注意观察各钻孔水流的变化情况，并做好记录。水力压裂结束后，停泵，断开电源，使管路卸压。

(12)利用高压水实施的各种作业都是有危险的，并有可能造成伤害，特别是在煤矿井下狭小的作业空间、光线暗淡且有瓦斯存在的作业环境下。因此，开展增渗作业之前，必须制定出符合现场实际的安全防护措施，措施内容主要包括：成立专门的作业队伍、水射流作业人身安全防护用品的配备、进行高压水射流作业安全培训、制定好作业规程、制定出应急预案、确定避灾路线、保证作业地点的供风量并防止瓦斯超限措施等。

8.3　增渗效果考察方法

只有通过对实施作业前后影响区域内煤体各项指标的测定或对采掘期间的瓦斯涌出情况及应力显现情况进行观测，才能综合评价水射流与水力压裂联作增渗作业的实施效果。可用于进行增渗效果考察的方法主要有以下几种。

1) 裂缝扩展范围的观测

目前，裂隙探测设备呈多元化发展的局面，主要有：微震监测系统[239]、电磁辐射监测仪[330]、声发射监测系统[331]和放射性同位素探测仪[332]等，但是将这些设备用于对煤矿井下水力压裂裂缝进行监测的技术还不是很成熟，因此，本章采用观察压裂孔附近是否出水来实现对裂隙的发育区域进行大致的判断。

2) 煤层瓦斯基础参数的测定

一般来说，采取增渗作业后要进行瓦斯抽采，通过测定与对比增渗作业前和抽采期结束后的煤层瓦斯基础参数(特别是煤层瓦斯压力、瓦斯含量和煤层透气性系数)，就能间接判断出煤层渗透率的变化情况。由于一般抽采的周期在半年以上，在本书的研究周期内，难以通过这种方式完成各试验地点增渗后瓦斯基础参数的测定，本书也未采用这种方式来考察增渗效果。

3) 煤与瓦斯突出指标考察

对于有煤与瓦斯突出危险的煤层，通过对比增渗作业前和抽采期结束后的煤与瓦斯突出危险性指标，如煤的瓦斯解吸指标、钻孔瓦斯涌出初速度指标、钻屑量、煤的瓦斯放散初速度指标，也能实现对煤层渗透率的变化情况的间接判断。钻屑量的多少不仅受煤层瓦斯压力大小的影响，还能反映出地应力的情况，因此，通过钻屑量有可能反映出煤体内是否有应力集中现象，但这种方法可靠与否还需要在以后的实践中去检验。

4) 通过增渗作业前后钻孔瓦斯抽采纯量的分析方法

在相同的煤层赋存条件下，布置钻孔参数基本相同的瓦斯抽采纯量能够真实地反映煤层的渗透率，因此，通过对增渗作业前后钻孔瓦斯抽采纯量的变化情况的考察，能够评价增渗作业的实施效果。这可以通过两种途径来实现：一是在开展增渗作业前后，将钻孔接入瓦斯抽采系统，考察其流量变化；二是在实施增渗作业区域附近选择与增渗区域煤层及瓦斯赋存相近的地点，按照基本相同的钻孔施工参数施工对比钻孔。待增渗作业完成后，将增渗区域内的钻孔和对比钻孔同时接至瓦斯抽采系统，同步开展瓦斯抽采，分别考察各自的抽采情况并进行对比，来分析增渗作业实施后的效果。这两种途径都比较直观，通过抽采瓦斯纯量的不同，即可分析出煤层渗透率是否增加。因此，主要通过瓦斯抽采纯量的对比，来实现对水射流与水力压裂联作增渗效果的考察及分析。需要指出的是，由于不同位置处抽采管路内的负压、浓度、流量、温度均有差别，为了使观测结果具有可比性，可以都转换成用标准状况下的瓦斯抽采纯量来进行对比分析。

8.4　不同增渗技术在煤矿瓦斯抽采中的应用

8.4.1　三维旋转水射流扩孔技术的现场应用

1. 试验区概况

三维旋转水射流扩孔现场试验的地点选择在城山煤矿西二采区 3B#煤层右二下巷。城山煤矿位于黑龙江省鸡西市城子河区境内。该井田共分两个水平，一水平标高–400m，二水平标高–800m，主要开采煤层 11 层。3B#煤层为单一结构，煤层厚度 2.8m、倾角 14°，是矿井主要开采煤层，煤的坚固性系数为 1.47，煤层瓦斯含量为 9.5～11m³/t。城山煤矿 2008 年瓦斯等级鉴定结果为高瓦斯矿井，相对瓦斯涌出量为 21.43m³/t，绝对瓦斯涌出量为 87.41m³/min。

2. 钻孔布置与施工工艺

试验期间，在 3B#煤层右二下巷内靠工作面一侧，每 8m 施工 1 个钻孔，共施工 4 个钻孔，钻孔直径按照 94mm 施工。选择 3 个钻孔开展了扩孔试验，把剩余的 1 个钻孔当作对比钻孔，用来对比来分析扩孔前后钻孔自然瓦斯涌出量和瓦斯预抽量的变化。钻孔的开孔位置距离巷道底板 1.6m，钻孔沿煤层的倾斜方向布置，见图 8-2。各钻孔相关施工参数见表 8-1。高压泵的井下安设见图 8-3。

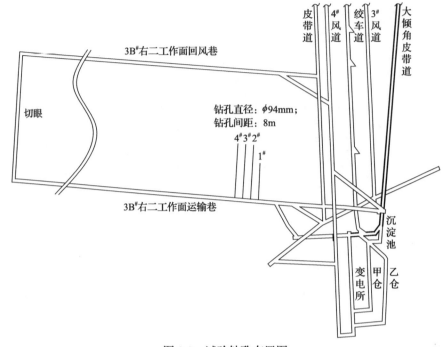

图 8-2 试验钻孔布置图

表 8-1 试验钻孔施工参数及扩孔效果

钻孔编号	钻孔长度/m	喷嘴个数/个	喷嘴直径/mm	扩孔时间/min	扩孔长度/m	总出煤量/t	平均扩孔直径/mm	自然瓦斯涌出量/(L/min)	
								扩孔前	扩孔后
1#	6	3	1.8	87	6	0.591	314	—	—
2#	60	—	—	—	—	—	—	9.59	—
3#	60	3	1.8	191	18	1.689	307	3.23	8.91
4#	60	3	2.0	544	52	4.776	304	10.28	24.36

图 8-3 高压泵的井下安设

首先施工 1#钻孔并对其进行扩孔，以检验高压泵运转是否正常、高压供水管路是否泄露，并根据实际扩孔效果确定其余钻孔扩孔时钻杆的往返次数等参数，实验完毕后即用黄泥将孔口封住，不再使用。根据 1#钻孔的试验情况，对扩孔工艺进行合理调整后，对 3#、4#钻孔进行扩孔试验，各钻孔扩孔试验情况详见表 8-1。在施工 3#钻孔时，由于距孔口 26m 处出现了塌孔，喷头不能进入，只对该孔距孔口 8～26m 段进行了扩孔。扩孔作业完成后，用聚氨酯对钻孔进行封孔，封孔完成后，立即测定各钻孔自然瓦斯涌出量，然后接至巷道内的瓦斯抽采管路，观测钻孔预抽期间瓦斯流量及浓度的变化。

3. 扩孔增渗与效果分析

1) 试验现象分析

在扩孔过程中，可以观察到大量水携带煤屑从孔内排出，扩孔作业所产生煤屑的粒度明显大于普通钻孔作业，直径绝大多数在 3～8mm，有的甚至达到 20mm 以上。扩孔后钻孔呈沿水平方向宽、沿竖直方向窄的不规则形状，最宽处 347mm、最窄处 281mm，扩孔效果如图 8-4 所示。分析认为，扩孔钻孔在水平和竖直方向不均等的现象，是由于钻孔内壁在水平与竖直方向所受应力不同，且煤层层理的分布在水平和垂直方向有所差异，造成水射流打击效果不一致。

图 8-4 三维旋转水射流扩孔效果

4#钻孔采用安设 3 个 2.0mm 喷嘴的喷头扩孔，扩孔过程中压力表显示的最大水压仅为 32MPa，小于 1#钻孔扩孔过程中的 41MPa。此外，4#钻孔排出煤屑的粒度比 1#钻孔有所增大。各钻孔平均扩孔直径在 304～314mm，钻孔直径增加为扩孔前的 3.23～3.34 倍。

2) 钻孔自然瓦斯涌出量的变化

从表 8-1 来看，3#、4#钻孔扩孔后的自然瓦斯涌出量是扩孔前的 2.37～2.76

倍，平均为 2.57 倍，说明钻孔直径的扩大增强了钻孔自然排放瓦斯的能力。

3) 钻孔预抽瓦斯情况

$2^{\#}\sim4^{\#}$ 钻孔封孔后即接入西二采区的瓦斯抽采系统进行考察，为保证测定结果的准确性，将 $3^{\#}$、$4^{\#}$ 钻孔连接起来安装一台涡街流量计，$2^{\#}$ 钻孔单独安装涡街流量计来考察。图 8-5 为 $3B^{\#}$ 煤层右二下巷扩孔钻孔（$3^{\#}$ 和 $4^{\#}$ 钻孔）和常规钻孔（$2^{\#}$ 钻孔）百米钻孔日抽出纯瓦斯量随时间的变化曲线。

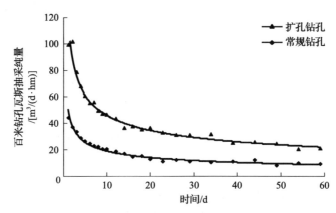

图 8-5 扩孔钻孔和常规钻孔百米钻孔日抽出纯瓦斯量曲线

由图 8-5 可以看出，在抽采第 2 天时，扩孔钻孔的百米钻孔日抽出纯瓦斯量比第 1 天增加了 $2.3m^3$，这是扩孔作业过程中滞留在煤层裂隙内的水被抽出及渗入煤体后，造成裂隙透气性增加引起的。另外，扩孔后钻孔的瓦斯抽采量明显增加，百米钻孔瓦斯抽采纯量最高达到 $101.6m^3/(d\cdot hm)$ 以上，而常规钻孔最大为 $43.9m^3/(d\cdot hm)$，最大瓦斯抽采速度提高 1.31 倍。59 天内扩孔钻孔百米钻孔平均日抽出纯瓦斯量为 $50.4m^3/(d\cdot hm)$，而常规钻孔为 $28.1m^3/(d\cdot hm)$，扩孔钻孔的平均瓦斯抽采速度达到了非扩孔钻孔的 1.79 倍，证明钻孔直径的扩大能提高煤体的透气性能和瓦斯抽采量。

瓦斯预抽率是衡量钻孔预抽煤层瓦斯效果的主要指标。图 8-6 为 $3B^{\#}$ 煤层右二下巷扩孔钻孔和常规钻孔瓦斯预抽率与时间的关系曲线。经过比较得出，在长达 59 天的预抽周期中，扩孔钻孔的瓦斯抽采率达到了 18.50%，而常规钻孔的瓦斯抽采率只有 10.32%，扩孔钻孔的瓦斯抽采率比常规钻孔提高了 79.3%。

4) 存在的问题

若煤层的硬度较大（该试验区煤的坚固性系数为 1.47），三维旋转水射流扩孔过程中产生的煤渣粒度偏大，致使排渣间隙较小，钻孔扩孔期间曾出现堵孔现象，这是三维旋转水射流扩孔技术以后需要解决的问题。另外，本次开展试验的钻孔数较少且在硬煤中进行，以后若在软煤中多次试验后再进行评价更有说服力。

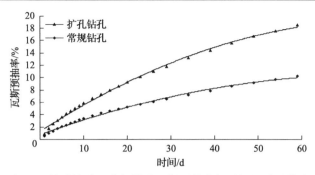

图 8-6 扩孔钻孔和常规钻孔瓦斯预抽率与时间的关系曲线

8.4.2 控制孔导控定向水力压裂技术的现场应用

1) 试验区概况

焦作煤业(集团)有限责任公司演马庄矿主要含煤地层为太原组和山西组,主采二$_1$煤层,条带状结构、层状构造。煤层的直接顶板由砂质泥岩和泥岩构成,厚度大约为 3m。煤层的直接底板是由泥岩、砂质泥岩和粉砂岩构成的。煤层不具有自燃倾向性和爆炸性,无地温异常。2011 年矿井绝对瓦斯涌出量为 48.22m^3/min,相对瓦斯涌出量 24.5^3/t,属于煤与瓦斯突出矿井。

试验区域选在 27151 运输巷顶板瓦斯抽采巷。27151 工作面平均煤厚 3.7m、煤层倾角 7°～13°,实测工作面煤层原始瓦斯含量为 18.59m^3/t,瓦斯压力 0.85MPa,煤的坚固性系数 0.5～2,具有煤与瓦斯突出危险性。煤层透气性系数为 0.3～0.457m^2/(MPa^2·d),常规百米钻孔瓦斯抽采纯量 0.025m^3/(min·hm)。

2) 钻孔布置与施工工艺

在 27151 运输巷顶板瓦斯抽采巷里段 310～350m 处,施工 21 个下向钻孔作为试验钻孔,见图 8-7 和图 8-8。钻孔设计原则为各控制孔与水力压裂孔的见煤点间距应小于水力压裂孔影响半径与常规钻孔抽采影响半径之和,保证试验区域煤体整体被压裂。由于钻孔均为下向孔,不利于排渣,未进行扩孔试验。

试验期间,首先施工水力压裂孔,钻孔施工结束后,下入封孔管至煤层底板,用膨胀水泥封孔。压裂孔封孔方法见图 8-9。

水力压裂孔封孔完毕后,施工控制孔并封孔。水泥待凝 48h 以后,根据设计依次对压裂孔进行压裂。压裂之前,将压裂孔周围可能被压开钻孔与瓦斯抽采系统断开,防止压裂出的煤岩屑堵塞瓦斯抽采管路。

每组试验钻孔压裂结束后,即接入瓦斯抽采系统开始抽采。为尽可能减少测定瓦斯抽采参数的误差,将试验钻孔分为 5 组连至瓦斯抽采系统。此外,在 27151 运输巷顶板瓦斯抽采巷内,分别在试验钻孔施工段的里、外两侧设置 2 组各包含

4个常规钻孔作为对比钻孔。利用瓦斯抽采综合参数测定仪分别考察试验钻孔和对比钻孔的瓦斯抽采效果。钻孔实际施工参数及开裂钻孔统计见表 8-2。

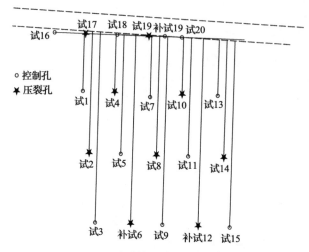

图 8-7　试验钻孔实际施工平面图

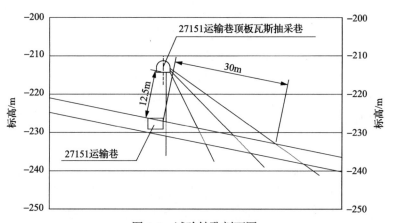

图 8-8　试验钻孔剖面图

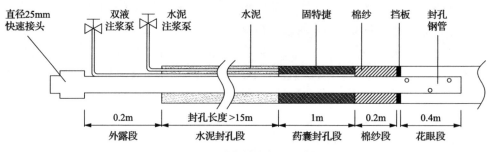

图 8-9　压裂孔封孔方法示意图

表 8-2 钻孔实际施工参数及开裂钻孔统计表

孔号	倾角/(°)	煤段/m	孔深/m	封孔长度/m	钻孔性质/出水孔
试 1	-63.5	5.0	28.0	—	控制孔
试 2	-44.4	6.0	35.0	19	压裂孔/3#
试 3	-33.3	10.0	53.0	—	控制孔
试 4	-63.0	4.0	26.0	12	压裂孔/17#
试 5	-44.0	5.0	36.0	—	控制孔
补试 6	-33.3	8.0	50.0	17.5	压裂孔/2#、3#、5#及12#
试 7	-63.5	4.0	28.0	—	控制孔
试 8	-44.4	6.0	42.0	18.5	压裂孔/未压开
试 9	-33.3	9.0	54.0	—	控制孔
试 10	-63.5	4.0	27.0	14.5	压裂孔/11#、12#、15#及17#
试 11	-44.4	5.0	41.0	—	控制孔
补试 12	-33.3	7.0	47.0	16.5	压裂孔/10#、11#、14#及15#
试 13	-63.5	4.0	28.0	—	控制孔
试 14	-44.4	6.0	36.0		压裂孔/15#、10#、161#及163#
试 15	-33.3	9.0	53.0	—	控制孔
试 16	-53.0	5.0	33.0	—	控制孔
试 17	-53.0	5.0	33.0	14.5	压裂孔/4#
试 18	-53.0	4.0	24.0	—	控制孔
试 19	-53.0	4.0	25.0	—	控制孔
补试 19	-53.0	4.0	24.0	9.5	压裂孔/18#
试 20	-53.0	4.0	23.0	—	控制孔
右 113	-31.3	9	49		对比钻孔
右 114	-45.8	7	33		对比钻孔
右 115	-37.4	8.5	40		对比钻孔
右 116	-56.5	5	27		对比钻孔
右 160	-54.1	7.0	37.0		对比钻孔
右 161	-32.0	8.0	45.0		对比钻孔
右 162	-45.3	6.0	35.0		对比钻孔
右 163	-37.7	8.0	45.0		对比钻孔

3）定向水力压裂与效果分析

经过统计试验钻孔和对比钻孔的瓦斯抽采浓度、负压、抽采纯量等参数，得出图 8-10 试验钻孔与对比钻孔百米钻孔平均瓦斯抽采纯量对比曲线和图 8-11 的单孔平均百米钻孔瓦斯抽采纯量对比柱状图。

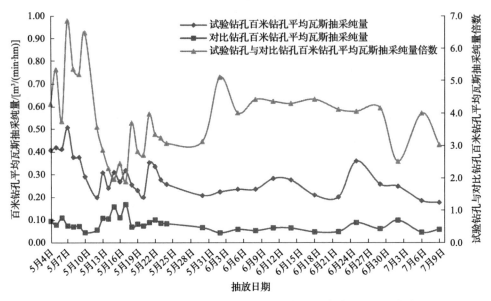

图 8-10　试验钻孔与对比钻孔百米钻孔平均瓦斯抽采纯量对比曲线

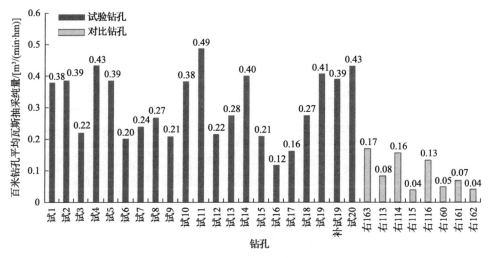

图 8-11　试验钻孔与对比钻孔百米钻孔平均瓦斯抽采纯量对比柱状图

自 2014 年 5 月 3 日起至 8 月 17 日，21 个试验钻孔累计抽采瓦斯 50574.92m³。采用控制孔导控定向水力压裂技术后，压穿控制孔数量达到了 65%，起裂压力为 7~10MPa。在压裂完成 106 天后，21 个试验钻孔中仍有 10 个钻孔瓦斯浓度超过 80%，18 个钻孔瓦斯浓度超过 50%，而 8 个对比钻孔抽采浓度均降到了 50% 以下，其中 2 个钻孔在抽采 67 天后因为瓦斯浓度过低停止抽采。考察期间,试验钻孔的平均瓦斯抽采浓度为 64.47%,而对比钻孔仅为 28.32%,瓦斯抽采浓度提高了 128%。在 106 天的考察期内,21 个试验钻孔的抽采量折算成百米钻孔平均瓦斯为 $0.12\sim0.49\mathrm{m}^3/(\mathrm{min}\cdot\mathrm{hm})$,平均 $0.309\mathrm{m}^3/(\mathrm{min}\cdot\mathrm{hm})$;单位面积内试验钻孔的密度仅为对比钻孔的三分之一,试验钻孔百米钻孔瓦斯抽采纯量为对比钻孔的 $2.0\sim5.4$ 倍,平均为 3.67 倍。这说明,开展控制孔导控定向水力压裂作业既能节约钻孔施工量又能减少抽采达标时间,能在很大程度上缓解矿井采掘接替紧张的局面。

8.4.3 水射流扩孔与周边孔压裂联作增渗技术的现场应用

1) 试验区概况

山西焦煤西山煤电(集团)有限责任公司屯兰矿所在的屯兰井田,位于西山煤田西北部,地面标高 $970\sim1400\mathrm{m}$。该井田的含煤地层主要有下二叠统山西组和上石炭统太原组,共含煤 18 层。试验煤层 $2^{\#}$ 煤层厚度 $1.45\sim5.22\mathrm{m}$,基本为中厚煤层,顶板以砂质泥岩和泥岩为主,底板以碳质泥岩为主,煤层底板标高为 $650\sim900\mathrm{m}$。2012 年煤矿瓦斯等级鉴定结果为:绝对瓦斯涌出量 $223.00\mathrm{m}^3/\mathrm{min}$,相对瓦斯涌出量 $39.71\mathrm{m}^3/\mathrm{t}$,属于高瓦斯矿井。

2) 钻孔布置与施工工艺

试验区选在 12505 工作面胶带运输巷的底板瓦斯抽采巷,其试验钻孔布置如图 8-12 所示。试验期间,对 $26^{\#}\sim31^{\#}$ 钻孔开展了水射流扩孔与周边孔压裂联作增渗技术试验。首先对 $27^{\#}$ 和 $31^{\#}$ 钻孔进行了三维旋转水射流扩孔,分别割出煤量 0.6t 和 1.5t,其次先后对 $30^{\#}$、$28^{\#}$ 和 $26^{\#}$ 钻孔进行了水力压裂,试验参数如表 8-3 所示。压裂完成后,对抽采效果进行了考察,并与 $20^{\#}\sim25^{\#}$ 钻孔进行了对比,结果见图 8-13 和表 8-4。

从图 8-13 可以看出,自 7 月 9 日采取压裂作业后,$26^{\#}\sim31^{\#}$ 钻孔的平均瓦斯抽采浓度介于 $34.33\%\sim85.83\%$,平均为 66.39%;而对比钻孔 $20^{\#}\sim25^{\#}$ 钻孔的平均

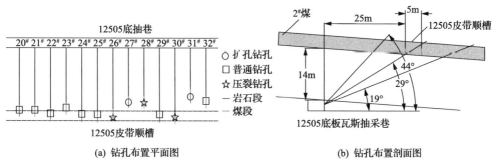

图 8-12 水射流扩孔与周边孔压裂联作增渗钻孔布置图

表 8-3 12505 低抽巷内周边孔压裂试验参数

钻孔编号	开裂压力/MPa	压裂用时/min	出水钻孔
30#	20	48	29#、28#
28#	20	31	29#、27#、30#
26#	18	35	27#

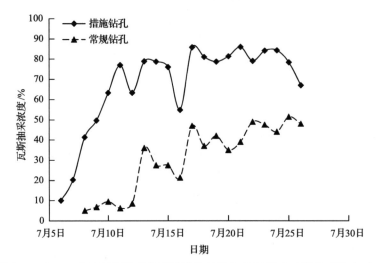

图 8-13 12505 底板瓦斯抽采巷增渗措施钻孔与常规钻孔瓦斯抽采浓度对比

表 8-4 12505 底板瓦斯抽采巷增渗措施钻孔与常规钻孔瓦斯抽采纯量对比

日期	钻孔编号	抽采浓度/%	抽采纯量/(m³/min)	抽采负压/kPa	瓦斯抽采纯量/(m³/min)	抽采纯量倍数	平均倍数
7月12日	20#~25#	7.50	0.086	17.00	0.00490	3.29	4.79
	26#~31#	60.70	0.035	17.00	0.01615		
7月16日	20#~25#	21.43	0.016	13.60	0.00271	6.29	
	26#~31#	54.83	0.039	13.60	0.01707		

瓦斯抽采浓度介于 20.50%~56.00%，平均为 38.0%；采取增渗作业钻孔的平均瓦斯浓度是对比钻孔的 1.75 倍。由于该矿瓦斯抽采地点多而测试人员少，试验期间仅进行了两次瓦斯抽采纯量的对比测定。从表 8-4 中 7 月 12 日和 7 月 16 日两次瓦斯抽采纯量测定的对比结果可以看出，采取水射流扩孔与周边孔压裂联作增渗的 26#~31# 钻孔，其瓦斯抽采纯量是常规钻孔 20#~25# 钻孔的 3.29 倍和 6.29 倍，平均为 4.79 倍。显然，采取水射流扩孔与周边孔压裂联作增渗作业取得了明显的增渗效果。

3) 存在的问题

由于现场所能提供的试验期限较短，且瓦斯抽采纯量测定的次数较少，作者认为这些数据可作为增渗效果的定性分析,若要定量分析,需要增加现场试验工程量并延长抽采效果的考察时间。

8.4.4 控制孔导控下水射流扩中心孔后定向水力压裂技术的现场应用

1. 试验区概况

丁集煤矿位于安徽省淮南市西北部,矿井设计生产能力为 5.0Mt/a,属于煤与瓦斯突出矿井。根据丁集煤矿 2009 年瓦斯等级鉴定结果,其矿井绝对瓦斯涌出量为 93.17m³/min、相对瓦斯涌出量为 13.1m³/t。

11-2 煤层厚度 0.44~6.05m,平均 2.49m,煤层结构较简单,局部有夹矸。顶板为砂质泥岩,底板为泥岩或砂质泥岩,煤层上下各有 1~2 层不可采薄煤层。煤质一般较软,偶尔发育有较薄的软分层,煤的坚固性系数一般在 0.5 以下。煤的变质程度较低,瓦斯含量 5.5~6.5m³/t,瓦斯分布不均匀,但有明显的分区分带,在该矿的−890m 标高测定 11-2 煤层瓦斯压力为 1.36MPa,煤层透气性系数为 0.0073~0.0075m²/(MPa²·d),钻孔瓦斯流量衰减系数为 0.4601d^{-1}。

2. 钻孔布置与施工工艺

本次试验区选在西一 11-2 运输大巷,共布置钻孔 20 组,每组钻孔包括 1 个高压水射流扩孔(兼压裂)钻孔及其周围 4~6 个控制兼效果考察钻孔,共计施工钻孔 104 个,钻孔直径 113mm。其中三维旋转水射流扩孔(兼压裂)试验钻孔 20 个,113mm 考察钻孔(兼控制孔)84 个,孔深 39.3~73.3m。钻孔布置如图 8-14 和图 8-15 所示。

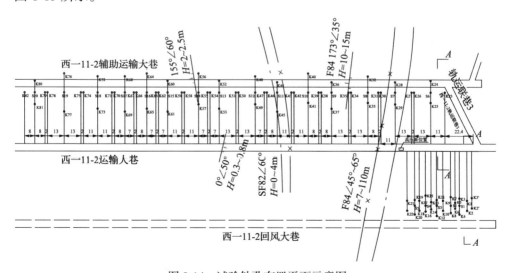

图 8-14 试验钻孔布置平面示意图

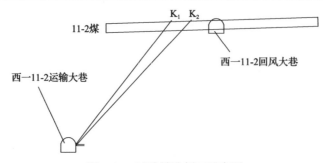

图 8-15 试验钻孔剖面示意图

钻孔试验分组进行，一般封孔 72h 后进行压裂试验。各组内控制孔与压裂孔见煤点间距不一样，其中 $S_1 \sim S_5$ 组为 $4 \sim 7$m，$S_6 \sim S_{17}$ 组为 $7 \sim 13$m，S_{18}、S_{19}、S_{20} 组为 $8 \sim 13$m。在西一 11-2 运输大巷内施工钻孔，按照不同的倾角施工直至 11-2 煤层，钻孔的终孔点施工到煤层顶板上方 0.5m 处，各组三维旋转水射流扩孔（压裂）试验情况如表 8-5 所示，采用控制孔导控定向水力压裂增渗技术试验时，扩孔后压裂时间明显减少，最小开裂压力为 16MPa，平均开裂压力为 18.53MPa，压裂半径在 $4 \sim 13$m，平均压裂半径为 8.82m，且压开钻孔的数量有所增加，增大了水力压裂的有效影响范围。采用三维旋转射流对穿层钻孔的煤层段进行扩孔，单孔能够割出 $0.33 \sim 3.11$t 煤，均孔出煤 0.90t，扩孔后钻孔直径由 113mm 平均增加到 587mm。

表 8-5 控制孔导控下水射流扩中心孔后定向压裂试验情况统计

试验组号	考察钻孔	试验方式	扩孔压力/MPa	出煤量/t	扩孔后钻孔直径/mm	压开钻孔	开裂压力/MPa	压裂半径/m
S_1	$K_1 \sim K_6$、K_2'、K_3'	直接压裂	—	—	—	K_4	18	7.3
S_2	$K_5 \sim K_{10}$	直接压裂	—	—	—	K_8	18	7.5
S_3	$K_9 \sim K_{14}$	先扩后压	15	1.50	728	K_{10}、K_{12}	16	5、6
S_4	$K_{13} \sim K_{18}$	直接压裂	—	—	—	K_{15}	18	7
S_5	$K_{17} \sim K_{22}$	先扩后压	28	1.80	793	K_{19}、K_{22}	16	4、7
S_6	$K_{23} \sim K_{26}$	先扩后压	6	1.11	630	$K25$	24	7.1
S_7	$K_{27} \sim K_{30}$	先扩后压	10	3.11	1042	K_{28}	18	7.8
S_8	$K_{31} \sim K_{34}$	先扩后压	10	1.00	598	K_{32}、K_{33}	20	11.3、8
S_9	$K_{35} \sim K_{38}$	先扩后压	8	0.33	509	K_{35}、K_{37}	20	13、11
S_{10}	$K_{39} \sim K_{42}$	先扩后压	10	0.52	569	K_{41}	22	7
S_{11}	$K_{43} \sim K_{46}$	套管变形	—	—	—	K_{44}、K_{45}	25	7、13
S_{12}	$K_{47} \sim K_{50}$	先扩后压	10	0.74	550	K_{49}	20	8

续表

试验组号	考察钻孔	试验方式	扩孔压力/MPa	出煤量/t	扩孔后钻孔直径/mm	压开钻孔	开裂压力/MPa	压裂半径/m
S_{13}	$K_{51}\sim K_{54}$	先扩后压	12	0.46	492	K_{53}	15	11
S_{14}	$K_{55}\sim K_{58}$	先扩后压	10	0.58	522	K_{57}	18	8
S_{15}	$K_{59}\sim K_{62}$	先扩后压	10	0.92	585	K_{61}	18	8.9
S_{16}	$K_{63}\sim K_{66}$	先扩后压	10	0.43	451	K_{65}	18	11
S_{17}	$K_{67}\sim K_{70}$	先扩后压	10	0.34	465	泵卸压	—	—
S_{18}	$K_{71}\sim K_{74}$	先扩后压	10	0.62	539	K_{72}	18	11
S_{19}	$K_{75}\sim K_{78}$	先扩后压	10	0.42	448	K_{76}、K_{77}	20	13
S_{20}	$K_{79}\sim K_{82}$	先扩后压	15	0.45	463	孔口渗水	10	
均值	—	—	—	0.90	587		18.53	8.82

3. 煤层增渗效果考察

在完成煤层增渗作业后,将试验钻孔和考察钻孔接入煤矿瓦斯抽采系统进行效果考察。以下选出两组具有代表性的试验钻孔,对其瓦斯抽采效果进行分析。

1) 控制孔导控定向水力压裂效果考察

由于前几组试验时扩孔系统正在调试,有的组未扩孔直接实施定向压裂,以 S_1 组为例进行介绍。S_1 组中考察钻孔 K_4 被压通,压裂半径为 7.3m。K_4 钻孔的最大日抽采瓦斯纯量达到 263.9m³,为组内其他钻孔的 5.3~48.9 倍;最大浓度 31%,压裂试验后 15 日内的瓦斯抽采总量 563.4m³,为常规钻孔的 2.1~27.9 倍。

图 8-16~图 8-22 为 S_1 组钻孔瓦斯抽采浓度与标态下瓦斯抽采纯量随时间变化曲线,从各考察图可以看出:K_4 钻孔在压裂后的前 3 天瓦斯抽采浓度和抽采纯量由最大值迅速下降,瓦斯抽采浓度于第 2 天开始回升,至第 5 天重新到达一个小于最大值的波峰,然后逐渐下降。其余钻孔的瓦斯抽采浓度和抽采纯量分别在 3~12 天时达到最大值,然后逐渐开始下降。分析认为,11-2 煤层在高压水的作用下出现变形、张裂,形成了大量的人工裂隙,使抽采初期瓦斯运移的通道通畅,瓦斯抽采浓度和抽采纯量短时间内大幅度提高。但是由于煤层具有埋藏深、煤软等特点,在地应力作用下煤层中的一部分裂隙重新闭合,再加上煤层中很大一部分瓦斯已被抽出,造成 K_4 钻孔瓦斯抽采浓度快速下降。随着抽采的进行,水力压裂期间注入的大量水被抽出,被水所堵塞的煤体裂隙变得通畅,水力压裂的效果逐渐显现出来,瓦斯运移的通道也逐渐通畅,因而在几天后瓦斯抽采浓度和抽采纯量又逐渐上升,达到另一个波峰。不同钻孔达到波峰的时间的差异较大,是由各钻孔与试验钻孔的距离不同,受到水力压裂作用的效果有很大差别引起的。

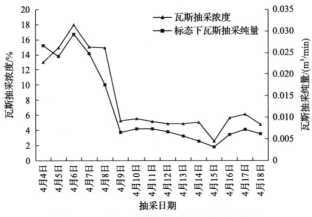

图 8-16　K_2'、K_3' 钻孔瓦斯抽采效果考察

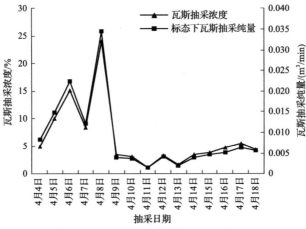

图 8-17　K_1、K_2 钻孔瓦斯抽采效果考察

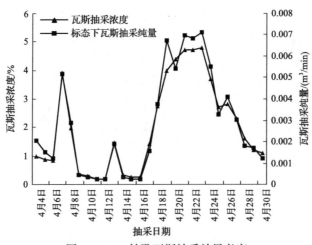

图 8-18　K_3 钻孔瓦斯抽采效果考察

第 8 章　三维旋转水射流与水力压裂联作增渗技术在瓦斯抽采中的应用　·221·

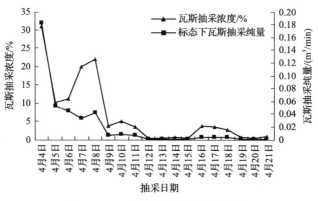

图 8-19　K_4 钻孔瓦斯抽采效果考察

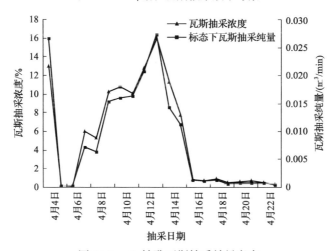

图 8-20　K_5 钻孔瓦斯抽采效果考察

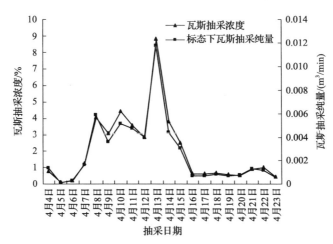

图 8-21　K_6 钻孔瓦斯抽采效果考察

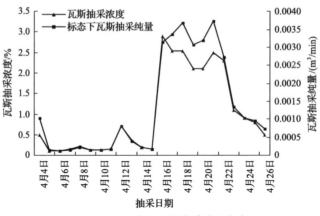

图 8-22 S_1 钻孔瓦斯抽采效果考察

2) 控制孔导控下水射流扩中心孔定向压裂效果考察

以 S_5 组为例，该组钻孔经历了措施前抽采、水射流扩孔后抽采及水力压裂后抽采三个阶段。S_5 组中的 K_{21} 钻孔试验后最大瓦斯浓度达到 16.5%，提高到扩孔前的 54 倍，扩孔后瓦斯抽采纯量增大到 11.09 倍，最大日抽采量达到 66.3m³；K_{18} 钻孔在压裂后瓦斯抽采纯量增大了 31.2 倍，40 日抽采总量达到 404.7m³。试验钻孔 S_5 组的瓦斯抽采规律与 S_1 组钻孔类似，瓦斯抽采浓度和瓦斯抽采纯量先降低后升高。

S_5 组中的 K_{18} 钻孔与试验钻孔的距离为 5m。在扩孔前已进行抽采，瓦斯抽采浓度约 12%，至 5 月 12 日扩孔试验前，瓦斯抽采浓度已降到了 2% 以下。扩孔后 S_5 组钻孔周围煤体垮落，造成应力场重新分布，煤层内的裂缝和裂隙的数量、长度和张开度得到增加，增大了煤层内裂缝和孔隙的连通面积，在 5 月 17 日、18 日 K_{18} 钻孔的瓦斯抽采浓度超过 11%，5 月 17~24 日的瓦斯抽采浓度为 5 月 12 日的 2.25~4.2 倍，日抽采瓦斯纯量为扩孔前的 1.75~4 倍。5 月 28 日水力压裂之前，其瓦斯抽采浓度和日抽采瓦斯纯量分别降到 0.4% 和 0.86m³，压裂后的 5 月 29 日~6 月 11 日，瓦斯抽采浓度和日抽采瓦斯纯量分别上升到 15.8% 和 26.9m³，日抽采瓦斯纯量增加了 30.3 倍。S_5 组钻孔瓦斯抽采浓度与标态下瓦斯抽采纯量随时间变化曲线详见图 8-23~图 8-28。

总之，采取扩孔和水力压裂之后，瓦斯抽采浓度和抽采纯量都比试验前大幅度提高。扩孔试验后瓦斯抽采浓度有了明显提高，扩孔后瓦斯抽采纯量增长 1.4~11.1 倍，说明扩孔对试验钻孔周围 4~7m 范围内的煤体有影响。扩孔完成又经过 16 天的抽采后，在进行水力压裂试验前，各钻孔的瓦斯抽采浓度及瓦斯抽采纯量基本降低到最低值。水力压裂后抽采期间的瓦斯抽采浓度和瓦斯抽采纯量均有大幅度增长，瓦斯抽采纯量增长倍数为 1.99~31.2 倍。这说明扩孔与压裂联作增渗技术可以大幅度提高穿层钻孔的瓦斯抽采效果，还间接说明扩孔(压裂)措施的影响半径能够达到 7m 以上。

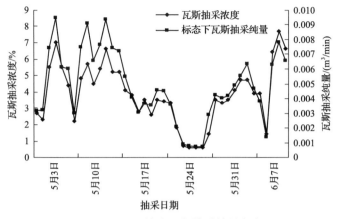

图 8-23 K$_{17}$ 钻孔瓦斯抽采效果考察

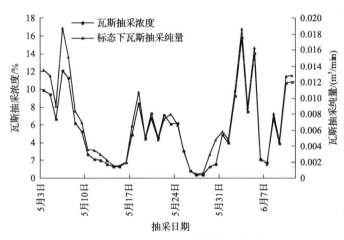

图 8-24 K$_{18}$ 钻孔瓦斯抽采效果考察

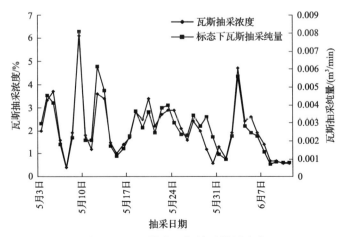

图 8-25 K$_{19}$ 钻孔瓦斯抽采效果考察

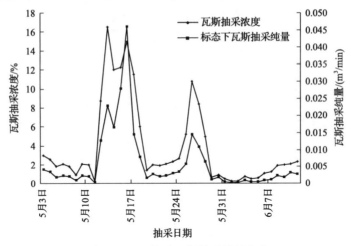

图 8-26 K_{21} 钻孔瓦斯抽采效果考察

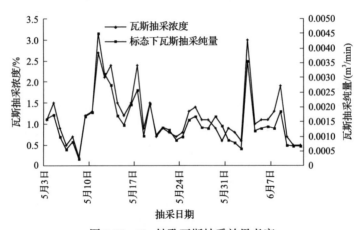

图 8-27 K_{22} 钻孔瓦斯抽采效果考察

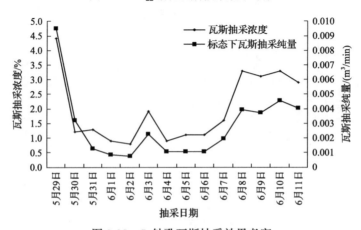

图 8-28 S_5 钻孔瓦斯抽采效果考察

4. 中心孔定向压裂试验整体效果分析

本次试验分别对20组共计102个钻孔开展了控制孔导控定向水力压裂或控制孔导控下水射流扩中心孔定向压裂试验，其中对 S_1、S_2、S_4、S_{11} 和 S_{20} 五组进行了控制孔导控定向水力压裂试验，而 S_3、S_5、S_6、S_9、S_{12} 和 S_{13} 由于现场施工等影响后期无法考察抽采效果。由于丁集煤矿为煤与瓦斯突出矿井，11-2 煤层为具有煤与瓦斯突出危险煤层，在西一 11-2 运输大巷试验区域以外的其他区域内，矿方均施工了密集钻孔进行瓦斯抽采，没有地点施工试验对比钻孔。考虑到同组钻孔覆盖的区域较小，基本具有相同的煤层及瓦斯条件，因此，可以近似把同组内抽采效果不是最好的钻孔当作没有采取增渗措施的常规钻孔，用抽采效果最好的钻孔与它们的平均值进行对比，得出增渗效果。

把完整进行了控制孔导控下水射流扩中心孔定向压裂试验并完成了抽采效果考察的各组钻孔的考察结果统计于表 8-6，经统计分析可以得出，采取控制孔导控下水射流扩中心孔定向压裂增渗作业后，在抽采期间被压开钻孔与试验钻孔的瓦斯抽采浓度和瓦斯抽采纯量都有较大幅度的提高，抽采效果最好的钻孔的瓦斯抽采纯量为其余钻孔平均抽采量的 1.30~12.65 倍，平均为 4.44 倍；特别是 K_{28} 钻孔在 41 天抽采期内瓦斯抽采纯量达到 4515m³，为本组其余钻孔平均抽采纯量的 12.65 倍。

表 8-6 控制孔导控下水射流扩中心孔定向压裂后抽采效果考察结果统计

试验组号	试验钻孔	考察期/天	效果最好钻孔		其他孔平均瓦斯抽采纯量/m³	抽采纯量倍数
			钻孔编号	瓦斯抽采浓度/% 瓦斯抽采纯量/m³		
S_7	K_{27}~K_{30}	41	K_{28}	91.3 4515	357	12.65
S_8	K_{31}~K_{34}	30	K_{32}	92.4 2425	237	10.23
S_{10}	K_{39}~K_{42}	28	K_{41}	32.5 724	336	2.15
S_{14}	K_{55}~K_{58}	44	S_{14}	60.5 1148	763	1.50
S_{15}	K_{59}~K_{62}	41	K_{59}	36.8 1174	902	1.30
S_{16}	K_{63}~K_{66}	38	K_{65}	24.3 1279	632	2.02
S_{17}	K_{67}~K_{70}	38	K_{67}	52.5 2206	621	3.55
S_{18}	K_{71}~K_{74}	33	K_{72}	68 3182	722	4.41
S_{19}	K_{75}~K_{78}	33	S_{19}	56.3 2819	1298	2.17
平均	—		—	2164	652	4.44

在区域增渗效果评价方面，选取相邻的控制孔导控下水射流扩中心孔定向压裂试验的后七组，即 S_{14}、S_{15}、S_{16}、S_{17}、S_{18}、S_{19} 和 S_{20} 作为评价对象，其效果考察时间由 12 月 7 日至次年 1 月 19 日。评价结果显示，以上 7 组钻孔在采取控制

孔导控下水射流扩中心孔定向压裂措施后，经过 33~44 天的抽采，评价区域内吨煤瓦斯抽采纯量达到了 1.86~3.2m³，平均值为 2.45m³，瓦斯抽采率达到 28.7%~49.2%，平均抽采率为 37.7%。因此，采取控制孔导控下水射流扩中心孔定向压裂措施后，可在短时间内达到较高的瓦斯抽采率，从而缩短预抽时间，对缓解矿井采掘接续紧张的局面意义重大。

5. 存在的问题

本次试验设置了 20 组共计 102 个试验钻孔，由于三维旋转水射流扩孔系统的稳定性和现场施工作业因素，仅对 9 组钻孔完整实施了控制孔导控下水射流扩中心孔定向压裂试验，今后应继续对三维旋转水射流扩孔系统进行改进，不断提高其运行的可靠性，以保证增渗作业顺利实施。另外，可能由于控制孔设置距离近，控制孔导控定向水力压裂与控制孔导控下水射流扩中心孔后定向水力压裂的开裂压力无明显区别，以后需开展不同中心孔与控制孔距离下的试验，以进一步完善控制孔导控下水射流扩中心孔后定向水力压裂增渗技术。

参 考 文 献

[1] 中华人民共和国国家统计局. 2014 年度数据[DB/OL]. (2014-10-02)[2021-11-22]. https://data.stats.gov.cn/easyquery.htm?cn=C01.

[2] 煤炭信息研究院《世界煤炭工业发展趋势与我国对策研究》课题组. 世界煤炭工业发展趋势与我国对策研究[J]. 中国煤炭, 2000, 26(6): 10-22.

[3] 武晓娟. 瓦斯治理利用走向标准化[N]. 中国能源报, 2013-12-02(16).

[4] 闫志强. 煤矿瓦斯抽采成科研热点[N]. 中国能源报, 2014-09-08(11).

[5] 黄继广, 马汉鹏, 范春姣, 等. 我国煤矿安全事故统计分析及预测[J]. 陕西煤炭, 2020, 39(3): 34-396.

[6] 中国行业研究网. 2013 年中国煤炭工业改革发展情况[EB/OL]. 6(2014-01-20)[2021-11-22]. https://www.chinairn.com/news/20140120/133732303.html.

[7] 刘见中, 孙海涛, 雷毅, 等. 煤矿区煤层气开发利用新技术现状及发展趋势[J]. 煤炭学报, 2020, 45(1): 258-267.

[8] 中华人民共和国国家能源局. 国家能源局关于印发煤层气(煤矿瓦斯)开发利用"十三五"规划的通知[EB/OL]. (2016-11-24)[2021-11-22]. http://www.gov.cn/xinwen/2016-12/04/content_5142853.htm.

[9] 中国新闻网. 能源局: 今年煤层气利用量将翻番[EB/OL]. (2014-01-29)[2021-11-22].https://www.chinanews.com.cn/oj/2014/01 29/5796162.ohtml.

[10] 徐耀奇, 石淑娴, 任玉琴. 突出煤与非突出煤的结构探讨[J]. 煤矿安全, 1980, 1(11): 10-15.

[11] 袁崇孚. 构造煤和煤与瓦斯突出[J]. 煤炭科学技术, 1986,(1): 2.

[12] 曹代勇, 张守仁, 穆宣社, 等. 中国含煤岩系构造变形控制因素探讨[J]. 中国矿业大学学报, 1999, 28(1): 25-28.

[13] Zhang Y G, Wang B J, Cao Y X,et al. Coal mechanochemstry action and colliery gas disaster[C]. Proceeding of the 2004 Inter International Symposium on Safety Science and Technology, Beijing, 2004: 876-880.

[14] 琚宜文, 姜波, 侯泉林, 等. 构造煤结构-成因新分类及其地质意义[J]. 煤炭学报, 2004, 29(5): 513-517.

[15] 王恩营. 煤层断层形成的岩性结构分析[J]. 煤炭学报, 2005, 30(3): 319-321.

[16] 国家安全生产监督管理总局. 煤与瓦斯突出矿井鉴定规范[M]. 北京: 煤炭工业出版社, 2007.

[17] 霍多特 B B. 煤与瓦斯突出[M]. 宋士钊, 王佑安, 译. 北京: 中国工业出版社, 1966.

[18] Gan H, Nandi S P, Walker P L. Nature of porosity in American coals[J]. Fuel, 1972, 51: 272-277.

[19] 刘常洪. 煤孔结构特征的试验研究[J]. 煤矿安全, 1993, 8: 1-5.

[20] 苏现波. 煤层气储集层的孔隙特征[J]. 焦作工学院学报, 1998, 17(1): 6-11.

[21] 傅雪海, 秦勇, 张万红, 等. 基于煤层气运移的煤孔隙分形分类及自然分类研究[J]. 科学通报, 2005, 50(增刊 I): 51-55.

[22] Jüntgen H. Research for future in situ conversion of coal[J]. Fuel, 1987, 66: 443-453.

[23] 郝琦. 煤的显微孔隙形态特征及其成因探讨[J]. 煤炭学报, 1987, 4: 51-56.

[24] 张慧. 煤孔隙的成因类型及其研究[J]. 煤炭学报, 2001, 26(1): 40-44.

[25] 朱兴珊. 煤层孔隙特征对抽采煤层气影响[J]. 中国煤层气, 1996, 1: 37-39.

[26] 中华人民共和国国家发展和改革委员会. 煤裂隙描述方法: MT/T 968—2005[S]. 北京: 煤炭工业出版社, 2006.

[27] Warren J E, Root P J. The behavior of naturally fractured reservoir[J]. Society of Petroleum Engineers Journal, 1963, 3(3): 245-255.

[28] Ammsove I I, Eremin I V. Fracturing in Coal[M] .Moscow: IIZDAT Publishers, 1963.

[29] Stach E, Mackowsky M T, Teichüller M, et al. Stach's Textbook of Coal Petrology: 3rd ed[M]. Berlin :Gebruder Borntraeger, Berlin Stuttgart, 1982.

[30] Gash B W, Volz R F, Potter G ,et al. The effect of cleats orientation and confining pressure on cleat porosity, permeability and relative permeability in coal[C]. Proceedings of the 1993 International Coalbed Methane Symposium, Oklahoma City, 1993: 247-256.

[31] Close J C. Natural Fractures in Coal[M]. Oklahoma: AAPG, 1993.

[32] Levine J R. Model study of the influence of matrix shrinkage on absolute permeability of coal bed reservoir[J]. Gedogical Society London Special Publications, 1996, 109(1):197-212.

[33] Laubach S E, Marret R A, Olson J E,et al. Characteristics and origins of coal cleat: a review[J]. International Journal of Coal Geology, 1998, 35: 175-207.

[34] 傅雪海, 秦勇, 薛秀谦, 等. 煤储层孔、裂隙系统分形研究[J]. 中国矿业大学学报, 2001, 30(3): 225-228.

[35] 张新民, 庄军, 张遂安. 中国煤层气地质与资源评价[M]. 北京: 科学出版社, 2002.

[36] 李强, 欧成华, 徐乐, 等. 我国煤岩储层孔-裂隙结构研究进展[J]. 煤, 2008, 17(7): 70-73.

[37] 张彦平, 何湘清, 金建新, 等. 国外煤层甲烷开发技术译文集[M]. 北京: 石油工业出版社, 1996.

[38] 王生维, 陈钟惠. 煤储层孔隙、裂隙系统研究进展[J]. 地质科技情报, 1995, 14(1): 53-59.

[39] 赵爱红, 廖毅, 唐修义. 煤的孔隙结构分形定量研究[J]. 煤炭学报, 1998, 23(4): 439-442.

[40] 刘洪林, 王红岩, 张建博. 煤储层割理评价方法[J]. 天然气工业, 2000, 20(4): 27-29.

[41] Friesen W I, Mikula R J. Fractal dimensions of coal particles[J]. Journal of Colloid and Interface Science, 1987, 20(1): 263-271.

[42] 王恩元, 何学秋. 煤层孔隙裂隙系统的分形描述及其应用[J]. 阜新矿业学院学报(自然科学版), 1996, 15(4): 107-110.

[43] Germanovich L N. Deformation of nature coals[J].Soviet Mining Science, 1983, 13(5): 377-381.

[44] Airey E M. Gas emission from broken coal, an experimental theoretical investigation[J]. International Journal of Rock Mechanics and Mining Sciences, 1968, (5): 475-494.

[45] King G R, Ertekin T M. A survey of mathematical models related to methane production from coalseams. Part Ⅱ: non-equilibrium sorption models[C]. Proceedings of the 1989 Coalbed Methane Symposium, Tuscaloosa, 1989: 139-155.

[46] 王佑安, 朴春杰. 用煤解吸瓦斯速度法井下测定煤层瓦斯含量的初步研究[J]. 煤矿安全, 1981, 12(11): 9-14.

[47] 杨其銮, 王佑安. 煤屑瓦斯扩散理论及其应用[J]. 煤炭学报, 1986, 11(3): 62-70.

[48] 杨其銮. 关于煤屑瓦斯扩散规律的试验研究[J]. 煤矿安全, 1987, 18(2): 9-16.

[49] 聂百胜, 何学秋, 王恩元. 瓦斯气体在煤孔隙中的扩散模式[J]. 矿业安全与环保, 2000, 27(5): 13-17.

[50] 郭勇义, 吴世跃. 煤粒瓦斯扩散规律及扩散系数测定方法的探讨[J]. 山西矿业学院学报, 1997, (1): 16-19.

[51] 郭勇义, 吴世跃. 煤粒瓦斯扩散规律与突出预测指标的研究[J]. 太原理工大学学报, 1998, 29(2): 138-142.

[52] 周世宁, 孙辑正. 煤层瓦斯流动理论及其应用[J]. 煤炭学报, 1965, 2(1): 24-36.

[53] 郭勇义. 煤层瓦斯一维流场流动规律的完全解[J]. 中国矿业学院学报, 1984, 12(2): 19-28.

[54] 余楚新, 鲜学福. 煤层瓦斯流动理论及渗流控制方程的研究[J]. 重庆大学学报, 1989, (5): 1-9.

[55] 孙培德. 煤层瓦斯流动方程补正[J]. 煤田地质与勘探, 1993, 21(5): 61-62.

[56] Sun P D. Coal gas dynamics and it applications[J]. Scientia Geologica Sinica, 1994, 3(1): 66-72.

[57] 黄运飞, 孙广忠. 煤-瓦斯介质力学[M]. 北京: 煤炭工业出版社, 1993.

[58] 孙培德. 煤层瓦斯流场流动规律的研究[J]. 煤炭学报, 1987, 12(4): 74-82.

[59] 罗新荣. 煤层瓦斯运移物理模型与理论分析[J]. 中国矿业大学学报, 1991, 20(3): 36-42.

[60] 罗新荣. 可压密煤层瓦斯运移方程与数值模拟研究[J]. 中国安全科学学报, 1998, 8(5): 19-23.

[61] Tek M R. Development of a generalized Darcy Equation[J]. Journal of Petroleum Technology, 1957, 9(6): 45-47.

[62] Das A K. Genaerlized Darcy's law including source effect[J]. Journal of Canadian Petroleum Technology, 1997, 36(6), 57-59.

[63] 吴凡, 孙黎娟, 乔国安, 等. 气体渗流特征及启动压力规律的研究[J]. 天然气工业, 2001, 21(1): 82-84.

[64] 任晓娟, 闫庆来, 何秋轩, 等. 低渗气层气体渗流特征实验研究[J]. 西安石油学院学报, 1997, 12(3): 22-25.

[65] 周克明, 李宁, 袁小玲. 残余水状态下低渗储层气体低速渗流机理[J]. 天然气工业, 2003, 23(6): 103-107.

[66] 郭红玉. 基于水力压裂的煤矿井下瓦斯抽采理论与技术[D]. 焦作: 河南理工大学, 2010.

[67] Saghfi A, William R J. 煤层瓦斯流动的计算机模拟及其在预测瓦斯涌出和抽放中的应用[C]//Saghfi A, William R J. 第22届国际采矿安全会议论文集. 北京: 煤炭工业出版社, 1987.

[68] 段三明, 聂百胜. 煤层瓦斯扩散-渗流规律的初步研究[J]. 太原理工大学学报, 1998, 29(4): 14-18.

[69] 吴世跃. 煤层瓦斯扩散渗流规律的初步探讨[J]. 山西矿业学院学报, 1994, 29(3): 259-263.

[70] 吴世跃, 郭勇义. 煤层气运移特征的研究[J]. 煤炭学报, 1999, 24(1): 65-70.

[71] 周世宁, 林柏泉. 煤层瓦斯赋存与流动理论[M]. 北京: 煤炭工业出版社, 1999.

[72] Anbarci K, Ertekin T. A comprehensive study of pressure tranisient analysis with sorption phenomena for single-phase gas flow in coal seams[C]. SPE Annual Technical Conference and Exhibition, New Orleans, 1990:411-423.

[73] Kolesar J E, Ertekin T, Obut S T. The unsteady-state nature of sorption and diffusion phenomena in the micropore structure of coal[J]. SPE Formation Evaluation, 1990, 5(1): 81-97.

[74] 孔祥言. 高等渗流力学[M]. 合肥: 中国科学技术大学出版社, 1999.

[75] 唐巨鹏, 潘一山, 李成全, 等. 有效应力对煤层气解吸渗流影响试验研究[J]. 岩石力学与工程学报, 2006, 25(8): 1563-1568.

[76] 尹光志, 李小双, 赵洪宝, 等. 瓦斯压力对突出煤瓦斯渗流影响实验研究[J]. 岩石力学与工程学报, 2009, 28(4): 697-702.

[77] 覃建华, 肖晓春, 潘一山, 等. 滑脱效应影响的低渗储层煤层气运移解析分析[J]. 煤炭学报, 2010, 35(4): 619-622.

[78] 彭守建, 许江, 陶云奇, 等. 地球物理场中煤岩瓦斯渗流研究现状及展望[J]. 地球物理学进展, 2009, 24(2): 558-564.

[79] Ettinger A L. Swelling stress in the gas-coal system as an energy source in the development of gas bursts[J]. Soviet Mining Science, 1979, (5): 494-501.

[80] Gwwuga J. Flow of gas through stressed carboniferous strata[D]. England: University of Nottingham, 1979.

[81] Khodot V V. Role of methane in the stress state of a coal seam[J]. Soviet Mining, 1980, (5): 23-28.

[82] Harpalani S. Gas flow through stressed coal[D]. Berkeley: The University of California, 1985.

[83] Borisenko A A. Effect of gas pressure on stress in coal strate[J]. Soviet Mining, 1985, (1): 88-91.

[84] 林柏泉, 周世宁. 含瓦斯煤体变形规律的实验研究[J]. 中国矿业大学学报, 1986, 15(3): 67-72.

[85] 许江, 鲜学福. 含瓦斯煤的力学特性的实验分析[J]. 重庆大学学报, 1993, 16(5): 26-32.

[86] 梁冰, 刘建军, 范厚彬, 等. 非等温情况下煤层中瓦斯流动的数学模型及数值解法[J]. 岩石力学与工程学报, 2000, 19(1): 1-5.

[87] 孙可明, 梁冰, 王锦山. 煤层气开采中两相流阶段的流固耦合渗流[J]. 辽宁工程技术大学学报, 2001, 20(1): 36-39.

[88] 孙可明, 梁冰, 朱月明. 考虑解吸扩散过程的煤层气流固耦合渗流研究[J]. 辽宁工程技术大学学报, 2001, 20(4): 548-549.

[89] 林良俊, 马凤山. 煤层气产出过程中气-水两相流与煤岩变形耦合数学模型研究[J]. 水文地质工程地质, 2001, 22(1): 1-3.

[90] 王锦山, 尹伯悦, 谢飞鸿. 水-气两相流在煤层中运移规律[J]. 黑龙江科技学院学报, 2005, 15(1): 16-19.

[91] Yee D, Seidle J P, Hanson W B. Gas sorption on coal and measurement of gas content[C]. Hydrocarbons from Coal. AAPG, Tusa, 1993: 203-218.

[92] 林柏泉, 周世宁. 煤样瓦斯渗透率的实验研究[J]. 中国矿业大学学报, 1987, (1): 21-28.

[93] 孙培德. 瓦斯动力学模型的研究[J]. 煤田地质与勘探, 1993, (1): 32-40.

[94] 赵阳升. 煤体—瓦斯耦合数学模型及数值解法[J]. 岩石力学与工程学报, 1994, (3): 229-239.

[95] 胡耀青, 赵阳升, 魏锦平, 等. 三维应力作用下煤体瓦斯渗透规律实验研究[J]. 西安矿业学院学报, 1996, (4): 308-311.

[96] 赵阳升, 胡耀青, 杨栋, 等. 三维应力下吸附作用对煤岩体气体渗流规律影响的实验研究[J]. 岩石力学与工程学报, 1999, 18(6): 651-653.

[97] Zhu W C, Liu J, Sheng J C, et al. Analysis of coupled gas flow and deformation process with desorption and Klinkenberg effects in coal seams[J]. International Journal of Rock Mechanics and Mining Sciences, 2007, 44: 971-980.

[98] Hubbert M K. Darcy's law and the field equations of the flow of underground fluids[J]. Hydrological Sciences Journal, 1957, (2): 23-59.

[99] Morrow C A, Lockner D A. Permeability differences between surface-derived and deep drillhole core samples[J]. Geophysical Research Letters, 1994, 21(19): 2151-2154.

[100] Somerton W H. Effect of stress on permeability of coal[J]. International Journal of Rock Mechanics and Mining Sciences & Geomechanics Abstracts, 1975, 12(2): 151-158.

[101] 张我华, 薛新华. 孔隙介质的渗透特性初探[J]. 岩土力学, 2009, 30(5): 1357-1360.

[102] 杨林德, 闫小波, 刘成学. 软岩渗透性-应变及层理关系的试验研究[J]. 岩石力学与工程学报, 2007, 26(3): 474-475.

[103] 傅雪海, 秦勇. 多相介质煤层气储层渗透率预测理论与方法[M]. 徐州: 中国矿业大学出版社, 2003.

[104] 刘洪林, 王勃, 王烽, 等. 沁水盆地南部地应力特征及高产区带的预测[J]. 天然气地球科学, 2007, 18(6): 885-890.

[105] 杨永杰, 楚俊, 郇冬至, 等. 煤岩全应力应变过程渗透性特征试验研究[J]. 岩土力学, 2007, 28(2): 381-385.

[106] Walsh J B. Effect of pore pressure and confining pressure on fracture permeability[J]. International Journal of Rock Mechanics and Mining Sciences & Geomechanics Abstracts, 1981, 18(5): 429-435.

[107] Harpalin S, Miphreson M J. The effect of gas pressure on permeability of coal[C]. Proceedings of the 2nd US Mine Ventilation Symposium, Reno, 1986: 369-375.

[108] Warpinsky N R, Teufel L W, Graf D C. Effect of stress and pressure on gas flow through natural fractures[C]. SPE Annual Technical Conference and Exhibition, Las Vegas, 1991: 105.

[109] 罗新荣. 煤层瓦斯运移物理与数值模拟分析[J]. 煤炭学报, 1992, 17(2): 49-55.

[110] 王恩志, 张文韶, 韩小妹, 等. 低渗透岩石在围压作用下的耦合渗透实验[J]. 清华大学学报(自然科学版), 2005, 45(6): 764-767.

[111] 黄远志, 王恩志. 低渗透岩石渗透率与有效围压关系的实验研究[J]. 清华大学学报(自然科学版), 2007, 47(3): 341-343.

[112] Yang T H, Xu T, Liu H Y, et al. Stress-damage-flow coupling model and its application to pressure relief coal bed methane in deep coal seam[J]. International Journal of Coal Geology, 2011, 86: 357-366.

[113] 张德江. 大力推进煤矿瓦斯抽采利用[J]. 中国煤层气, 2010, 7(1): 1-3.
[114] 丁昊明, 戴彩丽, 高静, 等. 国内外煤层气开发技术综述[J]. 煤, 2013, 22(4): 24-26.
[115] 雷东记. 煤储层增渗技术研究现状与展望[J]. 中国煤层气, 2010, 7(3): 8-10.
[116] 韩金轩, 杨兆中, 李小刚, 等. 我国煤层气储层压裂现状及其展望[J]. 重庆科技学院学报(自然科学版), 2012, 14(3): 53-55.
[117] 王继仁, 马恒, 贾进章. 孔网瓦斯抽放技术的研究[J]. 煤炭学报, 2001, 26(4): 380-383.
[118] 余启香, 程远平, 蒋承林, 等. 高瓦斯特厚煤层煤与卸压瓦斯共采原理与实践[J]. 中国矿业大学学报, 2004, 33(2): 127-131.
[119] 蔡成功, 周革忠. 自动变径大直径钻孔抽放煤层瓦斯试验[J]. 煤炭科学技术, 2004, 32(12): 39-41.
[120] 郭超, 朱水平. 松软煤层工作面网格式注水的实践效果[J]. 煤矿现代化, 2012,(3): 19-21.
[121] 王魁军, 富向, 曹垚林, 等. 穿层钻孔水力压裂疏松煤体瓦斯抽放方法: CN101581231A[P]. 2009-11-18.
[122] 舒生, 李秋林. 深孔松动爆破技术在较难抽采煤层掘进工作面的应用[J]. 矿业安全与环保, 2010, 37(5): 65-67, 70.
[123] 黄炳香, 刘长友, 程庆迎. 煤岩体水力爆破致裂弱化方法: CN101644156A[P]. 2010-02-10.
[124] 陈玲, 李根生, 黄中伟. 物理法处理地层技术研究与应用进展[J]. 石油钻探技术, 2002, 30(3): 44-46.
[125] 易俊, 鲜学福, 姜永东, 等. 煤储层瓦斯激励开采技术及其适应性[J]. 中国矿业, 2005, 14(2): 26-29.
[126] 李根生, 黄中伟, 张德斌, 等. 高压水射流与化学剂复合解堵工艺的机理及应用[J]. 石油学报, 2005, 26(1): 96-99.
[127] 王海锋, 程远平, 吴冬梅, 等. 近距离上保护层开采工作面瓦斯涌出及瓦斯抽采参数优化[J]. 煤炭学报, 2010, 35(4): 590-594.
[128] 程远平, 俞启香. 中国煤矿区域性瓦斯治理技术的发展[J]. 采矿与安全工程学报, 2007, 24(4): 383-390.
[129] 安山林. 龙山矿超前密集钻孔的防突效果[J]. 中州煤炭, 1990, 3: 44-46.
[130] 易丽军. 突出煤层密集钻孔瓦斯预抽的数值试验[J]. 煤矿安全, 2010, 2: 1-4.
[131] Farmer I W, Attewell P B. Rock penetration by high velocity water jets[J]. International Journal of Rock Mechanics and Mining Science, 1965,(2): 135-153.
[132] 于不凡, 王佑安. 煤矿瓦斯灾害防治及利用技术手册[M]. 北京: 煤炭工业出版社, 2000.
[133] 吕有厂. 穿层深孔控制爆破防治冲击型突出研究[J]. 采矿与安全工程学报, 2008, 25(3): 337-340.
[134] 蔡峰, 刘泽功, 张朝举, 等. 高瓦斯低透气性煤层深孔预裂爆破增透数值模拟[J]. 煤炭学报, 2007, 32(5): 499-503.
[135] 郭德勇, 裴海波, 宋建成, 等. 煤层深孔聚能爆破致裂增透机理研究[J]. 煤炭学报, 2008, 33(12): 1381-1395.
[136] 张英华, 倪文, 尹根成, 等. 穿层孔水压爆破法提高煤层透气性的研究[J]. 煤炭学报, 2004, 29(3): 298-302.
[137] Morita N, Black A D, Fuh G F. Borehole breakdown pressure with drilling fluids(I). Empirical results[J]. International Journal of Rock Mechanics and Mining Sciences & Geomechanics Abstracts, 1996,(33): 39-51.
[138] 瞿涛宝. 试论水力冲刷技术处理煤层瓦斯的有效性[J]. 湖南煤炭科技, 1997,1: 38-46.
[139] 冯增朝, 康健, 段康廉. 煤体水力割缝中瓦斯突出现象实验与机理研究[J]. 辽宁工程技术大学学报(自然科学版), 2010, 20(4): 443-445.
[140] 赵岚, 冯增朝, 杨栋, 等. 水力割缝提高低渗透煤层渗透性实验研究[J]. 太原理工大学学报, 2001, 32(3): 109-111.
[141] 林柏泉, 吕有厂, 李宝玉, 等. 高压磨料射流割缝技术及其在防突工程中的应用[J]. 煤炭学报, 2007, 32(9): 959-963.

[142] 李晓红, 卢义玉, 赵瑜, 等. 高压脉冲水射流提高松软煤层透气性的研究[J]. 煤炭学报, 2008, 33(12): 1386-1390.

[143] 王晓泉, 陈作, 姚飞. 水力压裂技术现状及发展展望[J]. 钻采工艺, 1998, 21(2): 28-32.

[144] Yew C H, Schmidt J H. On fracture design of deviated wells[C]. SPE Annual Technical Conference and Exhibition-19722, San Antonio, 1989: 211-224.

[145] 陈勉, 陈治喜. 三维弯曲水力裂缝力学模型及计算方法[J]. 石油大学学报, 1995, 9(1): 32-37.

[146] Gidley J L. 水力压裂技术新发展[M]. 蒋阗, 单文文, 译. 北京: 石油工业出版社, 1995.

[147] 何艳青. 采用工艺技术的突破性进展-顶端脱砂技术[J]. 世界石油工业, 1995, 2(2): 16-19.

[148] 张文玉. 压裂-充填措施的应用、设计及经验[J]. 世界石油工业, 1995, 2(2): 22-24.

[149] 张士诚, 王鸿勋. 国外水力压裂工艺技术近期发展水平综述[J]. 世界石油工业, 1995, 2(6): 7-10.

[150] 叶芳春. 水力压裂技术进展[J]. 钻采工艺, 1995, 18(1): 4-8.

[151] 程兆蕙, 罗英俊. 中深井油层水力压裂[M]. 北京: 石油工业出版社, 1990.

[152] 张士诚. 重复压裂技术的研究与应用[J]. 世界石油工业, 1995, 2(7): 22-25.

[153] 江怀友, 李治平, 钟太贤, 等. 世界低渗透油气田开发技术现状与展望[J]. 特种油气藏, 2009, 16(4): 13-17.

[154] 靳晓明, 郭睿智. 高压水射流技术在机械制造业的应用[J]. 中国科技信息, 2012, (12): 163-164.

[155] 李全贵, 翟成, 林柏泉, 等. 定向水力压裂技术研究与应用[J]. 西安科技大学学报, 2011, 31(6): 735-739.

[156] 张志强, 李宁, 陈方方, 等. 非贯通裂隙岩体破坏模式研究现状与思考[J]. 岩土力学, 2009, 30(Z2): 142-148.

[157] Manurer W C, Heilbecke J K, Love W W. High pressure drilling[J]. JPT, 1973, (255): 960-964.

[158] Dickinson W, Anderson R R, Dickinson R W. The ultrashort-radius radial drilling system[J]. SPE Drilling Engineering, 1989, 4(3): 247-254.

[159] Veenhuizen S D, Kolle J J, Rice C C, et al. Ultra-high pressure jet assist of mechanical drilling[C]. SPE/IADC Drilling Conference, Amsterdam, 1997: 79-90.

[160] Joneson Jr V E, Conn A F. Cavitating and structured jets forechanical bits to increase drilling rate[J]. Journal of Energy Resources Technology, 1984, 106: 282-288.

[161] 李根生, 沈忠厚, 张召平, 等. 自振空化射流钻头喷嘴研制及现场试验[J]. 石油钻探技术, 2003, 31(5): 11-13.

[162] 廖华林, 李根生, 易灿. 水射流作用下岩石破碎理论研究进展[J]. 金属矿山, 2005, (7): 1-6.

[163] 王瑞和, 倪红坚. 高压水射流破岩机理研究[J]. 石油大学学报(自然科学版), 2002, 26(4): 118-122.

[164] 步玉环, 王瑞和, 周卫东. 旋转射流破岩成孔规律研究[J]. 岩石力学与工程学报, 2003, 22(4): 664-668.

[165] 王瑞和, 周卫东, 沈忠厚, 等. 旋转水射流破岩钻孔机理研究[J]. 中国安全科学学报, 1999, 9(Z1): 1-4.

[166] Rose W G. A swirling round turbulent jet, 1-mean-flow measurements[J]. Journal of Applied Mechanics, 1962, 29(12): 615-625.

[167] Raju S P, Ramulu M. Predicting hydro-abrasive erosive wear during abrasive waterjet cutting-part 2: an experimental study and model verification[C]. ASME Bound Volume, PED-Vol, Washington, 1994: 339.

[168] Chigier N A, Chervinsky A. Experimental investigations of swirling vortex motion in jets[J]. Journal of Applied Mechanics, 1967, 34: 443-451.

[169] Farokhi S, Taghavi R, Rice E J. Effects of initial swirl distribution on the evolution of a turbulent jet[J]. AIAA Journal, 1989, 27(6): 700-706.

[170] Morton B R. Similarity and breakdown in the swirling turbulent jets[J]. Mechanical and Chemical Engineering Transactions, 1968, 3: 241-246.

[171] Mehta R D, Wood D H, Clausen P D. Some effects of swirl on turbulent mixing layer development[J]. Physics of Fluids A, 1991, 3(11): 2716-2724.

[172] Sarpkaya T. Turbulent vortex breakdown[J]. Physics of Fluids, 1995, 7: 2301-2303.

[173] Carvalho I S, Heitor M V. Visualization of vortex breakdown in turbulent unconfined jet flows[J]. Optical Diagnostics in Engineering, 1996, 1(2): 22-30.

[174] Leibovich S. The structure of vortex breakdown[J]. Annual Review of Fluid Mechanics, 1978, 10: 221-246.

[175] Ribeiro M M, Whitelaw J H. Coaxial jets with and without swirl[J]. Journal of Fluid Mechanics, 1980, 96: 769-795.

[176] Shtern V, Hussain F, Herrada M. New features of swirling jets[J]. Physics of Fluids, 2000, 12 (11): 2868-2877.

[177] Dickinson W, Dickinsion R W. Horizontal radial drilling system[C]. SPE California Regionale Meeting, Bakersfield, 1985.

[178] Dickinson W, Wilkes R D, Dickinson R W. Conical water jet drilling[C]. Proc 4th US Water Jet Conference, Berkeley, 1987: 89-96.

[179] Dickinson W, Pesavento M J, Dickinson R W, et al. Data acquisition, analysis and control while drilling with horizontal water jet drilling system[C]. SPE International Technical Meeting, Calgary, 1990: 90-127.

[180] 王瑞和. 旋转水射流破岩钻孔技术研究[D]. 北京: 中国石油大学, 1995.

[181] 沈忠厚. 水射流理论与技术[M]. 北京: 石油大学出版社, 1998.

[182] 施连海, 李永利, 郭洪峰, 等. 高压水射流径向水平钻井技术[J]. 石油钻探技术, 2001, 29(5): 21-22.

[183] 史绍熙, 林玉静, 杨延相, 等. 空心旋转液体射流初始阶段运动规律的研究[J]. 工程热物理学报, 2000, 21(2): 242.

[184] 邢茂, 赵阳升, 胡耀青, 等. 高压旋转射流流动特性的实验研究[J]. 力学与实践, 2001, 23(1): 49-51.

[185] 牛似成, 王翔, 杨永印. 叶轮式旋转射流喷嘴的射流特性研究[J]. 石油钻探技术, 2013, 41(6): 110-114.

[186] Ouyang Z H, Derek E, Qiang L I. Characterization of hydraulic fracture with inflated dislocation moving within a semi-infinite medium[J]. Journal of China University of Mining & Technology, 2007, 17(2): 220-225.

[187] Giger F M. Horizontal wells production techniques in heterogeneous reservoirs[C]. Middle East Oil Technical Conference and Exhibition, Bahrain, 1985.

[188] Al-Mutawa M, Al-Matar B, Abdulrahman Y, et al. Application of a highly efficient multistage stimulation technique for horizontal wells[C]. SPE International Symposium and Exhibition on Formation Damage Control, Lafayette, 2008.

[189] 陈作, 王振铎, 曾华国. 水平井分段压裂工艺技术现状及展望[J]. 天然气工业, 2007, 27(9): 78-80.

[190] Gjønnes M, Cruz A, Horsrud P, et al. Leak-off tests for horizontal stress determination[J]. Journal of Petroleum Science and Engineering, 1998, 20: 63-71.

[191] 刘春丽, 张庆宽. Barnett 页岩对致密地层天然气开发的启示[J]. 国外油田工程, 2009, 25(1): 14-16.

[192] Surjaatmadja J B, East L E, et al. An effective hydrajet-fracturing implementation using coiled tubing and annular stimulation fluid delivery[C]. SPE/ICoTA Coiled Tubing Conference and Exhibition, The Woodlands, 2005.

[193] 刁素, 颜晋川, 任山, 等. 川西地区定向井压裂工艺技术研究及应用[J]. 西南石油大学学报(自然科学版), 2009, 31(1): 111-115.

[194] 王冕冕, 郭肖, 曹鹏, 等. 影响页岩气开发因素及勘探开发技术展望[J]. 特种油气藏, 2010, 17(6): 12-17.

[195] 李根生, 黄中伟, 牛继磊, 等. 地应力及射孔参数对水力压裂影响的研究进展[J]. 石油大学学报(自然科学版), 2005, 29(4): 1360142.

[196] Huang B X, Liu C Y, Fu J H, et al. Hydraulic fracturing after water pressure control blasting for increased fracturing[J]. International Journal of Rock Mechanics and Mining Sciences, 2011, 48(6): 976-983.

[197] 吴奇, 胥云, 王腾飞, 等. 增产改造理念的重大变革-体积改造技术[J]. 天然气工业, 2011, 31(4): 7-12.

[198] 陈守雨, 杜林麟, 贾碧霞, 等. 多井同步体积压裂技术研究[J]. 石油钻采工艺, 2011, 33(6):59-65.

[199] Harrison E, Kieschnick W F, Mcguire W J. The mechanics of fracture induction and extension[J]. Petroleum Trans AIME ,1954,(201): 252-263.

[200] Perkins T K, Kern L R. Widths of hydraulic fractures[J]. Journal of Petroleum Technology, 1961, 13(9): 937-949.

[201] Nordren R P. Propagation of a vertical hydraulic fracture[J]. Society of Petroleum Engineers Journal, 1972, 12(8): 306-314.

[202] Geertsma J, de Klerk F. A rapid method of predicting width and extent of hydraulically induced fractures[J]. Journal of Petroleum Technology, 1969, 21: 1571-1581.

[203] Mack G, Warpinski N R.Mechanics of Hydraulic Fracturing: 3rd ed[M]. Wiley: Chichester, 2000.

[204] Vandamme L, Curran J H. A three-dimensional hydraulic fracturing simulator[J]. International Journal for Numerical Methods in Engineering, 1989, 28: 909-927.

[205] Siebrits E, Peirce A P. An efficient multi-layer planar 3D fracture growth algorithm using a fixed mesh approach[J]. International Journal for Numerical Methods in Engineering, 2002, 53: 691-717.

[206] 王继波. 水平井压裂裂缝起裂和延伸规律研究[D]. 西安: 西安石油大学, 2010.

[207] Carter B J, Desroches J, Ingraffea A R, et al. Simulating Fully 3D Hydraulic Fracturing[M]. New York: Wiley Publishers, 2000.

[208] 李兆敏, 蔡文斌, 张琪, 等. 水平井压裂裂缝起裂及裂缝延伸规律研究[J]. 西安石油大学学报(自然科学版), 2008, 23(5): 46-52.

[209] Deily F H, Owens T C. Stress around a wellbore[C]. Fall Meeting of the Society of Petroleum Engineers of AIME, Colorado, 1969.

[210] Hossain M M, Rahman M K. Hydraulic fracture initiation and propagation: roles of wellbore trajectory, perforation and stress regmes[J]. Journal of Petroleum Science and Engineering, 2000, (27): 129-149.

[211] 刘建军, 杜广林, 薛强. 水力压裂的连续损伤模型初探[J]. 机械强度, 2004, 26(S): 134-137.

[212] 李根生, 黄中伟, 田守嶒, 等. 水力喷射压裂理论与应用[M]. 北京: 科学出版社, 2011: 92-113.

[213] 姜浒, 陈勉, 张广清, 等. 定向射孔对水力裂缝起裂与延伸的影响[J]. 岩石力学与工程学报, 2009, 28(7): 1321-1326.

[214] 李玮, 闫铁, 毕雪亮. 基于分形方法的水力压裂裂缝起裂扩展机理[J]. 中国石油大学学报(自然科学版), 2008, 32(5): 87-91.

[215] Huang J S, Griffiths D V, Wong S W. Initiation pressure, location and orientation of hydraulic fracture[J]. International Journal of Rock Mechanics and Mining Sciences, 2012, 49(1): 59-67.

[216] Takatoshi I. Effect of pore pressure gradient on fracture initiation in fluid saturated porous media: rock[J]. Engineering Fracture Mechanics, 2008, 75: 1753-1762.

[217] Zhao Z, Kim H, Haimson B. Hydraulic Fracturing Initiation in Granite[M]. Rotterdam :Balkema Publishers, 1996: 1279-1284.

[218] 项春生. 注水作用下裂缝延伸轨迹研究[D]. 大庆: 大庆石油学院, 2008.

[219] 陈勉, 周健, 金衍. 随机裂缝型储层压裂特征试验研究[J]. 石油学报, 2008, 29(3): 431-434.

[220] 周健, 陈勉, 金衍, 等. 裂缝性储层水力裂缝扩展机理试验研究[J]. 石油学报, 2007, 28(5): 109-113.

[221] Zhang G Q, Chen M. Dynamic fracture propagation in hydraulic re-fracturing[J]. Journal of Petroleum Science and Engineering, 2010, (70): 266-272.

[222] Teufel L W, Clark J A. Hydraulic fracture propagation in layered rock: experimental studies of fracture containment[J]. Society of Petroleum Engineers Journal, 1984, 24(1): 19-32.

[223] Fowler A C, Scott D R. Hydraulic crack propagation in a porous medium[J]. Geophysical Journal International, 1996, 127(3): 595-604.

[224] Adachi J, Siebrits E, Peirce A, et al. Computer simulation of hydraulic fractures[J]. International Journal of Rock Mechanics and Mining Sciences, 2007, 44: 739-757.

[225] Moon H. Mathematical modeling and simulation analysis of hydraulic fracture propagation in three-layered poro-elasticedia[D]. Columbus: The Ohio State University, 1992.

[226] 程远方, 王桂华, 王瑞和. 水平井水力压裂增产技术中的岩石力学问题[J]. 岩石力学与工程学报, 2004, 23(14): 2463-2466.

[227] 李连崇, 梁正召, 李根, 等. 水力压裂裂缝穿层及扭转扩展的三维模拟分析[J]. 岩石力学与工程学报, 2010, 29(1): 3208-3215.

[228] 阳友奎, 肖长富, 邱贤德, 等. 水力压裂裂缝形态与缝内压力分布[J]. 重庆大学(自然科学版), 1995, 18(3): 20-26.

[229] 罗天雨, 郭建春, 赵金洲, 等. 斜井套管射孔破裂压力及起裂位置研究[J]. 石油学报, 2007, 28(1): 139-142.

[230] 周健, 陈勉, 金衍, 等. 多裂缝储层水力裂缝扩展机理试验[J]. 中国石油大学学报, 2008, 32(4): 51-54.

[231] 张广清, 陈勉, 赵艳波. 新井定向射孔转向压裂裂缝起裂与延伸机理研究[J]. 石油学报, 2008, 29(1): 116-119.

[232] 张广清, 陈勉. 定向射孔水力压裂复杂裂缝形态[J]. 石油勘探与开发, 2009, 36(1): 103-107.

[233] Ghassemi A. Three-dimensional poroelastic hydraulic fracture simulation using the displacement discontinuity method[D]. Norman: University of Oklahoma, 1996.

[234] Philippe R B, Fernandes P D, Gomes S, et al. A finite element model for three-dimensional hydraulic fracturing[J]. Mathematics and Computers in Simulation, 2006, 73: 142-155.

[235] 谢兴华, 速宝玉. 裂隙岩体水力劈裂研究综述[J]. 岩土力学, 2004, 25(2): 330-336.

[236] Papanastasiou P C. A coupled elastoplastic hydraulic fracturing model[J]. International Journal of Rock Mechanics and Mining Sciences, 1997, 34(3-4): 240.

[237] Lenoach B. The crack tip solution for hydraulic fracturing in a permeable solid[J]. Journal of the Mechanics & Physics of Solids, 1995, 43(7): 1025-1043.

[238] Tang C A, Tham L G, Lee P K K, et al. Coupling analysis of flow, stress and damage (FSD) in rock failure[J]. International Journal of Rock Mechanics and Mining Sciences, 2002, 39(4): 477-489.

[239] Maxwell S C, Rutledge J, Jones R, et al. Petroleum reservoir characterization using downhole microseismic monitoring[J]. Geophysics, 2010, 75(5): 129-137.

[240] Cipolla C, Williams M, Weng X, et al. Hydraulic fracture monitoring to reservoir simulation: maximizing value[C]. Second EAGE Middle East Tight Gas Reservoirs Workshop, Florence, 2010.

[241] 杜娟, 杨树敏. 井间微地震监测技术现场应用效果分析[J]. 大庆石油地质与开发, 2007, 26(4): 120-122.

[242] 李雪, 赵志红, 荣军委. 水力压裂裂缝微地震监测测试技术与应用[J]. 油气井测试, 2012, 21(3): 43-45.

[243] 吴世跃. 煤层气与煤层耦合运动理论及其应用的研究——具有吸附作用的气固耦合理论[D]. 沈阳: 东北大学, 2005.

[244] 胡光龙, 杨思敬. 煤层气开发技术和前景[J]. 煤矿安全, 2003, 34(Z1): 64-67.

[245] 中华人民共和国煤炭工业部. 防治煤与瓦斯突出规定[M]. 北京: 煤炭工业出版社, 2009.

[246] 刘明举, 孔留安, 郝富昌, 等. 水力冲孔技术在严重突出煤层中的应用[J]. 煤炭学报, 2005, 30(4): 451-454.

[247] 魏国营, 郭中海, 谢伦荣, 等. 煤巷掘进水力掏槽防治煤与瓦斯突出技术[J]. 煤炭学报, 2007, 32(2): 172-176.

[248] 唐建新, 贾剑青, 胡国忠, 等. 钻孔中煤体割缝的高压水射流装置设计及试验[J]. 岩土力学, 2007, 28(7): 1501-1504.

[249] 卢义玉, 葛兆龙, 李晓红, 等. 自激振荡脉冲水射流割缝新技术在逢春煤矿石门揭煤中的应用研究[J]. 重庆大学学报, 2008, 31: 98-100.

[250] 张义, 周卫东, 王瑞和, 等. 煤层水力自旋转射流钻头设计[J]. 天然气工业, 2008, 28(3): 61-63.

[251] 王耀锋. 三维旋转水射流扩孔与压裂增透技术工艺参数研究[J]. 煤矿安全, 2012, 43(7): 4-7.

[252] 徐幼平, 林柏泉, 朱传杰, 等. 钻割一体化水力割煤磨料动态特征及参数优化[J]. 采矿与安全工程学报, 2011, 28(4): 623-627.

[253] 张国华, 魏光平, 侯凤才. 穿层钻孔起裂注水压力与起裂位置理论[J]. 煤炭学报, 2007, 32(1): 52-55.

[254] 吕有厂. 水力压裂技术在高瓦斯低透气性矿井中的应用[J]. 重庆大学学报, 2010, 33(7): 102-107.

[255] 付江伟. 井下水力压裂煤层应力场与瓦斯流场模拟研究[D]. 徐州: 中国矿业大学, 2013.

[256] 程庆迎. 低透煤层水力致裂增透与驱干瓦斯效应研究[D]. 徐州: 中国矿业大学, 2012.

[257] 林柏泉, 孟杰, 宁俊, 等. 含瓦斯煤体水力压裂动态变化特征研究[J]. 采矿与安全工程学报, 2012, 29(1): 106-110.

[258] 刘建新, 李志强, 李三好. 煤巷掘进工作面水力挤出措施防突机理[J]. 煤炭学报, 2006, 31(2): 183-186.

[259] 王兆丰, 李志强. 水力挤出措施消突机理研究[J]. 煤矿安全, 2004, 35(12): 1-4.

[260] 刘明举, 潘辉, 李拥军, 等. 煤巷水力挤出防突措施的研究与应用[J]. 煤炭学报, 2007, 32(2): 168-171.

[261] 周军民. 水力压裂技术在突出煤层中的试验[J]. 中国煤层气, 2009, 3(3): 34-39.

[262] 王念红, 任培良. 单一低透气性煤层水力压裂技术增透效果考察分析[J]. 煤矿安全, 2011, 42(2): 172-176.

[263] 孙炳兴, 王兆丰, 伍厚荣. 水力压裂增透技术在瓦斯抽采中的应用[J]. 煤炭科学技术, 2010, 41(11): 80-84.

[264] 苏现波, 马耕, 孙平, 等. 地面煤层顶板顺层水平压裂井抽采瓦斯方法: CN102080526A[P]. 2011-06-01.

[265] 马耕, 苏现波, 张明杰, 等. 煤层顺层水力压裂抽放瓦斯的方法: CN101963066A[P]. 2011-02-02.

[266] 李国旗, 叶青, 李建新, 等. 煤层水力压裂合理参数分析与工程实践[J]. 中国安全科学学报, 2010, 20(12): 73-78.

[267] 张景松. 难以抽放煤层高压脉动水力压裂技术项目报告[R]. 徐州: 中国矿业大学, 2009: 57-58.

[268] 翟成, 李贤忠, 李全贵. 煤层脉动水力压裂卸压增透技术研究与应用[J]. 煤炭学报, 2011, 36(12): 1996-2001.

[269] 富向. 井下点式水力压裂增透技术研究[J]. 煤炭学报, 2011, 36(8): 1317-1321.

[270] 冯彦军, 康红普. 定向水力压裂控制煤矿坚硬难垮顶板试验[J]. 岩石力学与工程学报, 2012, 31(6): 1148-1155.

[271] 路洁心, 李贺. 穿层定向水力压裂技术的应用[J]. 山西焦煤科技, 2011, 31(6): 1-3.

[272] 黄炳香. 煤岩体水力致裂弱化的理论与应用研究[D]. 徐州: 中国矿业大学, 2009.

[273] 黄炳香, 程庆迎, 刘长友, 等. 煤岩体水力致裂理论及其工艺技术框架[J]. 采矿与安全工程学报, 2011, 28(2): 167-173.

[274] 王耀锋, 李艳增. 预置导向槽定向水力穿增透技术及应用[J]. 煤炭学报, 2012, 37(8): 1326-1331.

[275] 刘勇. 煤矿井下导向压裂裂缝扩展及增透机理[D]. 重庆: 重庆大学, 2012.

[276] 刘勇, 卢义玉, 魏建平, 等. 降低井下煤层压裂起裂压力方法研究[J]. 中国安全科学学报, 2013, 23(9): 96-100.

[277] 叶建平, 吴建光. 沁水盆地南部煤层气开发示范工程潘河先导性试验项目的进展和启示[C]//中国煤炭学会. 2006年煤层气学术研讨会论文集. 北京: 地质出版社, 2006: 47-51.

[278] 许耀波. 液氮辅助水力压裂技术在构造煤储层煤层气增产中的应用研究[J]. 中国煤层气, 2012, 9(4): 29-31.

[279] 刘晓. 井下钻孔重复水力压裂技术应用研究[J]. 煤炭工程, 2013, (1): 40-42.
[280] 王保玉, 田永东, 白建平, 等. 地面压裂井下水平钻孔抽放煤层气方法: CN102493831A[P]. 2012-06-13.
[281] 林柏泉, 杨威, 郝志勇, 等. 一种区域瓦斯治理钻爆压抽一体化防突方法: CN101666241A[P]. 2010-03-10.
[282] 冯立杰, 赵振祺, 付江伟, 等. 煤矿井下压裂关键技术及装备研究[C]//叶建平, 傅小康, 李五忠. 2011第十一届国际煤层气研讨会论文集. 北京: 地质出版社, 2011: 48-54.
[283] Perkins J H, Cervik J. Sorption investigations of methane on coal[R]. Bureau of Mines, Pittsburgh, 1969.
[284] Langmuir I. The adsorption of gases on plane surfaces of glass, mica and platinum[J]. Journal of the American Chemical Society, 1918, 40: 1361-1403.
[285] Ruppel T C, Grein C T, Bienstock D. Adsorption of methane on dry coal at elevated pressure[J]. Fuel, 1974, 53: 152-162.
[286] Albertson M L, Dai Y B, Jensen R A, et al. Diffusion of Submerged Jets[J]. Asce, 1950, 115(11): 639-664.
[287] Hinze J O. Turbulence[M]. New York: Mc-Graw-Hill, Inc., 1975.
[288] List E J, Imberger J. Turbulent entrainment in buoyant jets and plumes[J]. Journal of the Hydraulicas Division, 1973, 99(9): 1461-1474.
[289] 杨永印, 周卫东. 利用PIV技术对淹没冲击水射流动力学特性的研究[J]. 石油钻探技术, 2001, 29(4): 19-21.
[290] 吴介之. 涡动力学引论[M] 北京: 高等教育出版社, 1993.
[291] Prandtl L. The Mechanics of Viscous Fluids, Aerodynamic Theory III[M]. Berlin: Springer-Verlag, 1935: 155-162.
[292] Gibson M M. Hydrodynamics of confined coaxial jets[J]. Encyclopedia of Fluid Mechanics, 1986, 2: 376-390.
[293] 谢象春. 湍流射流与计算[M]. 北京: 科学出版社, 1975.
[294] 杨本洛. 理论流体力学的逻辑自洽化分析[M]. 上海: 上海交通大学出版社, 1998.
[295] 步玉环, 王瑞和, 周卫东. 围压对旋转射流破岩钻孔效率的影响[J]. 金属矿山, 2002, 26(5): 43-45.
[296] 步玉环, 周卫东, 王瑞和. 岩性对旋转射流破岩成孔影响规律的研究[J]. 金属矿山, 2002, 26(5): 43-45.
[297] 廖华林, 李立冬, 易灿. 围压对水射流动力学特性影响的实验研究[J]. 中国科技论文在线, 2009, 4(11): 838-843.
[298] 潘阳. 非均匀应力场下巷道围岩变性规律及支护研究[D]. 淮南: 安徽理工大学, 2012.
[299] 徐芝纶. 弹性力学简明教程[M]. 北京: 高等教育出版社, 1980.
[300] 廖华林, 李根生, 牛继磊, 等. 径向水平钻孔直旋混合射流钻头设计与破岩特性[J]. 煤炭学报, 2013, 38(3): 424-429.
[301] 杨雄, 冉小丰, 阳婷. 基于Fluent的径向水平井旋转射流钻头内外流场数值模拟[J]. 石油天然气学报, 2011, 33(11): 154-157.
[302] 蔡美峰. 岩石力学与工程[M]. 北京: 科学出版社, 2002.
[303] 张国华. 本煤层水力压裂致裂机理及裂隙发展过程研究[D]. 阜新: 辽宁工程技术大学, 2001.
[304] 李同林. 水压致裂煤层裂缝发育特点的研究[J]. 地球科学——中国地质大学学报, 1994, 19(4): 9
[305] 工连捷, 武红岭, 土薇. 地球引力引起的地壳应力[J]. 中国地质科学院地质力学研究所所刊, 1991, (1): 9.
[306] 吴晓东, 席长丰, 王国强. 煤层气井复杂水力压裂裂缝模型研究[J]. 天然气工业, 2006, 26(12): 124-126.
[307] 周晓军, 马心校. 煤体钻孔周围应力应变分布规律的试验研究[J]. 煤炭工程师, 1995, (2): 16-20.
[308] Bruno M S, Nakagawa F M. Pore pressure influence on tensile fracture propagation in sedimentary rock[J]. International Journal of Rock Mechanics and Mining Sciences & Geomechanics Abstracts, 1991, 28(4): 261-273.
[309] 杨天鸿, 唐春安, 李连崇. 非均匀岩石破裂过程渗透率演化规律研究[J]. 岩石力学与工程学报, 2004, 23(5): 5.
[310] 刘洪磊, 杨天鸿, 陈仕阔, 等. 岩体破坏突水失稳的水压致裂机理及工程应用分析[J]. 采矿与安全工程学报, 2010, 27(3): 356-362.

[311] 梁正召. 三维条件下的岩石破裂过程分析及其数值试验方法研究[D]. 沈阳: 东北大学, 2005.

[312] 李根, 唐春安, 李连崇, 等. 水压致裂过程三维数值模拟研究[J]. 岩土工程学报, 2010, 32(12): 1875-1881.

[313] 程远方, 杨柳, 吴百烈, 等. 定向井压裂裂缝三维扩展形态的可视化仿真[J]. 计算机仿真, 2012, 29(12): 325-328.

[314] Hubbert M K. Mechanics of hydraulic fracturing, petrd[J]. Transactions of the AIME, 1957, 210: 153-166.

[315] 于不凡. 煤和瓦斯突出的机理概述[J]. 川煤科技, 1976,(12): 56-65.

[316] 张书田. 构造应力对煤和瓦斯突出的作用[J]. 煤矿安全, 1988, (7): 31-39.

[317] 富向. "点"式定向水力压裂机理及应用[D]. 沈阳: 东北大学, 2013.

[318] 王志军, 张瑞林, 张淼, 等. 含瓦斯煤体定向水力压裂裂隙导控的数值分析[J]. 河南理工大学学报, 2013, 32(4): 373-379.

[319] 詹美礼, 崔建. 岩体力学劈裂机制圆筒模型试验及解析理论研究[J]. 岩石力学与工程学报, 2007, 26(6): 1173-1181.

[320] 刘育骥, 耿新宇, 肖辞源. 石油工程模糊数学[M]. 成都: 成都科技大学出版社, 1993.

[321] 刘洪, 易俊, 李文华. 重复压裂气井三维诱导应力数学模型[J]. 石油钻采工艺, 2004, 26(2): 57-61.

[322] 蒋廷学, 贾长贵, 王海涛, 等. 页岩气网络压裂设计方法研究[J]. 石油钻探技术, 2011, 33(3): 36-40.

[323] Bunger A P. Near-surface hydraulic fracture[D]. Minneaplis: University of Minnesota, 2005.

[324] Li Y C. Finite element simulation of hydraulic fracturing in porous media[D]. Indiana: University of Notre Dame, 1991.

[325] 徐涛, 杨天宏, 唐春安, 等. 孔隙压力作用下煤岩破裂及声发射特征的数值模拟[J]. 岩土力学, 2004, 25 (10): 1560-1574.

[326] Tang C A, Kou S Q, Lindqvist P A. Numerical simulation of loading inhomogeneous rocks[J]. International Journal for Rock Mechanics and Mining Sciences, 1988, 35(7): 1001-1007.

[327] Abrams D P, Paulson T J. Modeling earthquake response of masonry building structures[J]. Acil Structural Journal, 1991, 117 (7-8): 475-485.

[328] Liu G T, Wang Z M. Numerical simulation study of fracture of concrete materials using random aggregate mode[J]. Journal of Tsinghua University (Science and Technology), 1996, 36(1): 84-89.

[329] 钱鸣高, 石平五. 矿山压力与岩层控制[M]. 徐州: 中国矿业大学出版社, 2010.

[330] 王恩元, 何学秋, 窦林名, 等. 煤矿采掘过程中煤岩体电磁辐射特征及应用[J]. 地球物理学报, 2005, 48(1): 216-221.

[331] 秦虎, 黄滚, 蒋长宝, 等. 不同瓦斯压力下煤岩声发射特征试验研究[J]. 岩石力学与工程学报, 2013, (Z2): 3719-3725.

[332] 张秋平, 黄海, 艾鑫. 几种注入剖面测井方法对比分析[J]. 石油化工应用, 2010, 29(4): 26-30.